AF500432

[HIS]TOIRE NATURELLE

DE LA

FRANCE

24e *bis* PARTIE

PALÉOBOTANIQUE

(PLANTES FOSSILES)

Avec 36 planches hors texte et 412 dessins dans le texte
FORMANT UN TOTAL DE 546 FIGURES

PAR

P.-H. FRITEL
Attaché au Muséum d'Histoire naturelle de Paris.

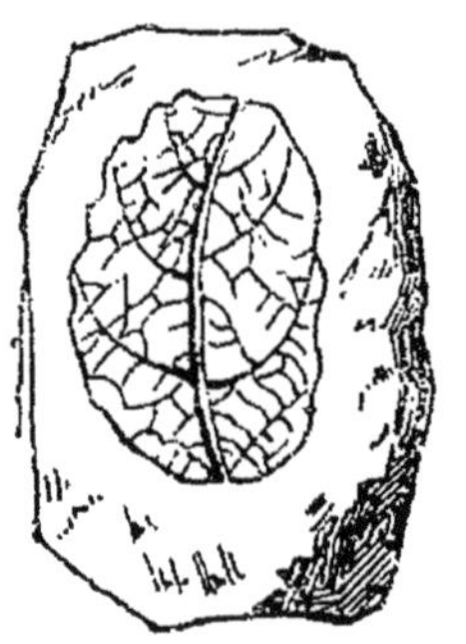

PARIS, 7[e]
MAISON ÉMILE DEYROLLE
LES FILS D'ÉMILE DEYROLLE, ÉDITEURS
46, RUE DU BAC

1903

HISTOIRE NATURELLE DE LA FRANCE

24e *bis* PARTIE

PALÉOBOTANIQUE

(PLANTES FOSSILES)

HISTOIRE NATURELLE

DE LA

FRANCE

24e *bis* PARTIE

PALÉOBOTANIQUE

(PLANTES FOSSILES)

Avec 36 planches hors texte et 412 dessins dans le texte
FORMANT UN TOTAL DE 546 FIGURES

PAR

P.-H. FRITEL
Attaché au Muséum d'Histoire naturelle de Paris.

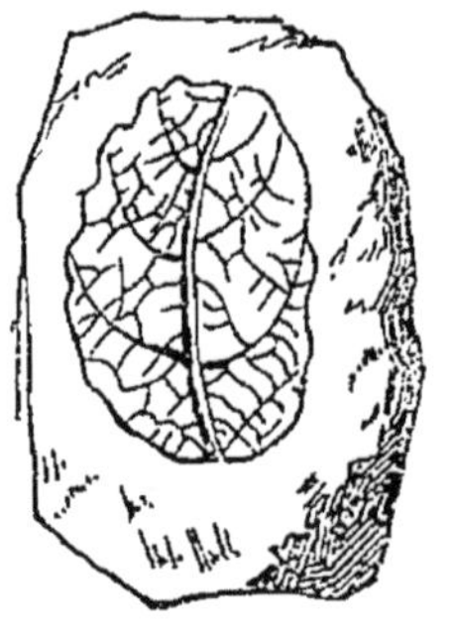

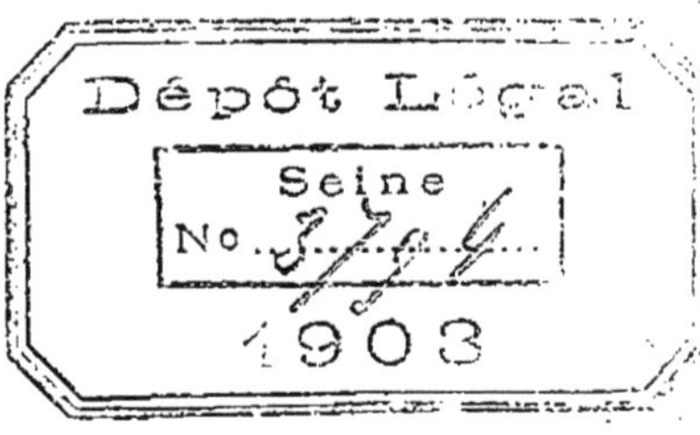

PARIS, 7^{e}
MAISON ÉMILE DEYROLLE
LES FILS D'ÉMILE DEYROLLE, ÉDITEURS
46, RUE DU BAC
1903

PRÉFACE

Complément de l'ouvrage que nous avons donné sur les Animaux fossiles caractéristiques de France, ce second volume a pour but l'examen des plantes qui vécurent aux époques antérieures de l'histoire du globe, animant successivement les paysages de cette partie du continent qui devait être plus tard la France, et dont on retrouve aujourd'hui les débris, en plus ou moins grand nombre, dans différentes couches de notre sol.

Les végétaux ne se sont qu'imparfaitement conservés à l'état fossile : par suite des conditions très particulières de leur enfouissement au sein d'un sédiment préservateur, et à cause aussi de la délicatesse de leurs organes qui n'opposèrent, en général, qu'une faible résistance aux causes de destruction. Aussi est-il assez rare de rencontrer leurs débris dans un état de conservation suffisant pour en permettre une étude approfondie.

En général, des parties détachées sont seules parvenues jusqu'à nous, telles que des feuilles, des graines, des fruits, ou simplement des fragments d'écorce ou de bois. Les fleurs ou organes floraux, indispensables pour la classification des plantes vivantes, sont d'une excessive rareté! Aussi faut-il avouer que bien souvent les rapprochements faits entre les plantes fossiles et les vivantes restent entachés de quelques doutes.

Il existe d'ailleurs d'immenses lacunes dans la connaissance des types anciens, beaucoup d'entre eux ne s'étant pas trouvés, durant leur vie, dans des conditions qui permissent leur fossilisation, soit à cause de leur extrême fragilité, soit par suite de leur habitat trop éloigné des centres de sédimentation.

Cette rareté relative des végétaux fossiles par rapport aux animaux et surtout aux invertébrés est, en grande partie, la cause de l'abandon dans lequel semble être restée l'étude de ces fossiles, bien dignes cependant d'attirer l'attention d'un plus grand nombre de personnes, parmi celles qui s'intéressent aux sciences géologiques.

La recherche même des plantes fossiles fournira, à ceux qui s'y livreront avec perspicacité, l'occasion de faire des découvertes beaucoup plus nombreuses et non moins intéressantes, bien loin de là, que celles qui restent à faire dans le domaine de la paléoconchyliologie, et, comme l'a fait remarquer M. B. Renault, ce n'est pas le terrain qui manque aux recherches, mais bien plutôt les chercheurs animés du désir de faire des découvertes presque inévitables.

Les lacunes qui existent dans le groupement des plantes fossiles, par rapport aux grandes divisions du règne végétal tel qu'il est actuellement représenté, et l'existence de groupes éteints très importants et riches en espèces caractéristiques de nos terrains, nous oblige à modifier, dans ce volume, la marche que nous avions suivie pour l'étude des animaux fossiles.

Au lieu de passer en revue les espèces les plus fréquentes en suivant l'ordre méthodique, c'est-à-dire marchant du simple au composé, comme nous l'avions fait pour la Paléontologie, nous prendrons ici les associations de végétaux ou « flores » comme elles se présentent dans la série stratigraphique, en commençant par celles qui sont représentées dans les couches les plus anciennes de l'écorce terrestre pour arriver, pas à pas, à celles dont les débris se rencontrent dans les sédiments les plus récents.

Cet examen de la répartition des végétaux dans le temps fera l'objet de la première partie de ce volume; dans la seconde, nous étudierons plus particulièrement les espèces végétales reconnues en France aux différents niveaux stratigraphiques.

Les espèces mentionnées dans ce volume sont au nombre de 539, représentées par 412 figures dans le

ÈRES	SYSTÈMES		ÉTAGES	FLORES
ÈRE SECONDAIRE	*Crétacique.*	SÉRIE SUPRACRÉTACÉE	Montien....... Danien	*N*
			Aturien	Lignites de Fuveau.
			Emscherien ...	Grès à végétaux du Beausset.
			Turonien......	Argile noire feuilletée de Martigues (Var).
			Cénomanien...	Cénom. de l'Argonne. Lignite de St-Paulet.
		SÉRIE INFRACRÉTACÉE	Albien........	Flore du Gault et de la gaize du Bray et de l'Argonne.
			Aptien........	*N*
			Barrêmien	*N*
			Néocomien....	Minerai de fer de la Haute-Marne.
	Jurassique.	SÉRIE SUPRAJURASSIQUE	Portlandien ...	*N*
			Kimeridgien...	Calcaires lithographiques de Cirin, du lac d'Armaille, d'Orbagnoux, de Crey et de Morestel.
			Séquanien	Oolithe de St-Mihiel. Calcaires lithographiques de Châteauroux.
			Oxfordien ..... Callovien	*N*
		SÉRIE MÉDIOJURASSIQUE	Bathonien.....	Flore de Mamers (Sarthe) et d'Etrochey (Côte-d'Or), lignites des environs de Millau (Aveyron), couches de Provence à Cancellophycus (3e horizon).
			Bajocien......	Couches à Cancellophycus (2e horizon).
		SÉRIE LIASIQUE	Toarcien......	Couches à chondrites de l'Est et à Cancellophycus (1er horizon des environs de Digne.
			Charmouthien.	Couches à Phymatoderma.
			Sinémurien ...	*N*
			Hettangien....	Flore du grès d'Hettange et des environs de Mende.
			Rhétien.......	Flore des grès de Chirac et du plateau d'Auxy (Lozère).
	Triasique....		Keuper.......	*N*
			Muschelkalk...	*N*
			Werfénien ou Vosgien.....	Flore des grès bigarrés des Vosges.

ÈRES	SYSTÈMES	ÉTAGES	FLORES
ÈRE PRIMAIRE	*Permien*.....	Thuringien....	Couches à Voltzia de l'Aveyron.
		Saxonien	Flore de Lodève.
		Autunien......	Flore de Brives.
	Carboniférien	Stéphanien....	Bassin de St-Etienne. Commentry, Champagnac Decazeville, Grand'Combe, Rive-de-Gier, Bessèges, Carmaux, etc.
		Westphalien..	Partie principale des bassins du Nord et du Pas-de-Calais. Lens, Bully-Grenay, Dourges, etc.
		Dinantien.....	Bassins de la Basse-Loire, de la Sarthe et de la Mayenne. Grès anthracifère du Roannais et du Beaujolais.
	Dévonien....		*N*
	Silurien.....	Ordovicien....	Fougères dans les ardoises de l'Anjou. Algues? des grès armoricains.
	Précambrien.		*N*

Nous allons donner maintenant, dans les tableaux qui suivent, la répartition des grands groupes végétaux entrant dans la composition des différentes flores énumérées dans le tableau précédent, en commençant par le plus ancien des étages parmi ceux qui ont fourni des restes végétaux. Nous ne citons, dans ces tableaux, que les familles les plus importantes soit par le nombre, soit par la fréquence des espèces qui les représentent (1).

(1) Les étages et les systèmes, énumérés dans ces tableaux, sont

ÈRE PRIMAIRE

Pendant l'Ère primaire, ce sont quelques Cryptogames vasculaires qui apparaissent au début, puis les Cryptogames acrogènes et les Phanérogames gymnospermes se montrent à leur tour et prennent un grand développement, surtout dans les systèmes Carboniférien et Permien, constituant par leur décomposition les puissants dépôts de combustibles exploités sous le nom de *Houilles*. Les végétaux les plus élevés en organisation sont alors des conifères du genre *Voltzia*.

présentés dans leur ordre de superposition naturelle, c'est-à-dire que le plus ancien est placé à la base du tableau, le plus récent au sommet.

SYSTÈME	ÉTAGES ayant fourni des flores en France		TYPES VÉGÉTAUX	
PERMIEN	Thuringien, — Couches à Voltzia de l'Aveyron Saxonien, — Flore de Lodève Autunien, — Flore de Brives	PHANÉROGAMES GYMNOSPERMES	Conifères…	Voltzia (apparition). Ulmannia. Walchia.
			Salisburiées.	Gingko. Gingkophyllum. Trichopithys.
			Cycadées…	Plagiozamites. Sphenozamites.
			Cordaïtées..	Cordaites.
		CRYPTOGAMES ACROGÈNES	Lycopodinées	Lépidodendrées. Sigillariées.
			Equisétinées.	Calamites. Asterophyllites. Annulariées.
			Fougères….	Psaronius. Dictyoptéridées.
CARBONIFÉRIEN	Stéphanien, — Bassins de St-Etienne et du plateau Central Westphalien, — Partie principale des bassins du Nord et du Pas-de-Calais Dinantien, — Bassin de la Basse-Loire et de la Normandie	PHANÉROGAMES GYMNOSPERMES	Conifères…	Walchiées.
			Salisburiées.	Dicranophyllum.
			Cycadées….	Zamiées (apparition). Dolérophyllées.
			Cordaïtées..	Cordaites.
		CRYPTOGAMES ACROGÈNES	Lycopodinées	Stigmariées. Sigillariées. Lépidodendrées.
			Equisétinées.	Equisetum (apparition). Annularia. Asterophyllites. Calamodendrées.
			Sphénophyllées.	
			Fougères….	Cycadofilicinées. Sphénoptéridées. Pécoptéridées. Aléthoptéridées. Odontoptéridées. Névroptéridées.
SILURIEN	Ordovicien, — Flore?? des grès armoricains et des schistes ardoisiers	CRYPTOGAMES	Fougères….	Eopteris.
			Algues??….	Cruziana, Crossochorda.

ÈRE SECONDAIRE

PÉRIODE TRIASIQUE

Dans la première période de l'Ère secondaire (époque Triasique), la végétation est restée sensiblement la même que celles des périodes précédentes, appauvrie cependant et présentant les caractères d'une époque de transition ; les végétaux les plus élevés semblent être encore les Conifères.

SYSTÈME	ÉTAGES ayant fourni des flores en France	TYPES VÉGÉTAUX		
TRIASIQUE	Werfénien ou Vosgien — (grès bigarrés des Vosges) environs d'Epinal, de Rambervillers, etc.	PHANÉROGAMES GYMNOSPERMES	Conifères...	Voltzia. Albertia.
			Cycadées...	Pterophyllum. Zamites.
		CRYPTOGAMES ACROGÈNES	Equisétinées.	Schizoneura. Equisetum.
			Fougères....	Caulopteris. Nevropteris. Anomopteris. Pecopteris.
			Algues calcaires.	

PÉRIODE LIASIQUE

Pendant cette période les Conifères des genres *Voltzia* et *Albertia* sont remplacés par des genres nouveaux : *Pagiophyllum* et *Araucacites*.

Les Cycadées prennent un développement plus grand

que dans les périodes précédentes, et ce sont elles qui, avec les Conifères, constituent le fond de la végétation de cette époque.

SYSTÈME	ÉTAGES ayant fourni des flores en France	TYPES VÉGÉTAUX			
LIASIQUE	Toarcien, — Couches à chondrites et à cancellophycus, de l'Est et du Dauphiné.	PHANÉROGAMES	GYMNOSPERMES	Conifères...	Araucacites. Pagiophyllum.
				Salisburiées.	Baiera. Palissya. Schizolepis.
	Hettangien, — Flore du grès d'Hettange et des environs du Mont-d'Or.			Cycadées ...	Podozamites. Pterozamites. Pterophyllum. Nilssonia.
		CRYPTOGAMES	acrogènes	Equisétinées.	Equisetum.
				Fougères....	Clathropteris. Thinnfeldia. Dictyophyllum. Tæniopteris.
	Rhétien, — Flore des grès de Chirac et du plateau d'Auxy.		cellulaires	Algues......	Chondrites. Cancellophycus. Phymatoderma.

PÉRIODE JURASSIQUE

Le fond de la végétation reste, pendant cette période, ce qu'il était pendant la période précédente, quelques genres nouveaux se montrent cependant, et au sommet de la série on voit, en Portugal, les angiospermes faire leur apparition avec le genre Rhizocaulon. Ce genre n'a pas été, jusqu'ici, rencontré en France dans les dépôts de cette époque.

SYSTÈME	ÉTAGES ayant fourni des flores en France	TYPES VÉGÉTAUX			
SUPRA-JURASSIQUE	Kiméridgien, — Calcaires lithographiques de l'Ain. Séquanien, ou Corallien, — Flore de l'oolithe de St-Mihiel et des calcaires lithographiques de Châteauroux (Indre).	PHANÉROGAMES	angiospermes	Monocotylédonés.......	Rhizocaulon (apparition).
			gymnospermes	Conifères...	Brachyphyllum. Paleocyparis. Echinostrobus.
				Salisburiées.	Baiera. Gingko.
				Cycadées...	Zamites. Sphenozamites. Cycadites.
		CRYPTOGAMES		Fougères...	Stenopteris. Ctenopteris Stachypteris. Lomatopteris. Cycadopteris.
				Algues.....	Itieria. Chondrites.
MÉDIO-JURASSIQUE	Bathonien, — Flore de Mamers (Sarthe), d'Etrochey (Côte-d'Or), de Millau (Aveyron), couches à Cancellophycus (3e horizon). Bajocien, — Couches à Cancellophycus (2e horizon).	PHANÉROGAMES	GYMNOSPERMES	Conifères...	Brachyphyllum.
				Salisburiées.	Baiera. Gingko.
				Cycadées...	Pterozamites. Zamites. Otozamites. Pterophyllum.
		CRYPTOGAMES	acrogènes	Equisétinées	Equisetum.
				Fougères....	Ctenopteris. Thyrsopteris. Microdyction. Lomatopteris.
			cellulaires	Algues.....	Condrites. Cancellophycus.

Série Crétacique.

A la base de la série, pendant la période infracrétacée, la végétation garde un faciès nettement jurassique; rien, en effet, ne peut faire soupçonner la décadence des Cycadées, non plus que la fin du règne exclusif des gymnospermes.

Il n'en est pas de même pendant la période supracrétacée; celle-ci voit s'opérer la diffusion rapide des dicotylédones ou plantes à feuillage caduc.

C'est en effet dans le Cénomanien que se rencontrent les premiers *végétaux à feuillage*, auparavant inconnus : « Partout, dit de Saporta, une révolution, aussi rapide dans sa marche qu'universelle dans ses effets, favorise l'introduction de cette catégorie de plantes et partout aussi les Cycadées et les Conifères, jusqu'alors les dominateurs du règne végétal, tendent à décroître et à reculer. »

SYSTÈME	ÉTAGES ayant fourni des flores en France	TYPES VÉGÉTAUX	
SUPRACRÉTACÉ	Aturien, — Lignites de Fuveau (B.-du-Rhône).	dicotylédones dialypétales.	Anacardiacées
		monocotylédones	Palmiers. Graminées.
	Emschérien, — Grès à végétaux du Beausset.	dicotylédones dialypétales.	Magnoliacées.
		phanér. gymnosp Conifères	Cyparissidium. Araucaria.
		cryptog. acrog. Fougères.	Lomatopteris.
	Turonien, — Argile noire feuilletée des Martigues.	PHANÉROGAMES angiospermes (dicotylédones) dialypétales...	Magnoliacées.
		PHANÉROGAMES angiospermes (dicotylédones) apétales.	Myricacées. Salicinées.
		PHANÉROGAMES gymnospermes Conifères	Sequoia. Frenelopsis. Cyparissidium.
		PHANÉROGAMES gymnospermes Cycadées	Podozamites.
		cryptogames.. Fougères	Comptoniopteris.
	Cénomanien de l'Argonne lignite de St-Paulet.	PHANÉROGAMES angiospermes (dicotylédones) dialypétales...	Magnoliacées. Araliacées. Légumineuses.
		PHANÉROGAMES angiospermes (dicotylédones) apétales.	Juglandées.
		PHANÉROGAMES gymnospermes Conifères, Cycadées	Indices.
		crytogames... Fougères, Algues.	Fucoïdes. Zosterites.
INFRACRÉTACÉ	Néocomien, — Minerai de fer de la Haute-Marne.	Conifères...............	Pinus.
		Fougères................	Lonchopteris.

ÈRE TERTIAIRE

La végétation qui vécut pendant la longue durée des temps qui constituent l'ère tertiaire, nous est beaucoup mieux connue que celle des temps secondaires. La prépondérance des gymnospermes est finie, les arbres à feuillage caduc, apparus pendant le crétacé supérieur, se partagent maintenant avec les palmiers le domaine continental. Au point de vue du développement des flores, il convient de partager l'Ère tertiaire en 5 périodes (Paléocène, Éocène, Oligocène, Miocène, Pliocène) qui correspondent assez exactement à celles que les géologues admettent à la suite de l'étude des faunes et de la stratigraphie.

PÉRIODE PALÉOCÈNE

Pendant cette période, la végétation est restée très voisine de ce qu'elle était aux temps crétacés, elle comporte, d'une part, des types devenus aujourd'hui tropicaux et, d'autre part, des types appartenant à la partie australe de la zone tempérée. Les genres dominants sont des Chênes, des Lauriers, des Figuiers et des Fougères. Les formes y sont remarquables par l'ampleur du feuillage.

SYSTÈME	ÉTAGES ayant fourni des flores en France	TYPES VÉGÉTAUX				
ÉOCÈNE (Période Paléocène)	Yprésien — Sables glauconifères — Grès de Belleu (Aisne)	PHANÉROGAMES	ANGIOSPERMES	DICOTYLÉDONES	Gamopétales..	Sapotacées.
					Dialypétales..	Anonacées. Laurinées. Sterculiacées. Sapindacées. Légumineuses.
					Apétales.....	Cupulifères. Myricacées. Juglandées. Salicinées. Artocarpées.
				Monocotylédones..		Scitaminées. Liliacées. Palmiers. Naïadées.
	Sparnacien — Lignites du Soissonnais et argile plastique Arcueil, Vanves (Seine) Silly-la-Poterie (Aisne)	PHANÉROGAMES	ANGIOSPERMES	DICOTYLÉDONES	Gamopétales.	Sapotacées.
					Dialypétales.	Laurinées. Sterculiacées. Araliacées.
					Apétales....	Cupulifères. Juglandées? Artocarpées. Protéacées ?
				Monocotylédones.		Pontédériacées, Palmiers. Graminées.
			Gymnospermes.....			Conifères (traces)
		Cryptogames........				Fougères.
	Thanétien — Grès de Vervins — Travertins de Sézanne (Marne) et de St-Gély (Hérault)	PHANÉROGAMES	ANGIOSPERMES	DICOTYLÉDONES	Gamétopales.	Caprifoliacées.
					Dialypétales.	Monimacées. Laurinées. Sterculiacées. Tiliacées. Ampélidées. Rhamnées, Hamamélidées.
					Apétales....	Cupulifères. Myricées. Juglandées. Salicinées. Artocarpées. Protéacées.
				Monocotylédones.		Cyclanthacées. Zingibéracées. Graminées.
			Gymnospermes : Conifères..........			Araucariées.
		CRYPTOGAMES			Fougères....	Asplenium. Alsophila. Hémitélites. Tæniopteris.
					Hépatiques..	Marchantia.
					Algues......	Characées.

Série Eocène.

La végétation Éocène a perdu l'ampleur qu'elle présentait pendant la période précédente, et, bien que riche et variée, elle se compose de formes en général petites, dures, coriaces, qui sont bien diversifiées suivant les stations.

Les formes qui dominent rappellent celles qui, de

SYSTÈME	ÉTAGES ayant fourni des flores en France	TYPES VÉGÉTAUX				
ÉOCÈNE (période Éocène proprement dite).	Bartonien — (grès de Beauchamps et de la Sarthe).	PHANÉROGAMES	ANGIOSPERMES	dicotylédones..	gamopétales	Ebénacées. Apocynées. Rubiacées.
					dialypétales.	Tiliacées. Laurinées.
					apétales.....	Myricacées. Cupulifères.
				monocotylédones.....		Palmiers. Graminées.
			gymnospermes : Conifères			Araucariées. Taxinées.
		cryptogames : Fougères				Asplenium.
	Lutétien. — Calcaire grossier (banc royal et banc vert)	PHANÉROGAMES	ANGIOSPERMES	dicotylédones..	gamopétales	Ericacées. Apocynées.
					dialypétales.	Araliacées. Rhamnées. Euphorbiacées.
					apétales....	Cupulifères. Protéacées.
				monocotylédones		Pontédériacées. Palmiers. Graminées. Naïadées.
			gymnospermes : Conifères			Abiétinées. Cupressinées. Taxinées.
		cryptogames : Algues..				Characées. Floridées. Fucacées.

nos jours, habitent l'Afrique austro-orientale et les côtes de l'Asie méridionale.

Série Oligocène.

La période Oligocène voit la végétation qui couvrait notre sol se modifier assez sensiblement; elle présente alors un mélange de formes restées indigènes sur les bords de la Méditerranée et de formes devenues entièrement exotiques. Les espèces, qui forment le fond de la végétation oligocène exigent à peu près toutes le voisinage des eaux, grands lacs ou fleuves, ou l'influence d'un ciel pluvieux. Aucune de ces espèces n'aurait pu résister à la sécheresse qui régnait lors des temps éocènes.

SYSTÈME	ÉTAGES ayant fourni des flores en France	TYPES VÉGÉTAUX				
SYSTÈME OLIGOCÈNE	Aquitanien — Marnes d'Armissan. — Tufs de Brognon. — Lignites de Ménat. — Schistes de Manosque. — Meulières de Beauce.	PHANÉROGAMES	ANGIOSPERMES	DICOTYLÉDONES	Gamopétales.	Ericacées.
					Dialypétales.	Laurinées.
						Nymphéacées.
						Rutacées.
						Anacardiacées.
						Sapindacées.
						Légumineuses.
						Ilicacées.
						Rhamnées.
						Hamamélidées.
						Araliacées.
					Apétales....	Myricées.
						Cupulifères.
						Juglandées.
						Artocarpées.
						Salicinées.
						Ulmacées.
				Monocotylédones....		Palmiers.
			Gymnospermes : Conifères..............			Abiétinées.
						Taxodinées.
		Cryptogames : Fougères.				Polypodiacées.
						Pécoptéridées.
						Lygodiées.
						Osmundées.
		Mousses...........				Muscites.

SYSTÈME	ÉTAGES ayant fourni des flores en France	TYPES VÉGÉTAUX				
SYSTÈME OLIGOCÈNE (*suite*).	Sannoisien-Stampien — Gypses de St-Jean-de-Garguier, d'Aix, de Gargas, etc. Arkoses du Puy-en-Velay.	PHANÉROGAMES	ANGIOSPERMES	DICOTYLÉDONES	Gamopétales.	Composées. Apocynées. Ebénacées. Myrsinées. Ericacées.
					Dialypétales.	Magnoliacées. Laurinées. Nymphéacées. Sterculiacées. Anacardiacées. Sapindacées. Légumineuses. Ilicacées. Rhamnées. Myrtacées. Araliacées.
					Apétales....	Cupulifères. Juglandées. Myricacées. Salicinées. Artocarpées. Ulmacées. Polygonacées. Protéacées.
				Monocotylédones....		Liliacées. Palmiers. Typhacées. Cypéracées.
			Gymnospermes.	Conifères...		Abiétinées. Cupressinées. Taxinées.
				Cycadées...		Zamites.
		Cryptogames.....	Fougères. Mousses.			

Série Miocène.

Aux temps Miocènes, notre sol était couvert par une riche végétation aux types variés exigeant pour leur développement une température égale, douce en hiver et pluvieuse en été. Parmi les types de cette époque où les formes à feuillage persistant semblent dominer, il en est qui semblent congénères de ceux que nous avons aujourd'hui sous les yeux dans notre pays; ils sont associés à d'autres définitivement exilés de l'Europe ainsi qu'à quelques genres actuellement disparus.

SYSTÈME	ÉTAGES ayant fourni des flores en France	TYPES VÉGÉTAUX			
MIOCÈNE	Tortonien — Charray et Rochessauve.		angiospermes. dicotylédones.	dialypétales..	Hamamélidées. Ampélidées. Sapindacées.
				apétales......	Artocarpées. Cupulifères.
	Burdigalien. — Couches marno-schisteuses de Gergovie.	PHANÉROGAMES	ANGIOSPERMES DICOTYLÉDONES	gamopétales..	Composées. Ebénacées.
				dialypétales..	Laurinées. Légumineuses. Célastracées. Rhamnées. Hamamélidées.
				apétales	Cupulifères. Myricées. Ulmacées.
			gymnospermes.	Conifères....	Abiétinées.

Série Pliocène.

La flore de notre pays se modifie beaucoup pendant cette période : elle perd ses grands palmiers, ses camphriers. Les séquoias et les bambous, bien que plus résistants, émigrent à leur tour, et toutes ces formes sont remplacées par des espèces bien voisines de celles qui forment le fond du paysage actuel; cependant, parmi ces types, il en est quelques-uns qu'il faut chercher aujourd'hui en Algérie, au Japon et même dans les grandes forêts de l'Amérique.

SYSTÈME	ÉTAGES ayant fourni des flores en France	TYPES VÉGÉTAUX				
PLIOCÈNE	Astien, — Tufs de Meximieux, cinérites et tufs ponceux du Cantal (Pas de la Mougudo, St-Vincent). Marnes à tripoli de Ceyssac (Haute-Loire).	PHANÉROGAMES	ANGIOSPERMES	DICOTYLÉDONES	gamopétales.	Caprifoliacées. Ebénacées. Apocynées.
					dialypétales.	Magnoliacées. Ménispermées. Laurinées. Tiliacées. Anacardiacées. Sapindacées. Ilicacées. Hamamélidées. Myrtacées.
					apétales.....	Cupulifères. Ulmacées. Platanées.
				monocotylédones :		Graminées.
			gymnospermes : Conifères			Abiétinées. Taxodinées.
		cryptogames vasculaires :				Fougères.
	Plaisancien, — Florule des marnes de Vaquières et de Théziers (Gard).	PHANÉROGAMES	ANGIOSPERMES	DICOTYLÉDONES	gamopétales.	Caprifoliacées.
					dialypétales.	Sapindacées.
					apétales.....	Cupulifères.
				monocotylédones :		Graminées.

ÈRE QUATERNAIRE

Végétation ressemblant, par la combinaison des genres, à celles des époques antérieures. Quoique très voisine de celle qui habite encore sur notre sol, elle s'en distingue cependant par la présence de plusieurs espèces devenues exotiques et par les combinaisons différentes de celles restées indigènes.

ÉPOQUES	TYPES VÉGÉTAUX				
Pleistocène — Tufs de Moret (Seine-et-Marne), des Aygalades, de Saint-Zacharie, de l'Huveaune et de Meyrargue (Bouch.-du-Rhône), des Arcs et de Belgentier (Var), des environs de Montpellier (Hérault). — Alluvions glaciaires vosgiennes de Jarville et Bois-l'Abbé près Epinal.	PHANÉROGAMES	ANGIOSPERMES	DICOTYLÉDONES	gamopétales.	Caprifoliacées. Rubiacées. Oléacées.
				dialypétales.	Renonculacées. Laurinées. Tiliacées. Buxacées. Anacardiacées. Sapindacées. Légumineuses. Rosacées. Célastracées. Ilicacées. Vitacées. Araliacées. Cornées.
				apétales.....	Cupulifères. Juglandées. Salicinées. Artocarpées. Ulmacées. Celtidées.
			monocotylédones		Liliacées Typhacées. Cypéracées.
		gymnospermes : Conifères...........			Abiétinées.
	cryptogames.	Fougères ..			Polypodiacées.
		Hépatiques.			Pellia.

DEUXIÈME PARTIE

ÉTUDE DES ESPÈCES CARACTÉRISTIQUES ET DE CELLES QUI SE RENCONTRENT LE PLUS FRÉQUEMMENT DANS LES DIFFÉRENTES FLORES FOSSILES DE FRANCE

LIVRE PREMIER

ÈRE PRIMAIRE

CHAPITRE PREMIER

SYSTÈMES PRÉCAMBRIEN, SILURIEN ET DÉVONIEN

En France, les systèmes Précambrien, Silurien et Dévonien n'ont fourni, jusqu'à ce jour, aucun débris de végétaux fossiles, à moins qu'il ne faille regarder comme des Algues, les restes problématiques (attribués, par certains naturalistes, à des pistes d'animaux invertébrés, annélides, crustacés ou autres) auxquels on a donné le nom général de *Bilobites* et qui se rencontrent, à profusion, dans les grès de l'étage Ordovicien de Bretagne et de Normandie, principalement à Bagnoles, dans l'Orne.

Les paléobotanistes qui attribuent ces restes à des Algues, y distinguent deux formes qui cependant doivent appartenir à un même genre?

En voici les caractères spécifiques :

FRONDE? non ramifiée longue, demi-cylindrique rubanée.	largeur 1 centimètre environ................	1 **Crossochorda**, Sch.
	largeur 5 à 10 centimètres..............	2 **Cruziana**, d'Orb.

Crossochorda, Sch. (Pl. 1, fig. 1). — Rubans très longs, larges d'environ 1 centimètre, traversés d'ordinaire par un sillon longitudinal, avec des plis obliques profonds et serrés, dirigés en avant, simulant des folioles imbriquées et formant, par leur saillie latérale, une sorte de frange que l'on a considérée comme les pieds d'un Annélide.

Cruziana, d'Orb. (Pl. 1, fig. 2 et fig. 3). — Rubans très longs, larges de 5 à 10 centimètres, formés d'un ou plus souvent de deux cylindres aplatis latéralement, ornés, sur leur surface de bourrelets et de plis dirigés en avant, arqués, irréguliers, un pli médian, et çà et là, des cicatrices qui indiquent l'insertion (?) des frondes.

Ces deux formes sont d'ailleurs extrêmement variables, ce qui a permis (!) de créer toute une série d'espèces(?) (*C. rugosa*, *C. fursifera*, *C. Lyelli*, *C. Prevosti*, *C. Goldfussi*, etc., etc.).

Ces fossiles se rencontrent dans les grès armoricains en Normandie, dans l'Orne, aux environs de Domfront et de Mortain, à Bagnoles particulièrement; et en Bretagne, à Châteaubriant, Malestroit, Pontréan, Sion, etc.

Du même étage Ordovicien, M. de Saporta signale et décrit une fougère.

Eopteris Morieri, Sap. (Pl. 1, fig. 4), des schistes à Calymènes ou schistes ardoisiers d'Angers.

Elle présente l'aspect des Cyclopteris du terrain houiller, mais la fronde comporte des folioles inordinées et inégales, qui, mélangées les unes aux autres, donnent une physionomie toute spéciale à cette plante que nous ne signalons qu'à titre de curiosité, car elle semble extrêmement rare.

CHAPITRE II

SYSTÈMES CARBONIFÉRIEN ET PERMIEN

Système Carboniférien.

Si les formations qui constituent les trois premiers systèmes de l'ère primaire, sont remarquablement pauvres en végétaux, il n'en est pas de même pour celles qui appartiennent au système Carboniférien. En effet, la végétation acquiert, à l'époque carbonifère, une vigueur extraordinaire qui se traduit par le grand nombre et la richesse de formes des empreintes que l'on peut recueillir aujourd'hui dans les couches qui se déposèrent à cette époque.

C'est par l'examen attentif de ces restes de plantes que l'on est parvenu à établir une division dans la longue série des temps pendant lesquels se formèrent ces sédiments.

On distingue, en effet, dans le système Carboniférien, trois étages, correspondant chacun à une phase distincte de végétation, chacune de ces phases présentant des espèces qui lui sont propres, mélangées à d'autres qui se montrent indistinctement dans les trois termes de la série.

Ces trois étages sont, de la base au sommet :

1° Le Dinantien ou Culm (phase des Lycopodiacées);
2° Le Westphalien (phase des Sigillariées);
3° Le Stéphanien (phase des Fougères).

Avant d'examiner les espèces les plus importantes de chaque étage, nous verrons, dans le tableau dichotomique suivant, les caractères essentiels des grands groupes végétaux auxquels il faut rapporter ces différentes espèces.

CRYPTOGAMES ACROGÈNES

Fougères.

Toujours représentées par des fragments plus ou moins importants de frondes, rarement par des troncs.

1	Pinnules à nervures *aréolées*......	Dictyoptéridées.
	— — *libres*........	2.
2	Pinnules *rétrécies* à la base; à lobes très profondément découpés..	Sphénoptéridées.
	Pinnules *non rétrécies* à la base; peu ou pas lobées...............	3.
3	Pinnules attachées *par un seul point* ou par une portion très réduite de leur base.................	Névroptéridées.
	Pinnules attachées *par toute la largeur* de la base................	4.
4	Nervure médiane *très nette;* les secondaires disposées suivant le mode penné......................	Pécoptéridées (5).
	Nervure médiane *peu distincte,* toutes les nervures partant du rachis.	Odontoptéridées.
5	Pinnules *libres* jusqu'au rachis, la terminale égale ou à près aux autres............................	Pécoptéridées (vraies).
	Pinnules *décurrentes* à la base, la terminale plus grande que les autres............................	Alèthoptéridées.

Équisétinées et Sphénophyllées.

Représentées, le plus fréquemment, par des rameaux feuillés ou non (Annularia, Asterophyllites, Sphenophyllum), ou par des tiges (Calamites, Calamodendron).

1	Rameaux renflés aux nœuds, à *cannelures* longitudinales des entre-nœuds *n'alternant pas*. Feuilles découpées en lanières courtes........	**Sphénophyllées.**
	Rameaux non renflés aux nœuds, à *cannelures* longitudinales des entre-nœuds *alternantes* aux articulations.	**Equisétinées.**

Sphénophyllées.

Genre unique : **Sphenophyllum**.

Tige articulée, ornée de cannelures se correspondant aux nœuds, qui sont renflés. Les feuilles verticillées, généralement par 6, sont cunéiformes, à bord supérieur arrondi, tronqué ou muni de dents. Les nervures, plusieurs fois bifurquées, aboutissent aux dents.

Équisétinées.

2	Rameaux à feuilles *dressées* comme dans l'Equisetum.................	**Asterophyllites.**
	Rameaux à feuilles *étalées* dans le même plan que les ramules.....	**Annularia.**
TIGES	Cannelures longitudinales se correspondant aux nœuds ; *feuilles divisées*..........................	**Asterocalamites** (Bornia).
	Cannelures longitudinales alternant d'un entre-nœud à l'autre ; *feuilles simples*.................	**Calamites.**

Lycopodinées.

Le plus souvent représentées par des tiges feuillées ou non.

1	Tige à *coussinet* foliaire *rhomboïdal*	Lépidodendrées.
	Tige à *coussinet* foliaire *hexagonal*	Sigillariées.
LÉPIDO-DENDRÉES	Cicatrice *plus haute* que *large*	Lépidodendron.
	Cicatrice *plus large* que *haute*	Lépidophloios.
SIGILLARIÉES	Ecorce présentant des cannelures longitudinales entre les séries verticales de cicatrices	Sigillaria à côtes. Ex.: S. Tessellata.
	Ecorce ne présentant pas ces cannelures	Sigillaria sans côtes. Ex.: S. Brardi.

PHANÉROGAMES GYMNOSPERMES

Représentées, le plus souvent, par des rameaux ou des feuilles isolées.

RAMEAUX	à feuilles *plusieurs fois bifurquées* découpées en lanières très étroites	Salisburiées (Dicranophyllum).
	à feuilles *simples*, ovales-lancéolées ou spathulées	Cordaïtées (Cordaites).

Nous allons maintenant passer en revue les espèces les plus importantes qui rentrent dans chacun des groupes énumérés ci-dessus, en commençant par celles qui constituent la flore de l'étage le plus ancien de la période.

§ 1. — Étage Dinantien ou Culm.

Représenté par les gisements des bassins houillers de la Basse-Loire, de la Sarthe et de la Mayenne, par les grès anthracifères du Roannais et du Beaujolais, et par la grauwacke des Vosges.

CRYPTOGAMES ACROGÈNES

Fougères.

Sphénoptéridées.

1	Pinnules à segments en coin ou *arrondis*	Sphenopteris.
	Pinnules à segments *filiformes*	2.
2	Pennes primaires *simples* et feuillées sur toute leur longueur	Rhodea.
	Pennes primaires *bifurquées* et feuillées à leur sommet seulement	Diplothmema.

Sphenopteris elegans, A. Brong. (fig. 1).

Fig. 1. — *Sphenopteris elegans*, A. Brg. Réd. de 1/3 (d'après Stur).

Pinnules trilobées ou à 4, rarement 5 lobes oblongs cunéiformes, tronqués ou légèrement émarginés au sommet. Pinnules terminales simples, cunéiformes.

Rhodera filifera, Stur. (fig. 2).

Pinnules profondément divisées en lobes très minces, allongés; la nervure étant bordée par un limbe en lanière, à nervures secondaires imperceptibles. L'aspect particulier que cette disposition donne à la fronde fera reconnaître facilement cette espèce.

Fig. 2. — *Rhodea filifera*, Stur. Réd. de 1/3 (d'après Stur).

Diplothmema dissecta, Brong. sp. (fig. 3).

Les pennes primaires présentent un axe nu qui se subdivise au sommet en deux pennes qui portent des pinnules découpées profon-

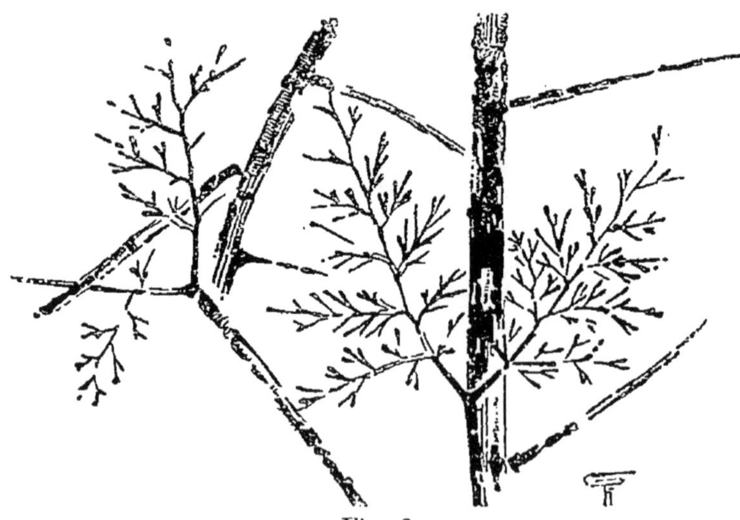

Fig. 3.
Diplothmema dissecta, A. Brg. sp. Réduite de 1/3 (d'après Stur).

dément, en lobes filiformes, plusieurs fois bifurquées.

Névroptéridées.

Frondes *simplement pinnées*. Pinnules *larges* à la base, orbiculaires..........................	Cardiopteris.
Frondes *tri* ou *quadripinnées*. Pinnules *rétrécies* en coin à la base...........................	Adiantites.

Cardiopteris frondosa, Göpp. (fig. 4).

Pinnules de grande taille ovales, cordiformes ou presque orbiculaires; nervures toutes égales, naissant du rachis et plusieurs fois dichotomes, très serrées surtout vers les bords, qu'elles atteignent en s'arquant faiblement.

Très commun dans la grauwacke des Vosges.

Cardiopteris polymorpha, Göpp. sp. (fig. 5).

Se distingue de l'espèce précédente par ses pinnules plus petites, plus acuminées au sommet et plus serrées les unes contre les autres.

Également commun dans la grauwacke des Vosges.

Adiantites tenuifolius, Göpp. (fig. 6).

Pinnules entières, arrondies au sommet, acuminées en coin à la base, assez espacées les unes des autres. Les nervures, assez fortes, sont presque égales et rayonnent du point d'attache; elles se subdivisent vers le sommet.

Équisétinées.

Asterocalamites radiatus, Brong. (Pl. 2, fig. 1).

Côtes longitudinales n'alternant pas, mais se correspondant aux nœuds, et dépourvues de mamelons à

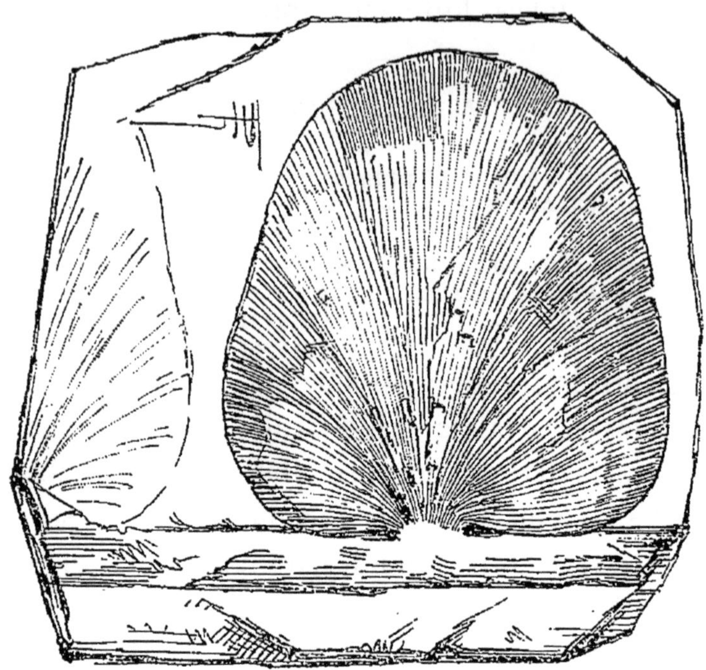

Fig. 4. — *Cardiopteris frondosa*, Göpp. Grandeur nature.

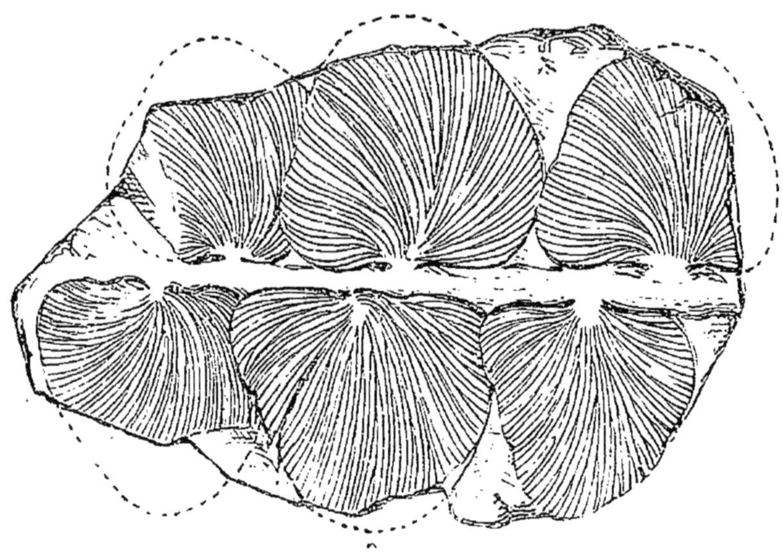

Fig. 5.
Cardiopteris polymorpha, Göpp. Grandeur nature, d'après nature.

leur sommet. On observe, à l'intersection de l'articulation et des sillons, une cicatrice arrondie, correspondant aux feuilles qui se trouvent quelquefois en place.

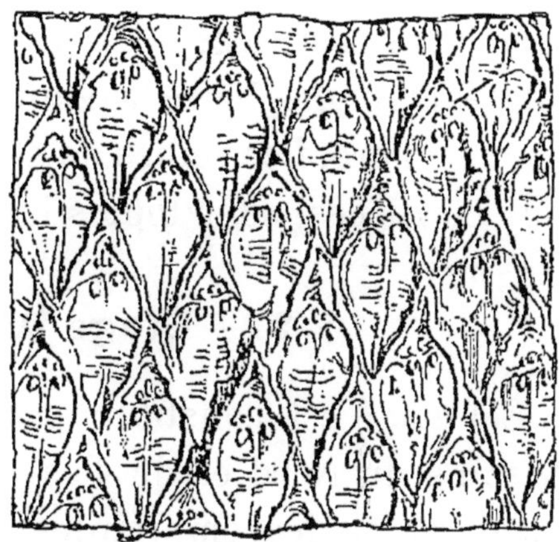

Fig. 6.
Adiantites tenuifolius, Göpp.

Fig. 7.
Lepidodendron Veltheimianum, v. Sternb.

Réduits de 1/3 (d'après Stur.).

Lycopodinées

1. Lépidodendrées :

Lepidodendron Veltheimianum. — V. Sternb. (fig. 7).

Tronc présentant des cicatrices de deux formes (Pl. 2, fig. 2) : les unes (coussinets foliaires) relativement petites, rhombiques, allongées dans le sens vertical, munies d'une carène médiane épaisse, des rides perpendiculaires à cette carène traversent irrégulièrement ces coussinets. Les autres cicatrices, alignées verticalement, sont grandes, ovales, en forme de cône surbaissé, orné de sillons rayonnants, irréguliers, et présentent, à leur centre, une dépression cratériforme.

Entre chacune de ces secondes cicatrices, on compte environ neuf rangées obliques des premières.

2. Sigillariées :

Sigillaria venosa, Brong. (Pl. 2, fig. 3).

Écorce plane, sans ondulations ou mamelons. La forme des cicatrices foliaires est celle d'un pentagone à angles arrondis, placé la pointe en bas. Le côté supérieur est échancré. Les veines ou stries qui s'observent entre les cicatrices, sont toutes longitudinales et ondulées.

§ 2. — Étage Westphalien.

Cet étage est constitué par la partie principale des bassins du Nord et du Pas-de-Calais ; les principales localités ou les empreintes peuvent être recueillies sont : Lens et les environs, Bully-Grenay, Dourges, etc.

CRYPTOGAMES ACROGÈNES

Fougères.

Dictyoptéridées.

Linopteris sub-Brongniarti, Gd'Eury (Pl. 3, fig. 1).

Pennes fusiformes, les pinnules de la base et du sommet des pennes étant plus courtes que celles du milieu. Rangée inférieure des pinnules se continuant sur le rachis par des pinnules marginales subtriangulaires. Pinnules non décurrentes, presque quadrangulaires, à sommet largement arrondi. Nervures toutes de même valeur.

Lonchopteris Bricei, Brong. (Pl. 3, fig. 2).

Cette espèce diffère de la précédente par des pinnules décurrentes à la base, beaucoup plus longues que larges et aiguës au sommet. La rangée inférieure des pennes n'est pas reliée au rachis par des pinnules marginales. Ressemble beaucoup par son port à *Alethopteris Serlii*, Brong.

Sphénoptéridées.

1	Pinnules à lobes *étroits*, cunéiformes...........................	Sphenopteris furcata.
	Pinules à lobes *larges*, arrondis.	2.
2	Fronde *tripinnée*, pinnules *écailleuses*..................................	S.Hœninghausi.
	Fronde *bipinnée*, pinnules *non écailleuses*......................	S. obtusiloba.

Sphenopteris furcata, Brong. (fig. 8).

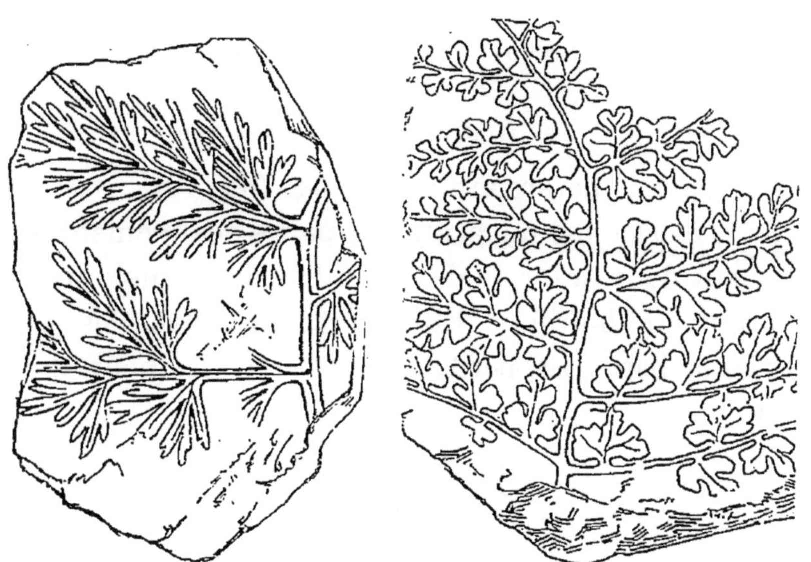

Fig. 8. — *Sphenopteris furcata*, A. Brg. Fig. 9. — *Sphenopteris obtusiloba*, A. Brg.
Réd. de 1/3 (d'après Brongniart).

Feuilles bipinnées ; pinnules très profondément divisées, obliques, alternes, rapprochées de manière que les pinnules de deux pennes voisines s'entre-croisent. Les lobes sont étroits, cunéiformes, les supérieurs bifurqués, les inférieurs trifides ou palmés.

Sphenopteris Hœninghausi, Brong. (Pl. 4, fig. 1).

Fronde très élégante, tripinnée, remarquable par la délicatesse et la petitesse des pinnules qui sont très profondément trilobées ou pinnatifides à 5 lobes ; elles sont de plus recouvertes d'écailles sétacées et ne montrent que 2 ou 3 nervures.

Sphenopteris obtusiloba, Brong. (fig. 9 et Pl. 4, fig. 2).

Cette espèce voisine de la précédente s'en distingue cependant par sa fronde simplement bipinnée, par ses pinnules plus grandes, plus courtes et non écailleuses ; présentant des nervures mieux accusées.

Névroptéridées.

Nevropteris heterophylla, Brong. (fig. 10).

Cette espèce est remarquable par le changement qui survient dans la forme des pinnules dans une portion restreinte de la fronde. Elles sont lobées dans les pennes de la base et à bords simples dans les pennes du sommet.

Pécoptéridées.

1	Pennes à pinnule terminale *plus petite* que les autres. Pinnule basilaire lobulée	**Mariopteris.**
	Pennes à pinnule terminale *plus grande* que les autres. Pinnule basilaire simple	**Alethopteris.**

Mariopteris.

Dans ce genre le rachis des pennes primaires se bifurque doublement. Les pinnules à l'extrémité

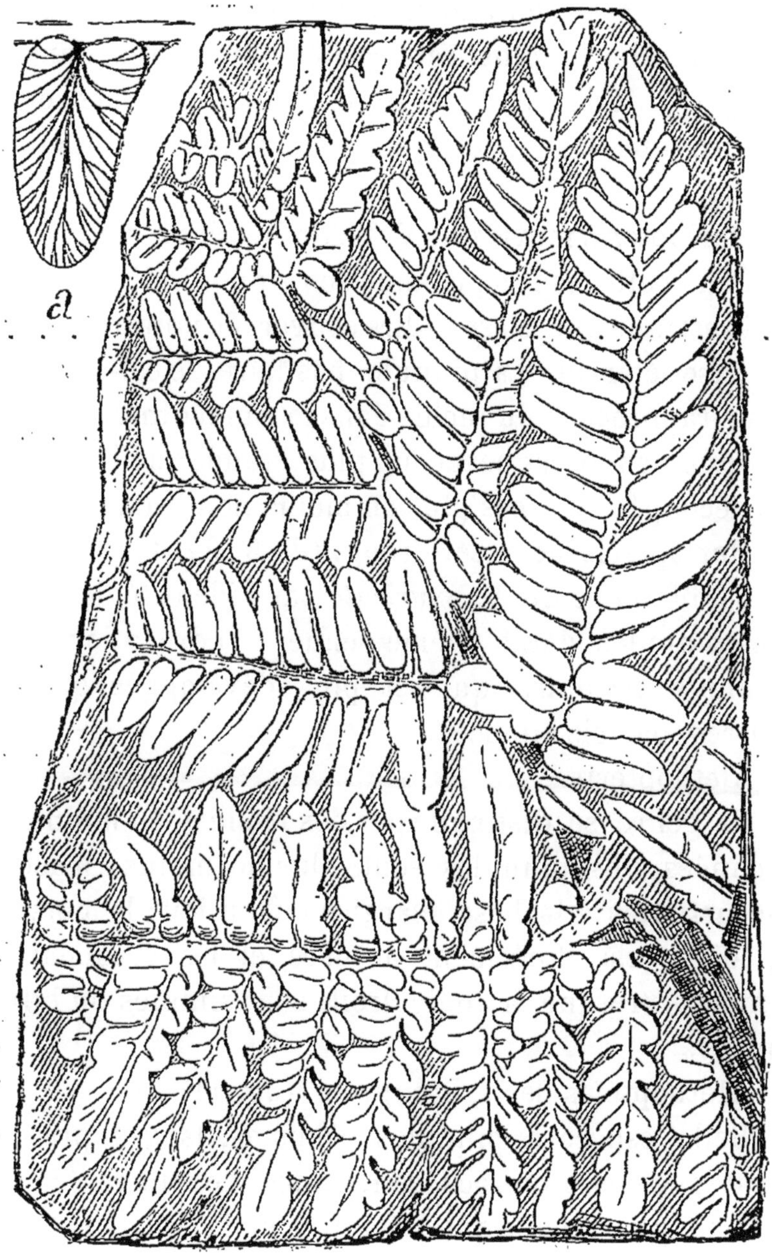

Fig. 10.
Nevropteris heterophylla, A. Brg. Réd. de 1/3 (d'après Zeiller).
En *a* pinnule grossie pour montrer la nervation.

des pennes se confondent les unes dans les autres. La pinnule la plus rapprochée du rachis dans la rangée inférieure de chaque penne est plus développée que les autres, quelquefois même bien multilobée.

Mariopteris muricata, V. Schloth. (Pl. 5, fig. 2).

Dans cette espèce, comme son nom l'indique, le rachis est muriqué, c'est-à-dire couvert de pointes courtes à base élargie. La pinnule basilaire, c'est-à-dire la plus rapprochée du rachis dans la rangée inférieure de chaque penne, est beaucoup plus grande que les autres et découpée en lobes plus ou moins nombreux.

Mariopteris nervosa, Brong. (Pl. 5, fig. 1).

Se distingue du *M. muricata* par l'identité de forme des pinnules d'une même penne, à l'exception de la pinnule basilaire, qui est plus développée que les autres, parfois bilobée.

Alethopteris.

Ce genre se distingue par des frondes au moins tripennées, les pinnules sont plus ou moins espacées, décurrentes à la base, élargies au milieu ; la nervure médiane est fortement accusée et les secondaires, émises presque à angle droit, sont simples ou bifurquées.

Alethopteris Serli, Brong. sp. (fig. 11).

Belle espèce à pinnules robustes, larges, presque toutes égales, rapprochées les unes, des autres, la terminale plus longue que les autres mais jamais rubanée comme cela se voit dans l'espèce suivante.

Alethopteris Mantelli, Brong. sp. (fig. 12).

Cette espèce se distingue à première vue de la pré-

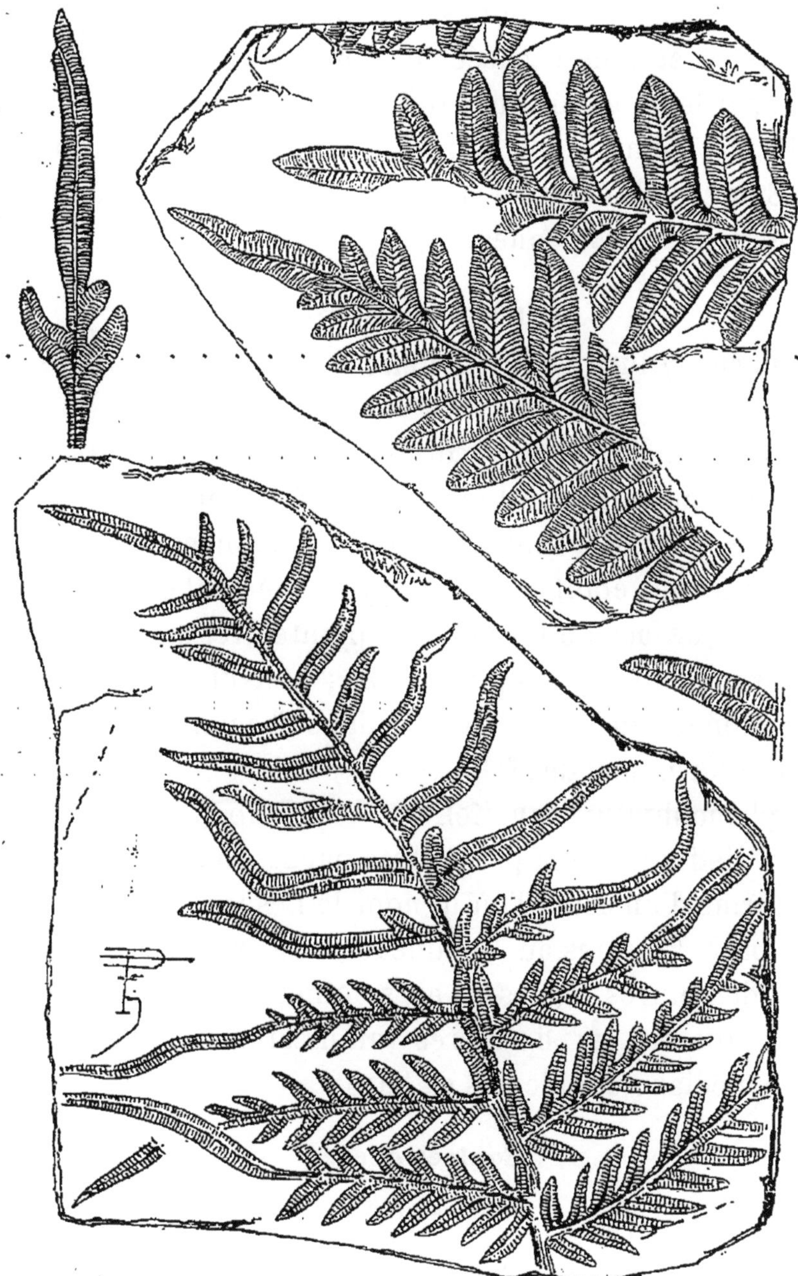

Fig. 11 et 12. — *Alethopteris Serli*, A. Brg. sp., d'après Brongniart.
Alethopteris Mantelli, A. Brg. sp. (d'après Zeiller).
Réd. de 1/3.

cédente par ses pinnules latérales plus grêles, plus allongées et plus espacées les unes des autres, et surtout par la longueur des pinnules terminales, qui sont rubanées, simples ou lobulées à la base. On compte 7 à 8 de ces pinnules en ruban de chaque côté du rachis, à l'extrémité des pennes.

Sphénophyllées.

Sphenopyllum saxifragæfolium, V. Sternb. (Pl. 6, fig. 1).

Espèce facilement reconnaissable à son feuillage très découpé. Les folioles, disposées par verticilles assez rapprochés, sont très fines, dichotomes, chacune des branches étant elle-même profondément divisée au sommet, de façon à former deux pointes très aiguës. Une nervure médiane, simple à la base, envoie par double dichotomie une ramification dans chacune des divisions du sommet des folioles.

Sphenophyllum cuneifolium, V. Sternb. (Pl. 6, fig. 2).

Se distingue de la précédente par ses folioles qui ont la forme d'un coin (d'où le nom de l'espèce), amincies à la base, élargies au sommet qui est tronqué et orné de 8 dentelures égales et au sommet desquelles viennent aboutir les dernières ramifications d'une nervure médiane double dès sa base.

Équisétinées.

Rameaux.

Annularia radiata, Brong. (fig. 13).

Verticilles de feuilles pouvant atteindre 2 centimètres de diamètre. Les folioles, de 9 à 12 par verticilles, sont allongées, lancéolées, acuminées au sommet, avec une nervure médiane très visible.

Annularia sphenophylloides, Zenker, sp. (fig. 14).

Verticilles de moitié moins grands que ceux de l'espèce précédente, à folioles plus nombreuses (12 à 15),

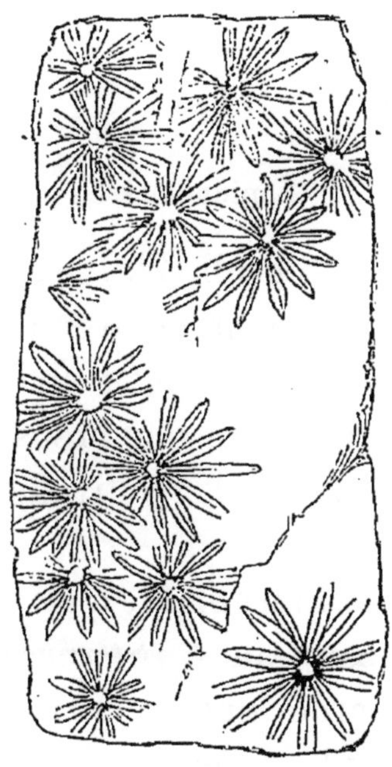

Fig. 13. — *Annularia radiata*, Brng. Réduit de 1/3 (d'après Zeiller).

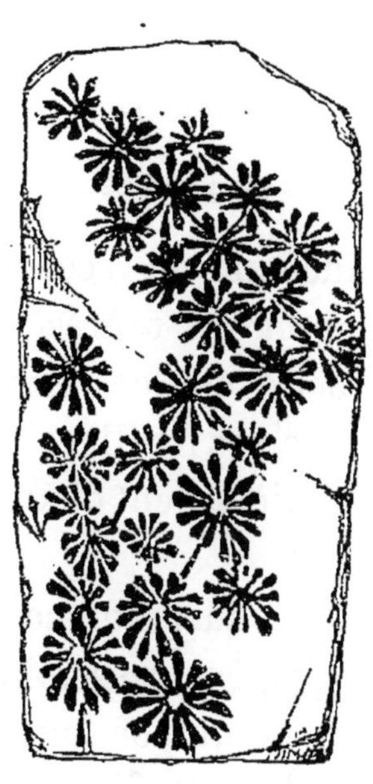

Fig. 14. — *Annularia sphenophylloides*, Zenk. sp. Réduit de 1/3 (d'après Zeiller).

moins allongées, cunéiformes, rétrécies à la base, larges et arrondies au sommet, à nervures peu apparentes ou invisibles.

Tiges.

Calamites Suckowi, Brong. (Pl. 6, fig. 3).

Cette espèce est très variable. Brongniart, dans son *Histoire des végétaux fossiles*, en cite cinq variétés; mais les caractères qui les distinguent ne semblent pas fixes. Dans l'échantillon que nous figurons, représentant la base d'une tige, les articulations sont inégalement espacées, plus rapprochées à la base qu'au sommet, les cannelures verticales sont planes, les cicatrices foliaires arrondies.

Lycopodinées.

1. Lépidodendrées :

Cicatrices plus hautes que larges....... **Lepidodendron**

Lepidodendron lycopodioides, V. Sternb. (Pl. 7, fig. 1).

Notre figure représente un fragment de tronc de cette belle espèce, lequel montre un rameau encore chargé de ses feuilles. Les cicatrices sont nombreuses, très régulièrement distribuées et de tailles relativement médiocres.

Lepidodendron dichotomum, V. Sternb. (Pl. 7, fig. 2).

Cette espèce ressemble beaucoup au *L. Sternbergii* Brong. Schimper ne la regarde que comme une variété de cette dernière; la seule différence à noter consiste peut-être dans la longueur, relativement moins grande, du coussinet, dans sa forme plus régulièrement rhombique et moins prolongée à l'angle inférieur. Les cicatrices et les stries sont disposées de la même manière.

Lepidodendron gracile, V. Sternb. (Pl. 7, fig. 3).

Espèce remarquable par la gracilité de ses formes. Ses rameaux, comme on le voit, sont couverts de rangées spirales, très serrées de cicatrices foliaires, régulièrement rhombiques et de petite taille, sur lesquelles s'articulent des feuilles linéaires, subfalciformes qui diminuent régulièrement de longueur en se rapprochant du sommet du rameau.

Cicatrices plus larges que hautes....... **Lepidophloios.**

Lepidophloios laricinus, V. Sternb. (Pl. 7, fig. 4).

Coussinets exactement contigus, s'imbriquant un peu, de façon à rappeler l'aspect des écailles d'un cône de mélèze. Ils présentent, comme ceux des vrais Lépidodendron, une carène médiane et une cicatrice foliaire, régulièrement rhomboïdale, transverse, qui porte trois cicatricules arrondies, très nettes. Dans les vieux individus, cette cicatrice se trouve rejetée à la base du coussinet.

2. Sigillariées :

α. Formes à côtes longitudinales et à *coussinets foliaires très rapprochés*.

Sigillaria tessellata, Brong. (fig. 15).

Dans cette espèce, des sillons transversaux très nets coupent les côtes au-dessus et au-dessous des cicatrices, qui semblent alors inscrites dans des compartiments quadrangulaires; elles sont elles-mêmes hexagono-subquadrangulaires, à angles obtus.

Sigillaria elliptica, Brong. (fig. 16).

Diffère de la précédente en ce que les cicatrices ne sont pas séparées par des sillons, mais par quelques rides transverses irrégulières. Ces cicatrices sont elliptiques ou presque régulièrement hexagones.

β. Formes à côtes longitudinales et à *coussinets foliaires très espacés* et à partie moyenne des côtes, bordée entre les cicatrices, par deux lignes saillantes plus ou moins prononcées, à surface rugueuse.

Sigillaria Cortei, Brong. (fig. 17).

α. FORMES A CICATRICES FOLIAIRES TRÈS RAPPROCHÉES.

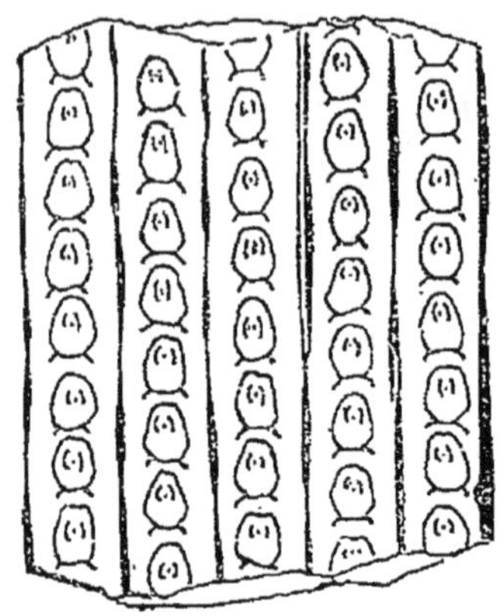

Fig. 15. — *Sigillaria tessellata*, A. Brg.

Fig. 16. — *Sigillaria elliptica*, A. Brg.

Fragments d'écorces très réduits.

β. FORMES A CICATRICES FOLIAIRES TRÈS ESPACÉES

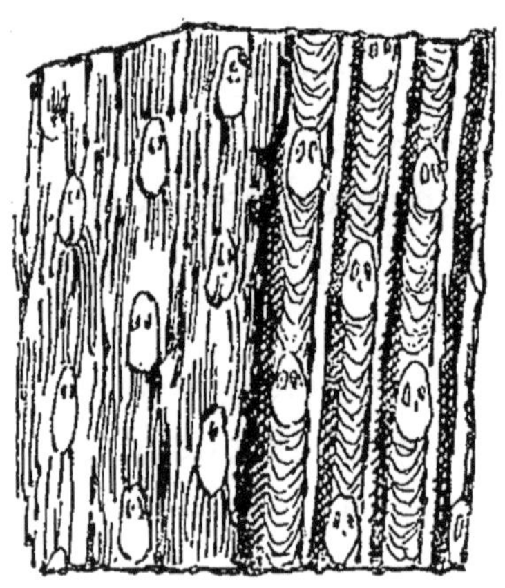

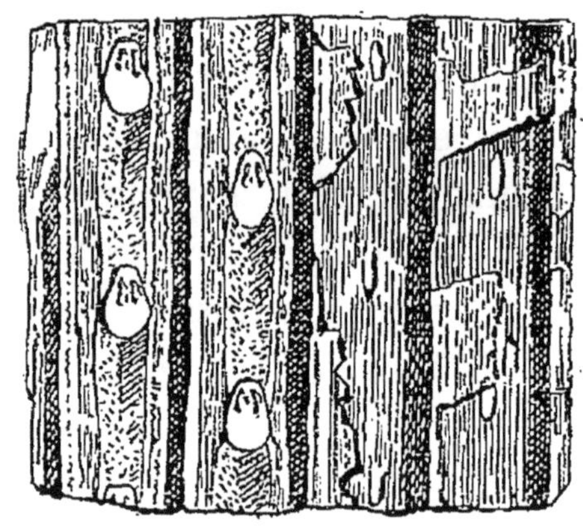

Fig. 17. — *Sigillaria Cortei*, A. Brg.

Fig. 18. — *Sigillaria rugosa*, A. Brg.

Fragments d'écorces très réduits.

(Toutes ces figures d'après Brongniart.)

Partie médiane des côtes marquée, entre les cicatrices, de stries transverses, les côtés de stries longitudinales.

Sigillaria rugosa, Brong. (fig. 18).

Partie moyenne des côtes, un peu carénée et marquée de petits tubercules arrondis, les parties latérales, couvertes d'aspérités oblongues, très serrées.

§ 3. — Étage Stéphanien.

. . . .

Les gisements de cet étage sont nombreux en France, comme localités remarquablement riches en empreintes nous citerons : le bassin de Saint-Etienne, les mines de Commentry, Champagnac, Decazeville, de Grand'Combe, Rive-de-Gier, Bessèges et Carmaux.

CRYPTOGAMES ACROGÈNES

Fougères.

Représentées par des tiges, des écorces et des frondes.

TIGES	Cicatrices arrondies, écorce couverte de fossettes arrondies aérifères entre les cicatrices foliaires........	**Caulopteris.**
	Cicatrices ovales, allongées amygdaliformes; les racines ont laissé des sillons flexueux irréguliers à la surface	**Ptychopteris.**

Caulopteris Baylei, Zeill. (Pl. 8, fig. 1).

Tiges de fougère à écorce persistante, portant des cicatrices arrondies, disposées par files longitudinales et en forme de disques concentriques, presque au centre desquels se voit une cicatrice en V renversé, laquelle résulte de la soudure des lames de la bande foliaire. Écorce très rugueuse garnie de fossettes aérifères entre les cicatrices.

Ptychopteris macrodiscus, Brong. sp. Tiges réduites au corps ligneux central, l'écorce ayant disparu (Pl. 8, fig. 2).

Ces tiges sont ornées de cicatrices en forme d'amendes très allongées, disposées en files verticales, se touchant par leurs extrémités supérieures et inférieures; la cicatrice centrale est régulièrement ovale. L'emplacement des racines est indiqué par des sillons flexueux longitudinaux.

FRONDES

PINNULES	à nervure médiane *très nette*, les secondaires disposées suivant le mode penné........................	**Pécoptéridées.**
	à nervure médiane *peu distincte*, toutes les nervures partant du rachis..............................	**Odontoptéridées.**

Pécoptéridées.

RACHIS	à folioles marginales triangulaires...	**Callipteridium.**
	sans folioles marginales...........	**Pecopteris.**

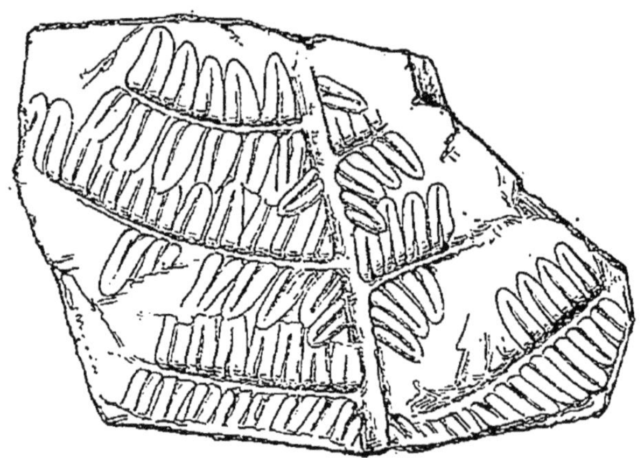

Fig. 19. — *Callipteridium pteridium*, v. Schl. sp. Fragment de fronde. Réd. de 1/3 (d'après Brongniart).

Callipteridium pteridium, Schl. sp. (fig. 19).

Pinnules tout à fait oblongues, à bords parallèles,

contiguës; les nervures sont plus fines et plus serrées que dans l'espèce suivante.

Callipteridium ovatum, Brong. (fig. 20).

Diffère de la précédente par ses pinnules courtes, ovales, élargies à leur base, éloignées par leurs bords, ses nervures moins fines et moins serrées. Pinnules plus fortes et moins serrées que chez le précédent.

Pecopteris.

A. *Formes à pinnules formant un angle droit avec le rachis.*

Pecopteris arguta, V. Sternberg (fig. 21). Se distingue, à première vue, par ses pinnules égales, beaucoup plus longues que larges, dont les bords sont comme dentelés et par ses nervures simples.

Pecopteris cyathea, V. Schloth. f. (Pl. 9, fig. 1).

Pinnules toujours très inégales entre elles, plus atténuées et plus arrondies que dans *P. arborescens;* sur la même penne, elles décroissent, très sensiblement, de la base au sommet.

Pecopteris arborescens, V. Schloth. (Pl. 9, fig. 2, 3).

Pinnules d'une égalité et d'une régularité parfaites, à peine atténuées au sommet, presque tronquées, ne différant presque pas de longueur de la base au sommet des pennes.

B. *Formes à pinnules disposées plus ou moins obliquement sur le rachis.*

Pecopteris polymorpha, Brong. (Pl. 10, fig. 1).

Pinnules non décurrentes à la base, un peu aiguës au sommet, cette espèce est remarquable par les variétés auxquelles elle donne lieu. Elle se distingue par des nervures latérales très fines et très ser-

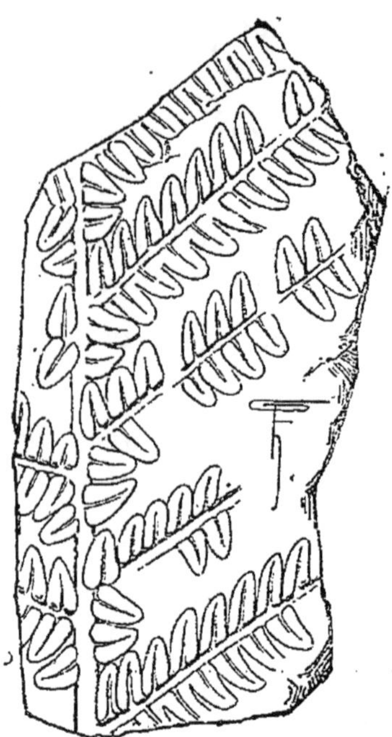

Fig. 20. — *Callipteridium ovatum*. A. Brg. Réd. 1/3 (d'après Brongniart).

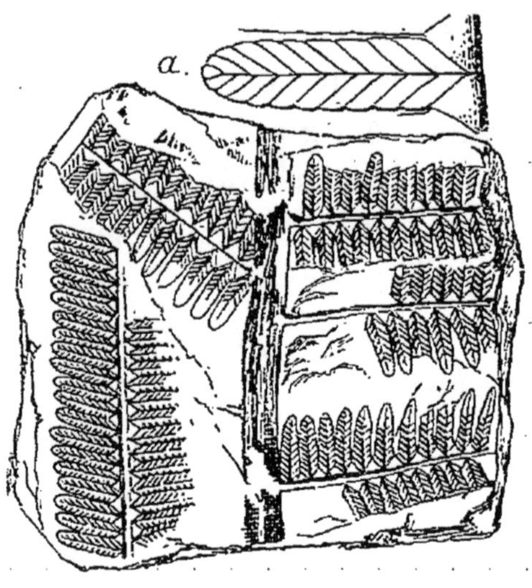

Fig. 21. — *Pecopteris arguta*, v. Sternb. En *a* pinnule grossie. Réd. 1/3 (d'après Brongniart).

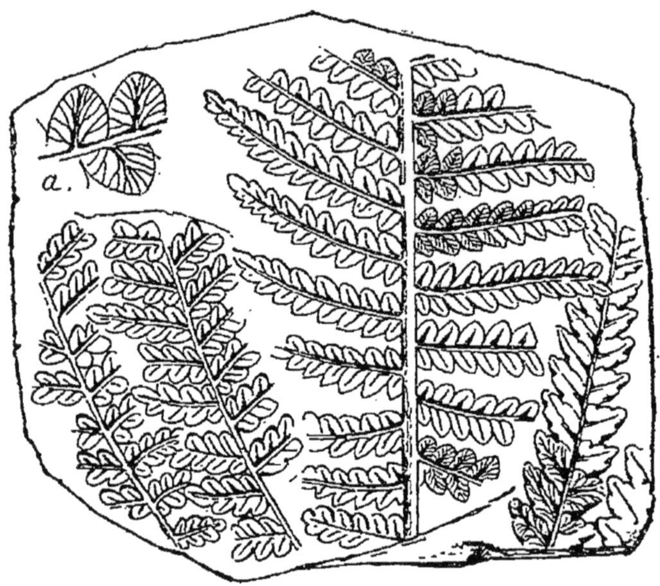

Fig. 22.
Pecopteris Pluckeneti, Brong. Réd. 1/3. En *a* pinnules grossies.

rées, doublement fourchues ou arquées dichotomes.

Pecopteris Pluckeneti, Brong. (fig. 22 et 23).

Pinnules décurrentes à la base, presque aussi larges que hautes, ovales, arrondies, peu nombreuses sur chaque penne (9 à 10). Nervures simples ou bifurquées,

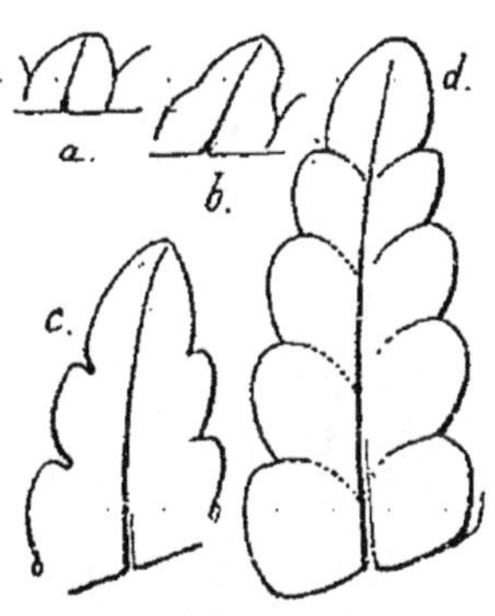

Fig. 23. — *Pecopteris Pluckeneti*, A. Brg. *a*, *b*, *c*, *d*, pinnules isolées pour montrer la variabilité de ces organes.

Fig. 24. *Odontopteris Reichiana*, Gutb. (d'après Zeiller).

très fines. Les pinnules de la base subtrilobées ou pinnatifides quinquelobées.

Pecopteris dentata, Brong. (Pl. 10, fig. 2).

Pinnules décurrentes à la base, beaucoup plus longues que dans l'espèce précédente et plus nombreuses sur chaque penne (14 à 16); celles de la base des pennes sont lobulées, presque dentées. Nervures très fines, simples ou bifurquées.

Odontoptéridées.

Odontopteris Reichiana, Gutbier. (fig. 24).

Cette espèce propre au Stéphanien est caractérisée par des pinnules à nervure médiane nulle.

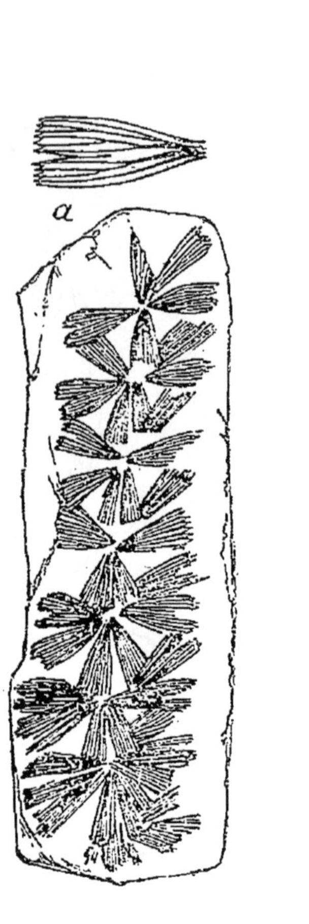

Fig. 25. — *Sphenophyllum oblongifolium*, Germ. et Kaulf. Réd. de 1/3 (d'après nature).

Fig. 26. *Sphenophyllum Thoni*, Mahr. Réd. 1/3 (d'après Zeiller).

Sphénophyllées.

Sphenophyllum oblongifolium, Germar et Kaulf. sp. (fig. 25).

Espèce caractérisée par ses feuilles oblongues, allongées, *tronquées* au sommet, rapprochées, dans chaque verticille, deux par deux en trois paires inégales, une antérieure plus courte et deux latérales plus longues, étalées toutes trois dans le plan du rameau.

Sphenophyllum Thoni, Mahr. (fig. 26).

Cette espèce se distingue à première vue de la précédente par la dimension beaucoup plus grande de ses folioles qui sont *arrondies* au sommet et qui ne sont pas séparées en groupe, comme dans l'*oblongifolium*, mais plutôt imbriquées.

Équisétinées.

Représentées soit par des tiges, soit par des organes fructificateurs isolés soit par des rameaux feuillés.

α. *Tiges.*

Calamodendron cruciatum. Sternbg. (fig. 27).

Tige à articulations rapprochées et montrant des cicatrices arrondies largement espacées les unes des autres et disposées en quinconce. De ces cicatrices partent des cannelures longitudinales disposées de façon à représenter grossièrement la lettre Ж (J) de l'alphabet russe. Entre ces côtes on en remarque d'autres, également longitudinales et disposées plus ou moins régulièrement sur toute la surface des entre-nœuds.

β. *Organes de fructification.*

Macrostachya carinata, Germar sp. (Pl. 11, 2).

Épis cylindrique rétréci et recourbé à la base, en forme d'obus au sommet, composé d'un axe solide autour duquel sont disposés de très nombreux verticilles imbriqués et alternants de bractées serrées qui rayonnent autour de l'axe et sont redressées à leur extrémité en une longue pointe. Ces bractées portent une forte carène médiane à la face externe.

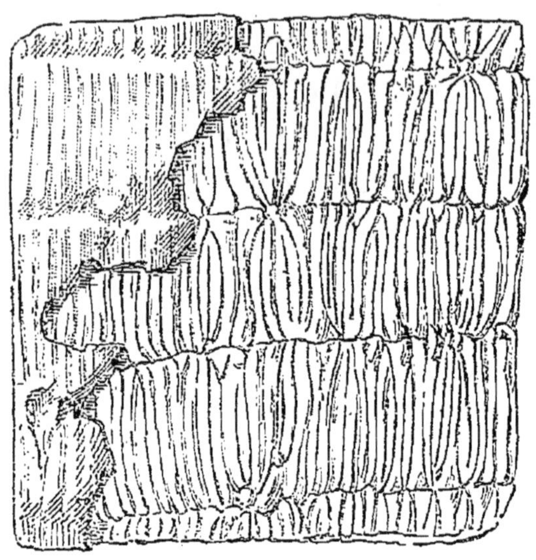

Fig. 27. — *Calamodendron cruciatum*, Sternb. Fragment réduit d'une tige en partie munie de son écorce. Réd. de 1/3 (d'après Zeiller).

γ. *Rameaux feuillés.*

1. Rameaux à feuilles *dressées*.

Asterophyllites equisetiformis, V. Schloth. (Pl. 11, fig. 1).

Rameaux feuillés présentant aux articulations, outre un verticille de feuilles linéaires dressées, deux ramules articulées opposées, et munis à leurs articulations de feuilles disposées de la même façon que celles que l'on voit sur le rameau, mais plus courtes.

2. Rameaux à feuilles *étalées*.

Annularia longifolia, Brong. (Pl. 11, fig. 3).

Espèce remarquable par la longueur et l'étroitesse relative des folioles de ses verticilles; ceux-ci atteignent 85 millimètres de diamètre, ils sont assez rapprochés ce qui fait que leurs folioles s'entre-croisent d'un verticille à l'autre.

Lycopodinées.

1. Lepidodendrées :

Lepidodendron Sternbergii, Brong. (fig. 28).

Coussinet de 3 centimètres de haut et plus sur 1 cent. 1/2 de large, atténué à la base en une pointe très allongée et un peu recourbée; la partie médiane du coussinet est occupée par des rides transverses inégales. Cicatrice foliaire proprement dite située au sommet du coussinet; elle est rhombique transverse, et porte trois cicatricules : une médiane en croissant et deux latérales punctiformes. Entre la cicatrice oliaire et la partie ridée on remarque de chaque côté de la carène une cicatrice semi lunaire allongée verticalement et un peu oblique.

2. Sigillariées :

TIGES

1	A côtes longitudinales en zigzag séparant des rangées verticales de cicatrices foliaires qui sont contiguës.	Sigillaria elegans.
	Sans côtes longitudinales et à cicatrices foliaires ne se touchant pas.	2.
2	Sans côtes longitudinales ni sillons réticulés transverses..............	Sigillaria rhomboïdea.
	Cicatrices foliaires espacées et séparées les unes des autres par des sillons nettement réticulés.........	Sigillaria Brardi.

Sigillaria elegans, Brong. (fig. 30).

Cette espèce est très reconnaissable à ses côtes lon-

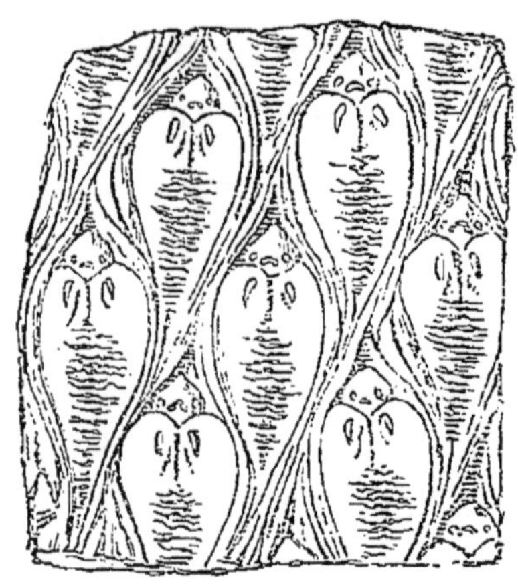

Fig. 28.
Lepidodendron Sternbergii, Brg.
Fragment de tronc
(d'après Zittel).

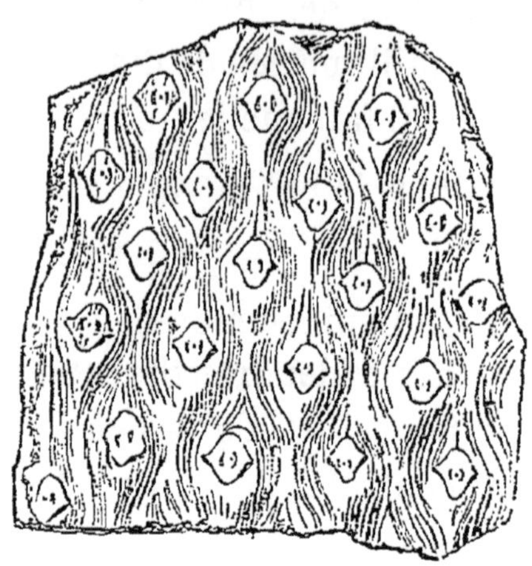

Fig. 29.
Sigillaria rhomboidea, Brg.
Fragment d'écorce réduit
(d'après Brongniart).

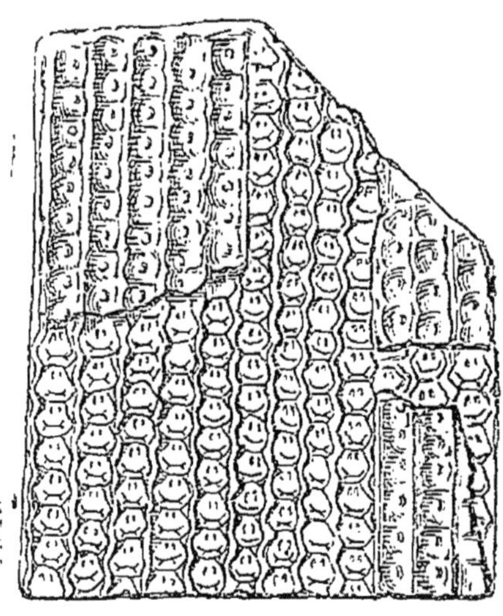

Fig. 30. — *Sigillaria elegans*, Brg.
Fragment de tronc avec écorce
conservée par places.

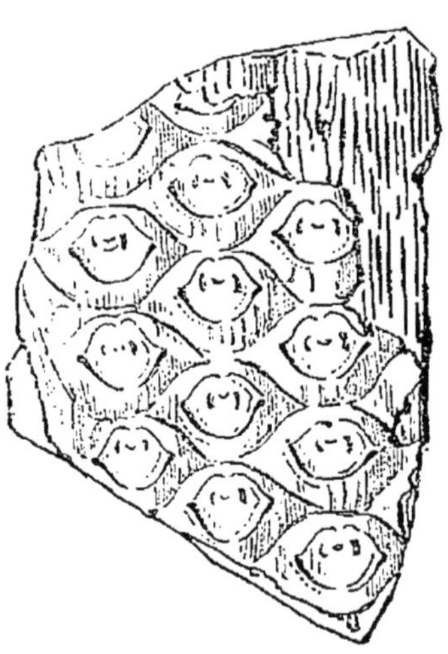

Fig. 31. — *Sigillaria Brardi*,
Brg. Fragment de tronc
avec écorce.

Réduits de 1/3 (d'après Brongniart).

gitudinales sinueuses qui délimitent des rangées verticales de cicatrices foliaires assez régulièrement hexagonales qui. lorsque l'écorce existe, sont plutôt circulaires avec un mamelon central, ce qui leur donne l'aspect des scrobicules que l'on observe sur certains échinides réguliers.

Sigillaria rhomboïdea. Brong. (fig. 29).

Cette espèce se distingue à première vue par ses cicatrices foliaires presque rhombiques, assez largement espacées, et par les stries flexueuses qui les entourent. Ces stries, disposées en losanges, donnent à cette tige l'aspect de celles des Lépidodendrons.

Sigillaria Brardi, Brong. (fig. 31).

Cicatrices foliaires plutôt rhombiques qu'hexagonales, transverses, échancrées au sommet. Ces cicatrices sont situées sur des mamelons nettement séparés les uns des autres par des sillons réticulés qui donnent à la tige une apparence cloisonnée. Les cicatrices sont plus rapprochées les unes des autres sur les parties inférieures de la tige.

PHANÉROGAMES GYMNOSPERMES

RAMEAUX	à feuilles *simples*, ovales lancéolées ou spatulées....................	Cordaïtées.
	à feuilles *plusieurs fois bifurquées*, découpées en lanières très étroites...........................	Salisburiées.

Cordaïtées.

FEUILLES	*spatulées elliptiques* ou *lancéolées*, arrondies au sommet, nervures fortes et inégales....................	Cordaites.
	linéaires, *étroites*, obtuses au sommet; nervures fines presque égales..	Poacordaites.

Cordaites angulosostriatus, Gd'Eury (Pl. 12, fig. 1).

Dans l'échantillon que nous représentons, on remarque, caché en partie par les feuilles, plusieurs épis d'inflorescence mâle ; ces épis sont composés de bourgeons distiques. La figure 32 représente un de ces bourgeons, grossi pour montrer les étamines saillantes au sommet et les écailles imbriquées qui entourent la base de l'organe.

Poacordaites microstachys, Goldenb. (Pl. 13, fig. 1).

Ce genre diffère du précédent par ses feuilles qui sont beaucoup moins volumineuses et plus aiguës au sommet, elles sont couvertes de stries qui, dans cette espèce, sont disposées de la manière suivante : 3 faibles entre 2 plus fortes.

Salisburiées.

Dicranophyllum gallicum, Gd'Eury (fig. 33).

Rameaux à coussinets foliaires décurrents, rhombiques, disposés en spirales serrées. Ces coussinets supportent des feuilles coriaces, dressées ou réfléchies, suivant l'âge du rameau, linéaires, entières ou une ou deux fois dichotomes au sommet, à divisions terminées en pointes. Nervure médiane forte, les autres plus fines.

§ 4. — Permien.

Le système Permien comprend trois étages, comme nous l'avons indiqué dans la première partie de ce volume : à la base l'étage Autunien représenté par la flore de Brives (Corrèze) au milieu le Saxonien, qui fournit la flore de Lodève (Hérault) et au sommet le Thuringien auquel il faut rapporter les couches à *Voltzia* de l'Aveyron.

Fig. 32.
Bourgeon mâle
de *Cordaites*,
grossi.

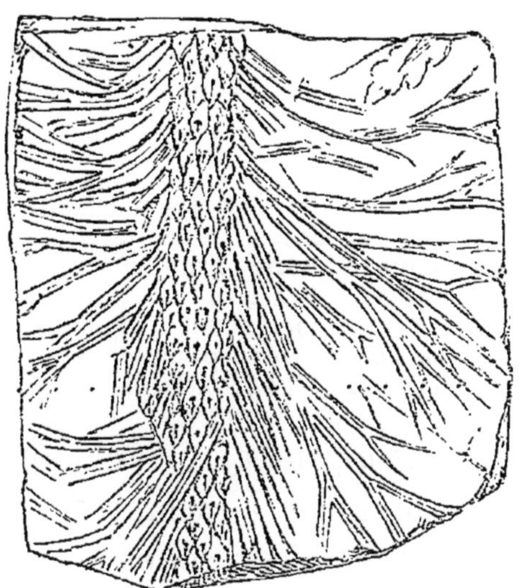

Fig. 33.
Dicranophyllum gallicum,
Gd'E.
Réd. de 1/3 (d'après Zeiller).

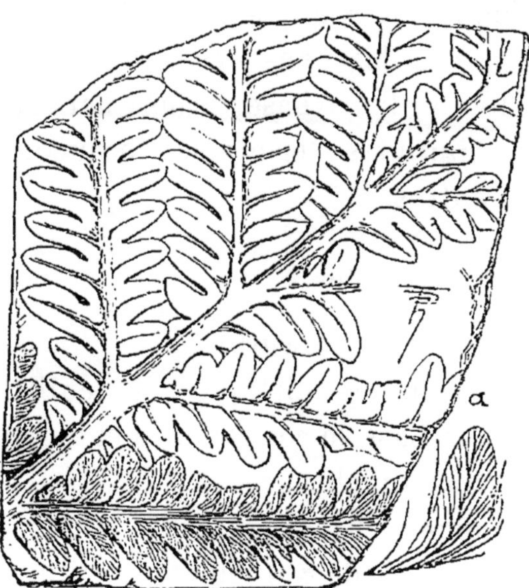

Fig. 34. — *Callipteris gigantea* V. Schl.
En *a*, pinnule grand. nature.
Réd. de 1/3
(d'après Brongniart).

Fig. 35. — *Odontopteris obtusa*, Brg.
Réd. de 1/2

CRYPTOGAMES ACROGÈNES

Fougères.

FRONDES	à pennes réunies les unes aux autres par des pinnules latérales au rachis; pinnule terminale *égale* aux autres..........................	Callipteris.
	à pennes nettement séparées les unes des autres; pinnule terminale beaucoup *plus grande* que les autres.	Odontopteris.

Callipteris gigantea, V. Schloth. (fig. 34).

Fronde bipinnée, à rachis robuste, pennes alternes, pinnules semblables à celles de Pecopteris. Les pennes se prolongent le long du rachis par une série de pinnules graduellement décroissantes.

Odontopteris obtusa, Brong. (fig. 35).

Fronde très développée, à ramification irrégulière; pennes alternes, séparées les unes des autres ; pinnules soudées par toute leur base, sans nervure médiane apparente. Pinnules terminales beaucoup plus grandes que les autres.

Équisétinées.

Rameaux. — **Annularia spicata,** Gutb.

Rameaux feuillés à ramules distiques, à feuilles soudées en collerette à la base de ces ramules et toutes étalées dans le même plan qu'elles.

Tiges. — **Calamites gigas,** Brong.

Tiges articulées, marquées de cannelures longitudinales ; dépourvues à leur extrémité supérieure de la cicatrice circulaire que l'on y rencontre habituellement.

PHANÉROGAMES GYMNOSPERMES

Cordaïtées.

Poacordaites Ottonis, voisin du *P. microstachys*, Gœbb., mais au lieu d'avoir, comme cette espèce, de deux à trois nervures faibles entre deux fortes, *P. Ottonis* en présente deux à cinq. Ce caractère est d'ailleurs assez délicat à observer par suite de l'état de conservation des feuilles.

Salisburiées.

RAMEAUX	à *feuilles* peu découpées en *lanières courtes*, tronquées à leur sommet.	**Ginkophyllum.**
	à *feuilles* très découpées en *lanières très longues* très effilées et pointues au sommet...............	**Trichopithys.**

Ginkophyllum Grasseti, Sap. (fig. 37).

Rameaux à feuilles disposées en hélice, rapprochées, décurrentes à la base qui est atténuée en long pétiole; limbe cunéiforme, divisé au sommet en plusieurs lobes plus ou moins étroits; nervures rayonnantes dichotomes.

Trichopitys heteromorpha, Sap. (fig. 36).

Limbe à segments plusieurs fois dichotomes, très étroits et à division irrégulière, très acuminés au sommet. A l'aisselle des feuilles on observe des ramules latéraux pinnés et dont chaque segment se termine par une graine.

Conifères.

RAMEAUX	*régulièrement pennés*, à feuilles toutes semblables.................	**Walchia.**
	non pennés, feuilles de deux sortes..............................	**Voltzia.**

Walchia piniformis, V. Sternb. (Pl. 14, fig. 2, 3 et 4). Espèce très répandue et très variable, comme on pourra s'en rendre compte par l'examen des figures de la planche 14. Les ramules peuvent atteindre 60 millimètres de longueur et plus, elles sont rapprochées, les feuilles qui les garnissent sont petites, falciformes, décur-

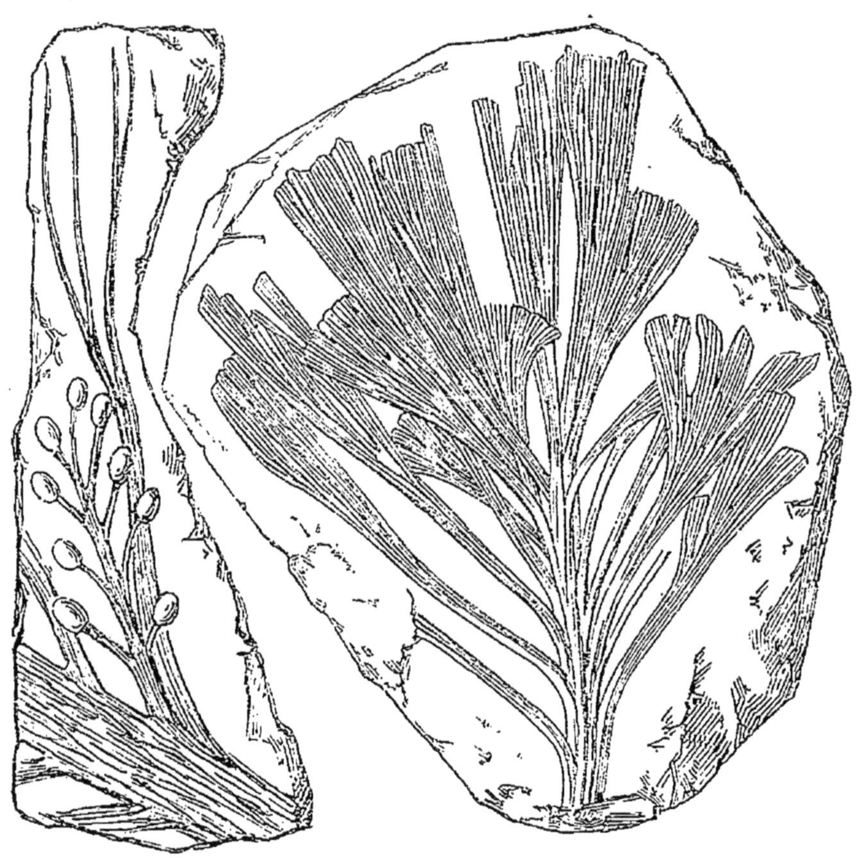

Fig. 36. *Trichopitys heteromorpha*, Sap.

Fig. 37. — *Ginkophyllum Grasseti*, Sap. Extrémité d'un rameau. Réd. de 1/3 (d'après Zittel).

rentes à la base et carénées. Elles sont plus ou moins dressées ou étalées, suivant l'âge des rameaux.

Walchia hypnoides, Brong. sp. (Pl. 14, fig. 1).

Espèce très voisine de la précédente, mais de proportions sensiblement plus faibles, à ramules plus courtes et à feuilles semblant, en général, moins recourbées. Brongniart la décrivit comme un Fucoïde.

Voltzia.

Nous ne ferons que mentionner ce genre qui ne se trouve que rarement dans le Permien tout à fait supérieur (Thuringien); il est très répandu, au contraire, dans les grès triasiques. (Voir p. 64.)

LIVRE II

ÈRE SECONDAIRE

CHAPITRE PREMIER

SYSTÈME TRIASIQUE

§ 1. — Étage Werfénien ou Vosgien.

Flore des grès bigarrés de Soultz-les-Bains, des environs d'Épinal, de Remiremont, Baccarat, etc.

CRYPTOGAMES ACROGÈNES

Fougères.

Représentées par des tiges et par des frondes.

TIGES

Caulopteris Voltzi, Schimp. et Moug. (Pl. 15, fig. 1). Cicatrices foliaires espacées, oblongues, arrondies à leur sommet, se confondant avec l'écorce à la base. Entre les cicatrices, on remarque les empreintes des racines adventives.

Localités : *Environs d'Épinal* et de *Bruyères*.

FRONDES	*simplement* pinnées ; pinnules assez grandes, *inégales*..................	Nevropteris.
	bipinnées ; pinnules très petites toutes *égales*..........................	Anomopteris.

Nevropteris elegans, A. Brong. (fig. 38).

Pennes ne dépassant pas 15 centimètres de hauteur. Pinnules presque opposées, très rapprochées et passant les unes sur les autres; celles du milieu de la fronde, deux ou trois fois plus longues que celles de la base ou du sommet. Rachis dilaté à la base.

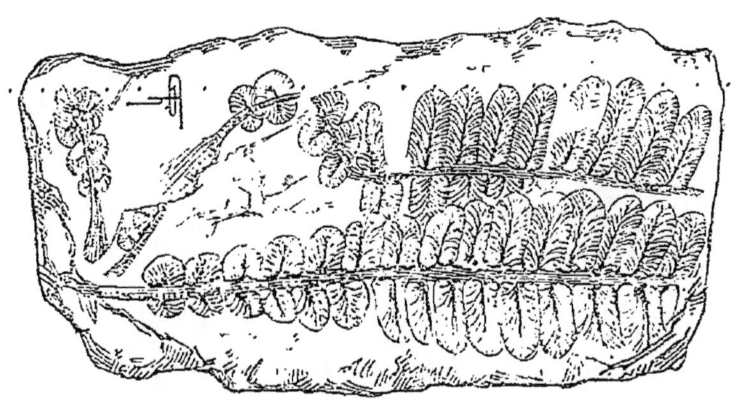

Fig. 38.
Nevropteris elegans, A. Brg. Réd. de 1/3 (d'après Schimp. et Moug.).

Anomopteris Mougeoti, Brong. (Pl. 15, fig. 2).

Fronde très grande, haute de 1 mètre et plus. Rachis fort, parcouru au milieu par un sillon profond. Pennes insérées presque à angle droit, allongées en ruban, munies d'une touffe de poils à leur base. Pinnules très nombreuses, perpendiculaires, ovales, serrées et se recouvrant un peu; les pinnules fructifères plus petites, défléchies et situées à l'extrémité des pennes.

Très répandue : *Rambervillers, Baccarat*, etc.

Équisétinées.

TIGES	très étroite, *munie* de feuilles linéaires	Schizoneura.
	très large, *dépourvue* de feuilles...	Equisetum.

Schizoneura paradoxa, Schimp et Moug. (fig. 39).

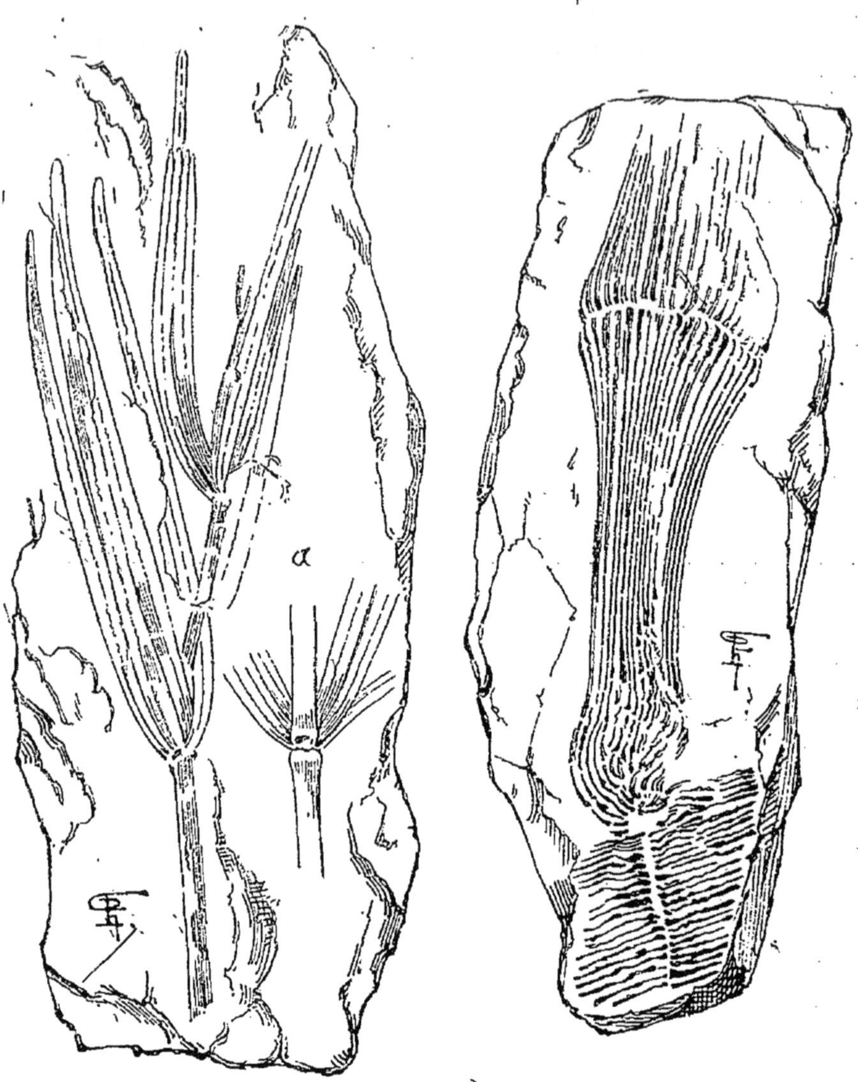

Fig. 39. — *Schizoneura paradoxa*, Sch. et Moug. Fragment de tige. En *a*, articulation avec insertion des feuilles.

Fig. 40. — *Equisetum Mougeoti*, Schp. et Moug. Fragment de tige avec portion de rameau en place.

Réd. de 1/3 (d'après Schimper et Mougeot).

Tige articulée, à rameaux verticillés présentant, aux articulations, des feuilles linéaires, soudées en gaines dans le jeune âge, puis entièrement libres, réunies en deux groupes opposés ou formant des verticilles de quatre à sept feuilles.

Equisetum Mougeoti, Schimp et Moug. (fig. 40).

Troncs de 20 centimètres d'épaisseur, renflés à la base, hauteur des entre-nœuds égale environ au diamètre de la tige; celle-ci, ornée de cannelures fortes, régulières, parallèles, planes. Rameaux à articles assez longs, renflés aux nœuds. Très répandu.

PHANÉROGAMES GYMNOSPERMES

Cycadinées.

Pterophyllum Hogardi, Sch. et M. sp.

Fronde avec pétiole fort, canaliculé, folioles robustes, arrondies au sommet, plus ou moins éloignées les unes des autres et soudées à la base par une aile étroite. — Loc. : *Environs d'Épinal.*

Conifères.

RAMEAUX	à feuilles de formes différentes suivant leur position sur la tige......	**Voltzia.**
	à feuilles toutes ovales allongées............................	**Albertia.**

Voltzia heterophylla, Brong. (fig. 42).

Feuilles dimorphes; tantôt courtes, linéaires coniques, courbées en faux, tantôt allongées en ruban. obtuses au sommet; cônes oblongs, lâchement imbriqués, à écailles spatuliformes divisées en cinq lobes arrondis au sommet.

Répandu partout dans les grès bigarrés.

Albertia elliptica, Schimp. et Moug. (fig. 41).

Rameaux pinnés, à feuilles elliptiques ou un peu

acuminées, décurrentes à la base, planes et un peu

Fig. 41. *Albertia elliptica*, Sch. et Moug. Réd. de 1/3 (d'après Schimp. et Moug).

Fig. 42. — *Voltzia heterophylla*, Brg. Cône et rameau. Réd. de 1/3, en *a*, écaille grandeur naturelle (d'après Zittel).

redressées, présentant des stries longitudinales fines, mais bien prononcées.

Schistes argileux de Soultz-les-Bains.

CHAPITRE II

SYSTÈME LIASIQUE

§ 1. — Étage Rhétien.

Flore de Couches-les-Mines, près Autun, des grès de Chirac et du plateau d'Auxy (Lozère).

CRYPTOGAMES ACROGÈNES

Fougères.

FRONDES	à bords *dentés*, ayant l'aspect d'une feuille de chêne....................	Clathropteris.
	à bords *simples*, ayant l'aspect d'une feuille de laurier rose..............	Tæniopteris.

Clathropteris platyphylla, Göpp. (Pl. 16, fig. 1 et 2).

Frondes représentées par des fragments très mutilés, ayant l'apparence de feuilles de Chêne, à bords crénelés. Le réseau veineux est ordinairement bien conservé; il consiste, dans l'intervalle qui s'étend entre les nervures secondaires, en quadrilatères un peu moins larges que haut, formés par les nervures tertiaires et divisés eux-mêmes, par des veines dirigées en sens inverse, en carrés plus petits, renfermant un réseau veineux à auréoles trapézoïdes ou hexagonales.

Dans son intégrité, d'après Schenk, la fronde de cette espèce était palmatifide, à sept ou neuf segments, s'étalant comme un large éventail, au sommet d'un élégant pétiole.

Tæniopteris vittata, Brong. (Pl. 16, fig. 3).

Fronde simple, lancéolée linéaire, *limbe élargi à la base*. Pétiole très fort, ainsi que la nervure médiane, qui est saillante en dessous, sillonnée en dessus. Nervures secondaires fines, émises à angle droit; celles de la base le plus souvent dichotomes.

Tæniopteris tenuinervis, Brauns. (Pl. 16, fig. 4).

Cette espèce a beaucoup de rapports avec la précédente; M. de Saporta dit qu'elle n'en diffère que par l'*atténuation en pointe de la base du limbe*. Les nervures secondaires sont également moins visibles!!

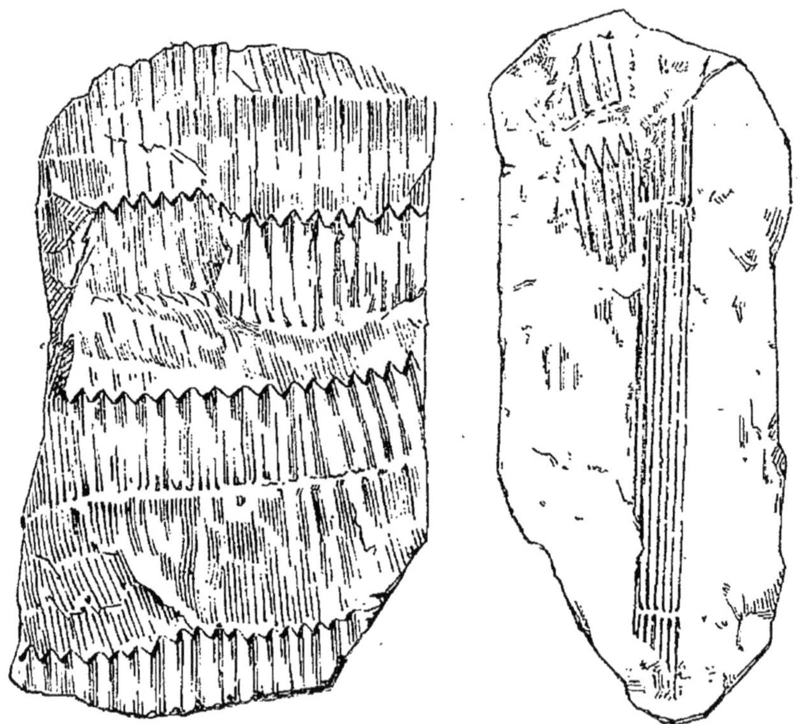

Fig. 43. *Equisetum arenaceum*, Bronn. Fig. 44. *Equiselum Munsteri*, Sternb.
Réd. de 1/4 (d'après de Saporta).

Équisétinées.

Equisetum arenaceum, Bronn. (fig. 43).

Espèce de grande taille, à entre-nœuds plus larges que haut; la tige, dont le diamètre peut atteindre 14

Fig. 45. — *Pagiophyllum peregrinum*, Lind. et Hutt. Réd. de 1/3 (d'après de Saporta).

ou 15 centimètres au moins, est ornée de cannelures longitudinales, étroites et nombreuses. Très rare.

Equisetum Munsteri, Sternb. (fig. 44).

Se distingue facilement du précédent par la dimension de ses tiges aériennes, dont le diamètre n'excède pas un centimètre pour les plus fortes. La longueur des entre-nœuds peut varier de 5 à 10 centimètres; les cannelures de la tige sont larges, le fruit globuleux.

PHANÉROGAMES GYMNOSPERMES

Conifères.

Pagiophyllum peregrinum, Lind. et Hutt. (fig. 45).

Rameaux ressemblant beaucoup à ceux des Araucaria; peu et régulièrement dichotomés, garnis de feuilles falciformes épaisses, tétragones, plus ou moins aiguës au sommet, décurrentes et imbriquées à leur base.

§ 2. — Étage Hettangien.

Flore des grès d'Hettange (Moselle).

CRYPTOGAMES ACROGÈNES

Fougères.

FRONDES	pennées, à pinnules *rétrécies* à la base, nervures disposées comme les barbes d'une plume............	**Thinnfeldia.**
	pennées, à pinnules *élargies* à la base, nervures disposées en réseau à mailles polygonales...............	**Dictyophylium** (1).

Thinnfeldia incisa, Sap. (fig. 46).

Fronde à segments de la base lobulés, ce qui le distingue de tous les autres Thinnfeldia, les lobes sont un peu falciformes, pointus au sommet. Dans les autres parties de la fronde les segments sont entiers, oblongs lancéoles, rétrécis à la base et diminuant de dimension à mesure qu'ils se rapprochent du sommet.

(1) Nous ne ferons que signaler ce dernier genre qui est très rare.

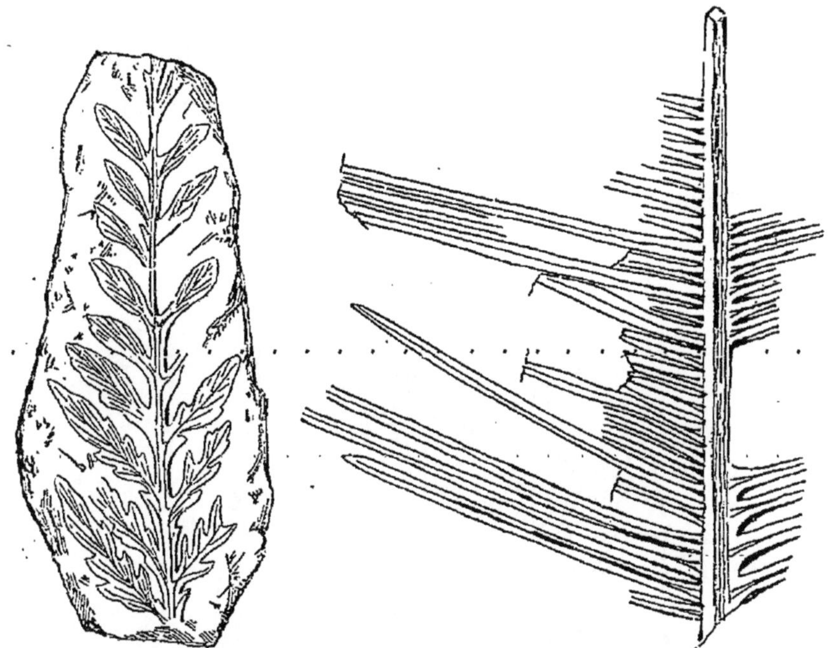

Fig. 46. — *Thinnfeldia incisa*, Sap. Fig. 47. — *Cycadites rectangularis*, Brauns.
Réd. de 1/3 (d'après de Saporta.)

PHANÉROGAMES GYMNOSPERMES

Cycadées.

FRONDES	à folioles *contiguës*, beaucoup plus longues que larges, linéaires, *uninervées*........................	**Cycadites.**
	à folioles en lancettes, *imbriquées à nervures* divergentes, *nombreuses*.	**Otozamites.**
SPADICE.	Organe *flabelliforme*...........	**Cycadospadix.**

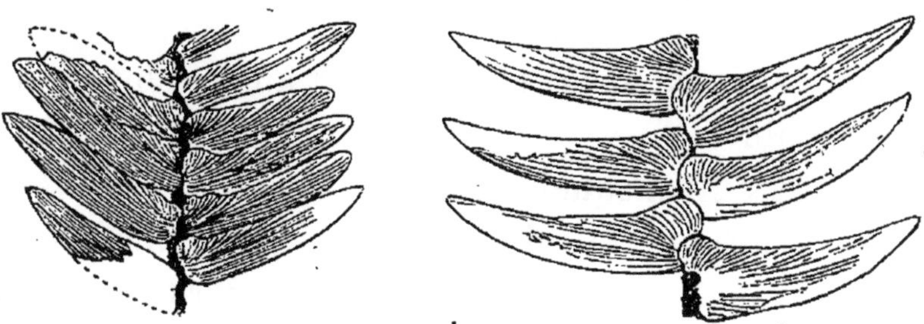

Fig. 48. — *Otozamites Henoquei*, Pom. sp. Fig. 49. — *Otozamites major*, Schimp.
Réd. de 1/2 (d'après de Saporta.)

Cycadites rectangularis, Brauns. (fig. 47).

Rachis épais, carré, s'amincissant graduellement en s'approchant du sommet. De ce rachis partent, sous un angle presque droit, des pinnules droites linéaires, très serrées, amincies légèrement à la base, aiguës au

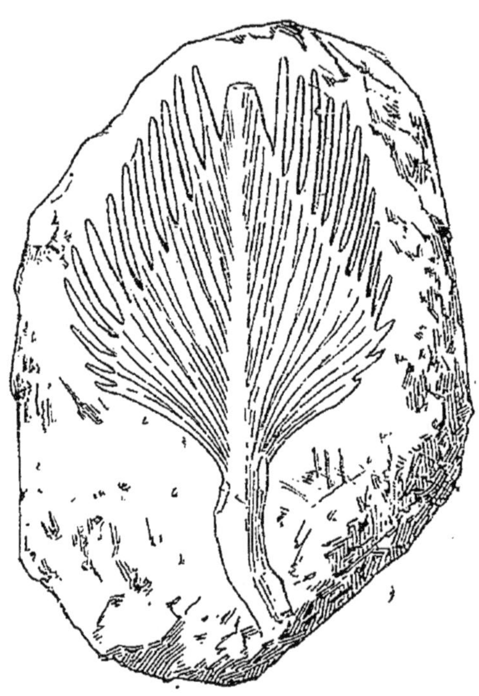

Fig. 50. — *Cycadospadix Hennoquei*, Schimp. On voit à la base de la lame les deux cicatrices laissées par l'insertion des fruits. Réd. de 1/3 (d'après de Saporta).

sommet. L'aspect de la fronde étant ainsi celui d'un peigne double.

Otozamites Hennoquei, Pom. sp. (fig. 48).

Frondes grandes et robustes à folioles, nombreuses relativement larges, obtuses ou même arrondies au sommet, imbriquées, conniventes par la base où elles présentent une auricule arrondie.

Otozamites major, Schimp. (fig. 49).

Cette espèce, plus grande que la précédente dans toutes ses proportions, s'en distingue encore par ses folioles falciformes espacées, très larges à la base, jamais arrondies au sommet, qui est plutôt aigu.

Cycadospadix Hennoquei, Schimp. (fig. 50).

Spadice à pétiole mince surmonté par une lame épaisse, subdeltoïde, longuement cuspide au sommet, à marges découpées en lanières étroites, dressées, aiguës. A la base de cette lame, on voit de chaque côté du pédoncule une cicatrice d'insertion des graines.

§ 3. — Étages Charmouthien et Toarcien.

Ces deux étages sont très pauvres en végétaux et comme sédiments contenant des fossiles de ce genre nous ne pourrons citer que les couches à Chondrites de l'Est et de la Provence et le premier horizon à Cancellophycus des Basses-Alpes.

CRYPTOGAMES CELLULAIRES

Algues.

FRONDE	*entière*, en forme de disque plus ou moins régulier....	**Cancellophycus**
	ramifiée, découpée en lanières plusieurs fois dichotomes............	2.
2	Rameaux *couverts d'appendices* squamiformes imbriqués	**Phymatoderma.**
	Rameaux *lisses*......	**Chondrites.**

Cancellophycus liasinus, Sap. (Pl. 17, fig. 1).

Se distingue du *S. scoparius* par ses ramifications moins saillantes, moins contournées et repliées, formant un réseau composé d'aréoles plus petites et surtout plus courtes, l'ensemble de la fronde est aussi plus largement arrondi. Toarcien : *Environs de Digne, Entragues.*

Phymatoderma liasicum. Sch. (Pl. 17, fig. 2).

Plante à rameaux nombreux, plusieurs fois dichotomes, cylindriques, recouverts d'appendices squamiformes irrégulièrement imbriqués par suite de la fossilisation. Charmouthien.

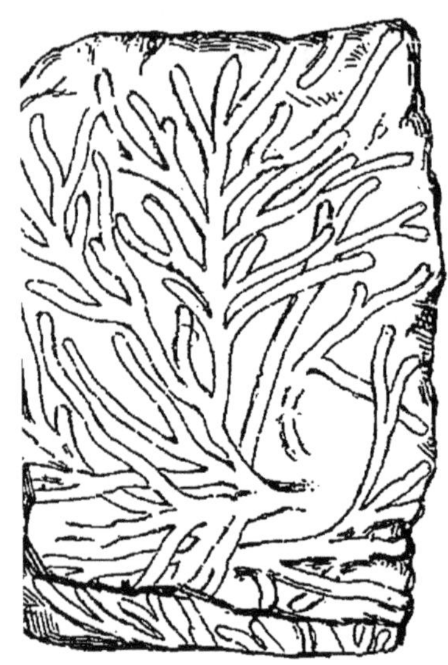

Fig. 51.
Chondrites bollensis, Ziet.

Fig. 52.
Chondrites flabellaris, Sap.

Ces deux figures presque de grandeur nature (d'après Zittel et de Saporta).

Chondrites bollensis, Kurr. (fig. 51).

Fronde à rameaux buissonneux, en forme de lanières plusieurs fois dichotomes, arrondies au sommet des ramuscules qui ne sont jamais soudées.

Toarcien : *Mont Saint-Michel près de Thionville.*

Chondrites flabellaris. Sap. (fig. 52).

Se distingue du précédent parce que les segments se réunissent donnant lieu à des expansions en forme d'éventail; les ramules sont plus régulièrement cylindriques. Toarcien : *avec le précédent.*

. . . .

CHAPITRE III

SYSTÈME MÉDIOJURASSIQUE

§ 1. — Étage Bajocien.

Cet étage, comme les deux précédents, est fort pauvre en fossiles végétaux, nous n'aurons à y signaler que des Algues rencontrées dans des couches qui constituent le « deuxième horizon à Cancellophycus » de l'Est et du Sud-Est et qui se montre aux environs de Lyon : à Poleymieux, Saint-Romain, Courzon, etc., Ambérieux (Ain); dans tout le Mâconnais; à la montagne de Crussol (Ardèche). Aux environs de Mende (Lozère), dans les départements du Gard, de l'Aveyron, du Var, des Bouches-du Rhône et des Basses-Alpes.

CRYPTOGAMES CELLULAIRES

Algues.

Cancellophycus scoparius, Thioll. sp. (Pl. 17, fig. 3).

Espèce difficile à bien décrire, dont les empreintes, suivant l'expression de de Saporta, « ont l'apparence des vestiges laissés par des coups de balai sur une surface assez molle pour en garder l'empreinte ».

Les frondes divergent généralement d'une base ou point d'attache et s'étendent sous forme d'une expansion dont il est difficile d'apprécier les contours.

Cancellophycus reticularis, Sap. (Pl. 18, fig. 1).

Semble remplacer dans l'Ouest de la France, le précédent, car il se rencontre aux environs de Poitiers exactement sur le même horizon géologique.

Diffère de *C. scoparius*, par sa taille qui est moindre, par la direction oblique des ramifications inférieures et par les perforations de ses frondes qui sont relativement plus grandes. . . . .

Lisant et Saint-Benoît près Poitiers.

§ 2. — Étage Bathonien.

A cet étage, plus riche en végétaux que le précédent, doit se rapporter un troisième horizon à Cancellophycus reconnu dans le sud de la France, ainsi que les deux flores bien connues de Mamers (Sarthe) et d'Etrochey (Côte-d'Or). Il convient aussi d'y rapporter les quelques végétaux rencontrés dans les lignites des environs de Millau (Aveyron).

CRYPTOGAMES

Algues.

Cancellophycus Marioni, Sap. (Pl. 18, fig. 2).

Se distingue du *C. scoparius* et du *C. reticularis* par ses perforations plus petites que dans ces deux espèces, et du *C. liasinus* par les découpures du bord de ses frondes et par sa dimension.

Environs d'Aix, départements du Gard et de la Lozère.

Fougères.

Microdyction ruthenicum, Sap. (fig. 54).

Feuilles de très petite taille. Les mailles situées le

long de la nervure moyenne sont partagées en un réseau délicat par des nervures de 3e ordre : celles-ci, dans leur trajet vers la périphérie, se ramifient et s'anastomosent plus ou moins entre elles ; un gros spore arrondi au milieu des grandes mailles.

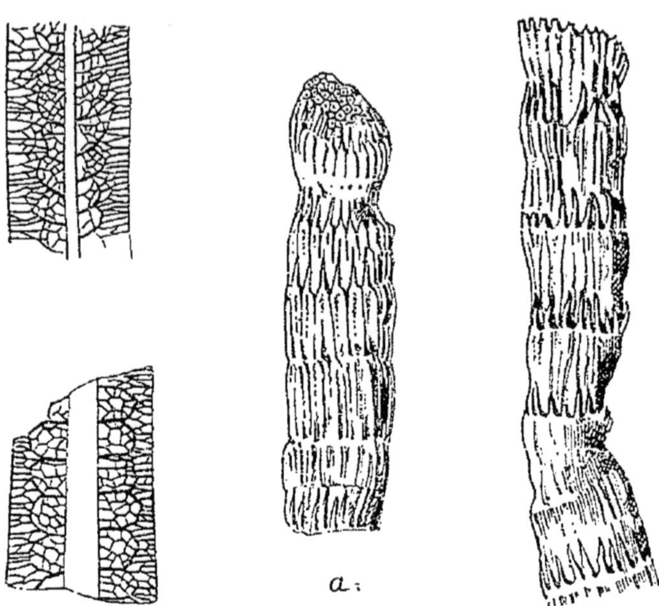

Fig. 53-54. — *Microdyction ruthenicum*, Sap. Fragments de pinnules grossis.

Fig. 55. — *Equisetum Duvali*, Sap. Tige et fructification en *a*. Réd. de 1/3.

Ces deux figures d'après de Saporta.

Représentées par le seul genre : **Lomatopteris**.

Frondes semblables à celles des *Callipteris* du Permien, mais à pinnules extrêmes se soudant en une longue pinnule terminale simple. Un bourrelet coriace contournant toutes les pinnules.

FRONDES

1	à pinnules simples ou *paucilobées*..	2.
	à pinnules *profondément lobées*...	3.

2	Pinnules *inégales*, plus longues que larges........................	L. Balduini, Sap.
	Pinnules *égales*, aussi larges que longues........................	L. Desnoyersi, Sap.
3	Pennes très allongées ; pinnules serrées, à *lobes très nombreux*....	L. Moretiana, Brong.
	Pennes moins développées ; pinnules à *lobes peu nombreux*.......	L. burgundiaca, Sap.

Lomatopteris Balduini, Sap. (Pl. 19, fig. 1).

Penne très allongée, étroite, à rachis épais, strié longitudinalement, segments principaux réduits à l'état de pinnules inégales, toujours plus longues que larges, simples ou paucilobées.

Loc. : *Étrochey* (*Côte-d'Or*).

Lomatopteris Desnoyersi, Brong. sp. (Pl. 19, fig. 2).

Ne diffère du *L. Balduini* Sap. d'Étrochey que par des pinnules tout à fait arrondies, à peine saillantes, toutes égales et plus constamment soudées entre elles.

Loc. : *Mamers* (*Sarthe*).

Lomatopteris Moretiana, Brong. sp. (Pl. 19, fig. 3, 4, 5).

Fronde des plus variables, de 15 à 30 centimètres de longueur. Rachis médiocre. Pennes émises plus ou moins obliquement sur ce rachis, plus longues au milieu de la fronde qu'à ses extrémités, rapprochées ou même contiguës et divisées en lobes nombreux dont un, terminal, généralement plus développé que les autres.

Loc. : *Étrochey* (*Côte-d'Or*).

Lomatopteris burgundiaca, Sap. (Pl. 19, fig. 6).

Ne représente peut-être qu'une simple variété de l'espèce précédente. Les pinnules sont cependant moins nombreuses, le rachis principal plus épais, la forme générale des frondes plus étroitement linéaire, et les pennes moins développées.

Loc. : *Étrochey* (*Côte-d'Or*).

Équisétinées.

Equisetum Duvali, Sap. (fig. 55).

Tiges de 16 à 18 millimètres de diamètre recouvertes de gaines courtes, ornées de côtes unies, planes, ou avec une faible carène ; les dents qui, au nombre de 18-20 au plus, surmontent chacun de ces organes, se terminent à la base même de la gaine immédiatement supérieure.

Lignites des environs de Millau (*Aveyron*).

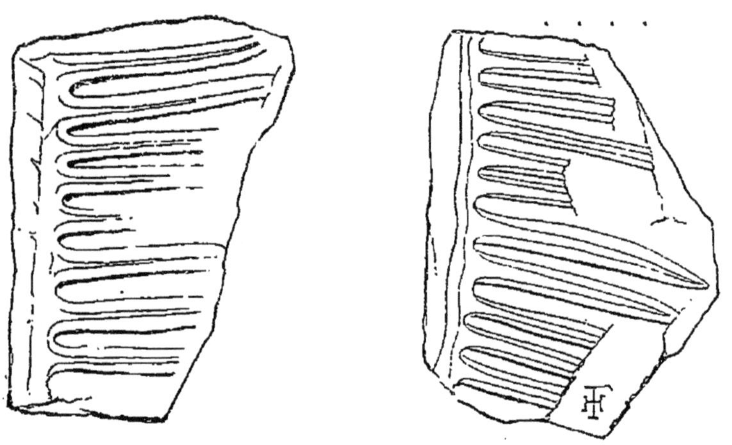

Fig. 56. — *Cycadites Delessei*, de Sap. Fragments de frondes. Réd. de 1/3 (d'après de Saporta)

PHANÉROGAMES GYMNOSPERMES

Cycadées.

FRONDES	à segments linéaires, *uninerviés soudés les uns aux autres par leur base*	Cycadites.
	à segments plus ou moins élargis, *plurinerviés non soudés*..........	2.

2	Segments *aigus* au sommet, munis à la base d'une oreillette arrondie étalée sur le rachis...............	**Otozamites.**
	Segments *arrondis* au sommet, atténués en coin à la base.........	**Sphenozamites.**

Cycadites Delessei, Sap. (fig. 56).

Présente beaucoup de rapports avec le *C. angularis*. Il en diffère cependant par des pinnules moins serrées, moins rétrécies à la base et, beaucoup plus larges relativement à leur longueur ; la nervure médiane est très forte.

Loc. : *Origny, près Mamers (Sarthe)*.

Otozamites.

FRONDE	à folioles environ 5 à 6 fois plus longues que larges, linéaires aiguës.	**O. pterophylloides** et **O. Brongniarti.**
	à folioles à peine trois fois plus longues que larges, ovales acuminées............................	**O. decorus.**

Otozamites pterophylloides, Sap. (fig. 57).

Cette espèce, comme son nom l'indique, présente avec les caractères propres au genre, un aspect extérieur propre aux *Pterophyllum*, c'est-à-dire à folioles serrées, contiguës à la base qui est très faiblement auriculée, étroites et longues dans le reste de leur contour, tronquées obliquement ou arrondies au sommet. Les frondes sont d'assez grande taille.

Loc. : *Étrochey (Côte-d'Or)*.

Otozamites Brongniarti, Schimp. (fig. 58).

Diffère du précédent par ses moindres dimensions, ses folioles plus courtes, moins linéaires, un peu arquées vers le sommet qui est très nettement arrondi.

Loc. : *Mamers (Sarthe)*.

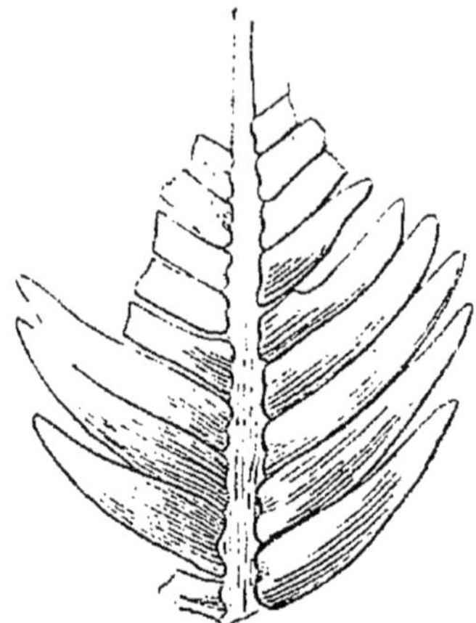

Fig. 58.
Otozamites Brongniarti, Sch.
Extrémité d'une fronde.

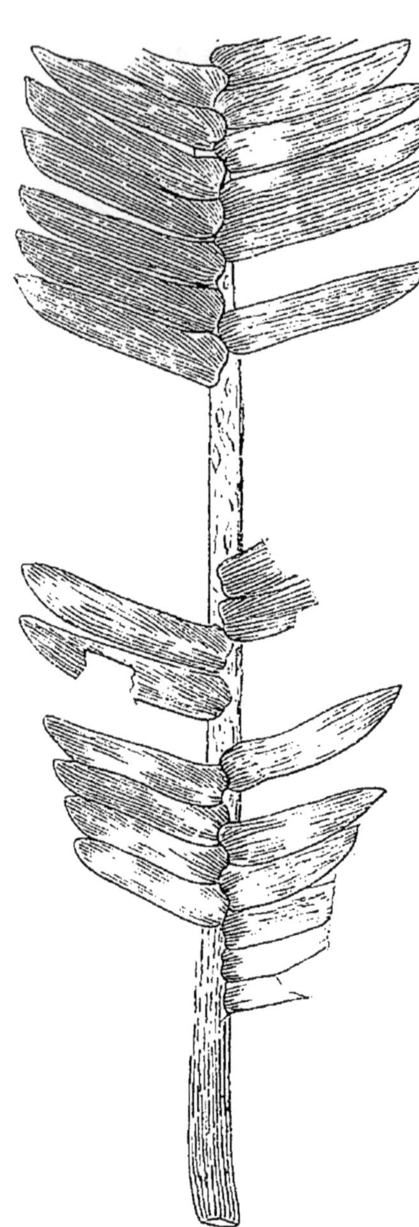

Fig. 57.
Otozamites pterophylloides, Sap.
Base d'une fronde.

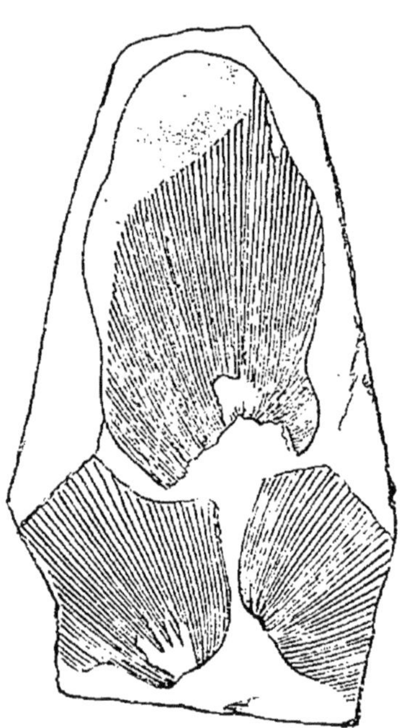

Fig. 59.
Sphenozamites Brongniarti,
Sap. Folioles isolées.

Ces trois figures réd. de 1/3 (d'après de Saporta).

Otozamites decorus, Sap. (fig. 60).

Se distingue des deux précédents par la forme de ses folioles qui sont à peine deux fois plus longues que larges, ovales, arrondies, cordiformes à la base, lancéolées au sommet qui se termine en pointe obtuse.

Loc. : *Étrochey* (*Côte-d'Or*).

Sphenozamites Brongniarti, Sap. (fig. 59).

Espèce voisine du *S. latifolius* (voir p. 97), mais qui s'en distingue par des folioles plus oblongues, plus arrondies à la base et à sinuosités des bords plus largement arrondies. Nervures plus fines et plus nombreuses.

Loc. : *Mamers* (*Sarthe*), *Étrochey* (*Côte-d'Or*).

Conifères.

Brachyphyllum Desnoyersi, Sap. (fig. 61).

Semble se rapprocher du *B. nepos* (voir p. 98), mais ici les écussons sont moins larges et plus régulièrement hexagones. Quant aux ramules, elles sont moins divisées et leurs feuilles sont plus oblongues, elles présentent un aspect mamelonné et tuberculeux bien caractéristique.

Loc. : *Mamers* (*Sarthe*), *Étrochey* (*Côte-d'Or*).

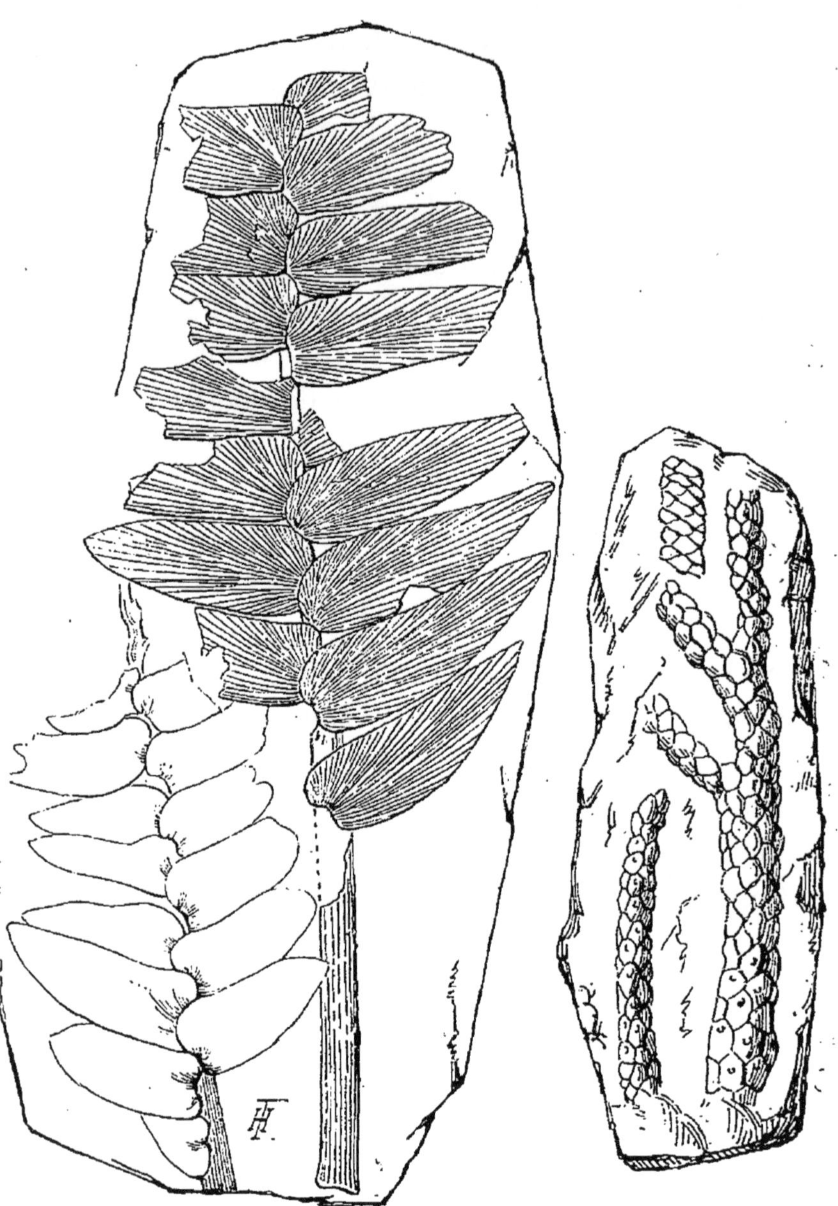

Fig. 60. — *Otozamites decorus*, Sap. Base et partie supérieure de deux frondes.

Fig. 61. — *Brachyphyllum Desnoyersi*, Sap. Rameaux.

Réd. de 1/3 (d'après de Saporta).

CHAPITRE IV

SYSTÈME SUPRAJURASSIQUE

§ 1. — Étage Séquanien.

A cet étage doivent être rapportées les flores des calcaires lithographiques de Châteauroux (Indre) et de l'oolithe de Saint-Mihiel (Meuse).

CRYPTOGAMES ACROGÈNES

Fougères.

1	Pinnules très nombreuses serrées, *contiguës*	Scleropteris.
	Pinnules plus ou moins *séparées* les unes des autres	2.
2	Lobes *cunéiformes*, *tronqués* au sommet	Thyrsopteris.
	Lobes *pointus* ou *arrondis* au sommet	3.
3	*Fronde* de taille *moyenne*, pinnules à lobes assez larges	Sphenopteris.
	Fronde de *très petite* taille, pinnules à lobes très étroits	Stachypteris.

Scleropteris Pomeli, de Sap. (fig. 62).

Fronde bipinnée, de taille médiocre, rigide. Rachis secondaires alternes ou opposés, émis sous un angle très ouvert, souvent dépourvus d'une partie des pinnules qui se détachaient facilement. Ces pinnules sont petites, resserrées à la base et lobées comme l'indique le grossissement de notre figure. Nervures le plus souvent invisibles.

Loc. : *Environs de Verdun.*

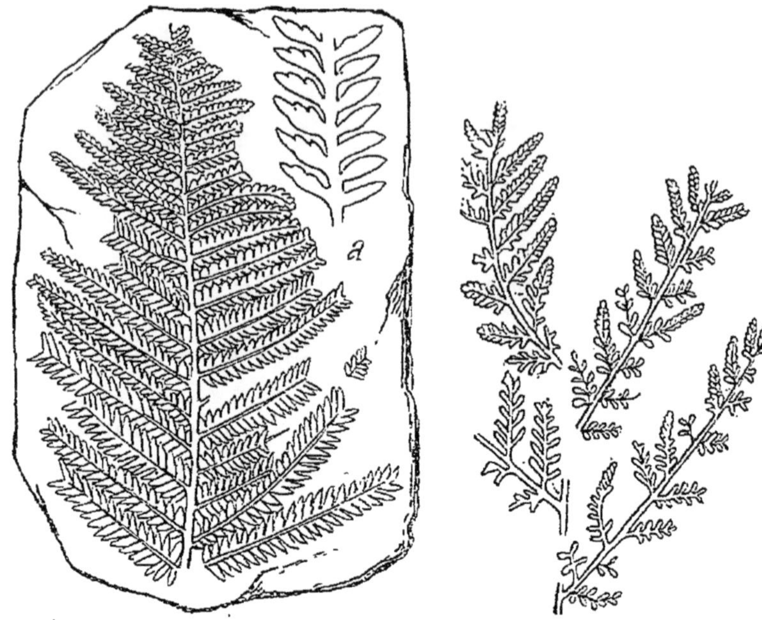

Fig. 62. — *Scleropteris Pomeli*, Sap. Fronde réduite de 1/3 (d'après de Saporta).

Fig. 63. — *Stachypteris spicans*, Pomel. Fronde réduite de 1/3 (d'après Zittel).

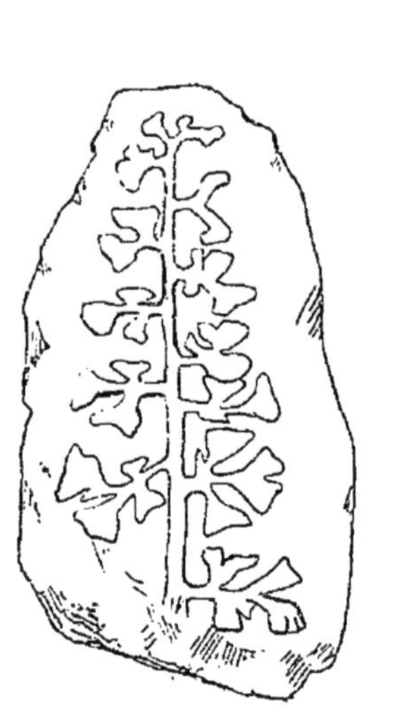

Fig. 64. — *Thyrsopteris conferta*, Pomel sp. Extrémité supérieure d'une fronde. Réd. de 1/4

Fig. 65.
Sphenopteris Michelini, Pomel. Fragment de fronde réduit de 1/4 et en *a* pinnule grossie

(d'après de Saporta).

Thyrsopteris conferta, Pomel sp. (fig. 64).

Fronde bipinnée, à rachis épais, à pinnules très courtes et décroissant graduellement à mesure qu'elles se rapprochent du sommet de la fronde. Ces pinnules sont trilobées, le lobe terminal est fortement échancré au sommet qui est tronqué ainsi que celui des deux lobes latéraux. A l'extrémité de la penne, les pinnules sont simples, mais toujours cunéiformes.

Loc. : *Environs de Verdun, Saint-Mihiel.*

Sphenopteris Michelini, Pomel (fig. 65 et en *a*).

Cette espèce est remarquable par ses pinnules qui semblent plus développées d'un côté du rachis que de l'autre. Ces pinnules, qui décroissent rapidement de la base au sommet de la penne, sont en forme de coin très obtus et découpées, de chaque côté, en deux lobes peu profonds, arrondis. Les détails de la nervation sont indiquées par la figure ci-contre.

Loc. : *Châteauroux, Levroux.*

Stachypteris spicans, Pomel (fig. 63).

Cette espèce sera toujours reconnaissable à sa fronde bipinnée, composée de pinnules libres, jamais confluentes, les stériles en lobes ovales, très petits; les fertiles ressemblant à de petits épis, situées aussi bien à l'extrémité des pinnules latérales qu'à celle des pennes.

Loc. : *Saint-Mihiel, environs de Verdun, Châteauroux.*

PHANÉROGAMES GYMNOSPERMES

Cycadinées.

Zamites. — Fronde ovale ou lancéolée dans son ensemble, à folioles nombreuses, étalées, plus ou moins serrées, linéaires, lancéolées, plus ou moins aiguës au sommet, contractées à la base qui présente une callosité sur laquelle se fait l'insertion sur le rachis. Nervures dichotomes, presque parallèles.

Zamites Moreaui, Brong. (Pl. 20, fig. 1).

Espèce très élégante, à frondes oblongues, atténuées aux deux extrémités, les plus grandes pouvant atteindre une hauteur de 30 centimètres, dans laquelle la largeur est contenue environ trois fois. Les folioles, peu serrées, sont terminées par une pointe obtuse, un peu aiguë, mais nullement acuminée, comme dans l'espèce suivante.

Loc. : *Saint-Mihiel, environs de Verdun, Gibomeix*, etc.

Zamites Feneonis, Brong. (Pl. 21, fig. 1 et 2).

Cette espèce, la plus répandue, est évidemment très voisine de la précédente, elle en diffère cependant par des frondes plus obrondes dans leur ensemble, la largeur n'étant contenue qu'une fois trois quarts à deux fois environ, dans la hauteur.

Les folioles sont également plus serrées, parfois plus largement étalées et surtout beaucoup plus acuminées, au sommet. Cette espèce se retrouve dans le Kiméridgien.

Loc. : *Châteauroux*.

Zamites articulatus, Sap. (Pl. 20, fig. 2).

Ne doit être regardé que comme une variété du *Z. Feneonis*, dont il se distingue par des folioles toujours insérées à angle droit, plus aiguës au sommet et plus atténuées à la base que dans l'espèce type.

Loc. : *Châteauroux*.

Zamites confusus, Sap. (Pl. 20, fig 3).

Cette espèce se rapproche beaucoup du *Z. Moreaui*, mais dans son ensemble la fronde est beaucoup plus allongée, moins atténuée à la base et composée de folioles plus courtes, et exactement conniventes à la base.

Loc. : *Saint-Mihiel*.

Salisburiées.

Baiera. — Feuilles en éventail, à limbe divisé en lobes dichotomiques, rayonnants, plus ou moins nombreux, linéaires, plus ou moins longs, arrondis ou acuminés au sommet. Pétiole court ou long. Nervures en éventail et se bifurquant dans chacun des lobes.

1	Fronde ayant plus de 3 cent. de haut	2.
	Fronde de moins de 3 cent. de haut	3.
2	Les 2 *segments médians simples*, les externes bifurqués, sommet *aigu*	**B. longifolia**, Pom.
	Les 2 *segments médians bifurqués*, les externes simples, sommet *obtus*	**B. obtusa**, Sap.
3	2 segments *une seule fois* bifides, à sommet *obtus*	**B. flabelliformis**, Pom.
	2 segments *deux fois* bifurqués, sommet *aigu*	**B. laciniata**, Pom.

Baiera longifolia, Pom. sp. (fig. 67).

Fronde relativement de grande taille, à segments linéaires rigides, un peu rétrécis à la base et partant en rayonnant d'un court pétiole. Nervures longitudinales très fines. Loc. : *Châteauroux* (*Indre*).

Baiera obtusa, Sap. (fig. 66).

Se distingue du précédent par sa taille plus médiocre par un arrangement autre des segments et par leur terminaison obtuse. Pétiole relativement long, un peu élargi à la base.

Loc. : *Oolithe de Saint-Mihiel* (*Meuse*).

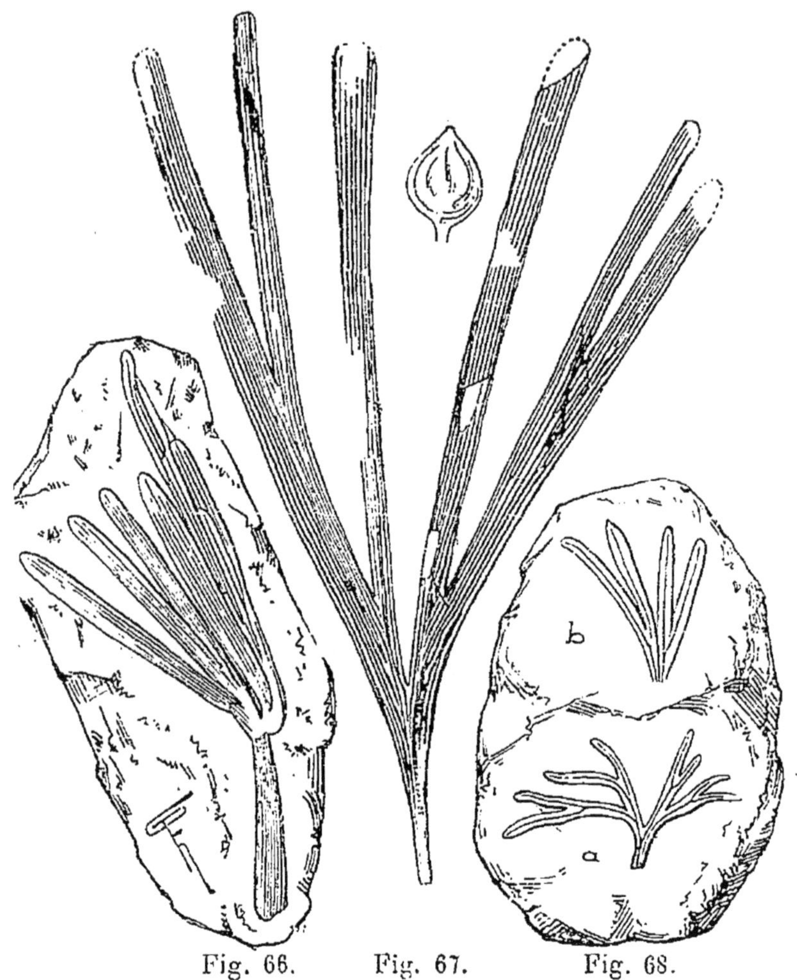

Fig. 66. Fig. 67. Fig. 68.

Fig. 66. — *Baiera obtusa*, Sap. Fronde.
Fig. 67. — *B. longifolia*, Pom. sp. Fronde et fruit.
Fig. 68. — *a. B. flabelliformis*, Pom. sp. Fronde.
b. B. laciniata, Pom. sp.
Toutes ces figures réduites de 1/3 (d'après de Saporta).

Baiera laciniata, Pom. sp. (fig. 68, *b*).

Fronde de petite taille, à deux segments, profondément bifides qui donnent l'apparence de quatre segments divergents et brièvement acuminés au sommet. Pétiole nul.

Loc. : *Oolithe de Saint-Mihiel et de Gibomeix.*

Baiera flabelliformis, Pom. sp. (fig. 68, *a*).

Fronde de petite taille flabelliforme à 4 segments tous profondément bifides au sommet, ce qui donne lieu à huit segments simples et obtus à leur extrémité supérieure. Loc. : *Oolithe des environs de Verdun.*

Conifères.

Brachyphyllum Moreauanum, Sap. (fig. 69 et 69 *a*).

Cette espèce, moins trapue que le *B. gracile* du Kiméridgien (voir p. 99), a aussi des branches plus élancées, plus régulièrement divisées; sur les gros rameaux, les feuilles sont plus saillantes, elles sont couchées les unes sur les autres se recouvrant par leur extrémité supérieure. Loc. : *Saint-Mihiel* (*Meuse*).

Brachyphyllum Jauberti, Sap. (fig. 70).

Se distingue de l'espèce précédente par des feuilles moins rapprochées et moins nombreuses sur les dernières ramules; les feuilles sont en même temps moins larges que chez *B. Moreauanum* et dessinent sur les rameaux des losanges plus réguliers.

Loc. : *Châteauroux, Levroux, Berry.*

§ 2. — Étage Kiméridgien.

Cet étage est, de toute la série suprajurassique, le plus riche en débris végétaux, c'est à lui en effet, qu'il convient de rattacher les belles empreintes rencontrées dans différentes localités du département de l'Ain et

Fig. 70. Fig. 69.

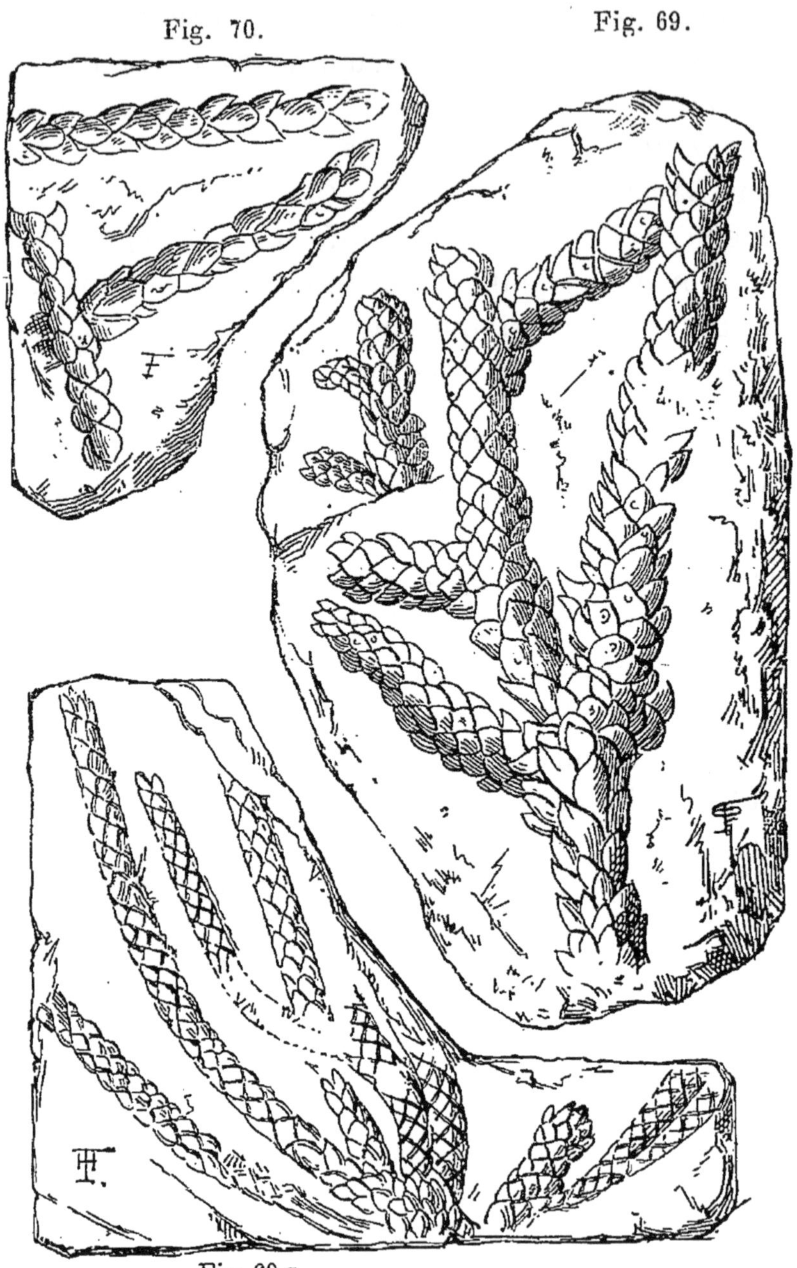

Fig. 69 *a*.

Fig. 69-69 *a*. — *Brachyphyllum Moreauanum*, Sap. Rameaux moyens.
Fig. 70. — *B. Jauberti*, Sap. Extrémités supérieures de ramules.
Ces deux figures réduites de 1/3 (d'après de Saporta).

des environs de Lyon : *à Cirin*, *à Orbagnoux*, *au lac d'Armaille*, *à Creys et à Morestel*, etc., par exemple.

CRYPTOGAMES ACROGÈNES

Fougères.

1	Frondes de *très petite* taille.....	**Stachypteris.**
	Fronde de *grande* et *moyenne* taille...........................	2.
2	Limbe *dépourvu* de bourrelet marginal, fronde *bipinnée*.........	3.
	Limbe *pourvu* d'un bourrelet marginal, fronde simplement *pinnée*.	4.
3	Pennes à *segments linéaires*, le terminal en ruban à nervure unique. *Pas de pinnules latérales* au rachis.	**Stenopteris.**
	Pennes à *segments ovales*, le terminal lancéolé ovale, *des pinnules latérales* le long du rachis.........	**Ctenopteris.**
4	Pinnules *lobées* dans toute leur longueur. *Des pinnules marginales* au rachis......................	**Lomatopteris.**
	Pinnules en lanières *peu ou pas lobées*. *Pas de pinnules marginales* au rachis......................	**Cycadopteris.**

Stachypteris minuta, Sap. (fig. 71).

Cette espèce se distingue *St. spicans* (p. 86) d'abord par sa fronde tripinnée, ses pennes émises presque à angle droit et par la forme des pinnules qui sont ovales arrondies au sommet.

Loc. : *Orbagnoux* (*Ain*).

Stenopteris Desmomera, Sap. (Pl. 22, fig. 1).

Fronde à texture coriace, mode de partition plusieurs fois pinné à segments étroitement linéaires réduits presque à la seule côte médiane, accompagnée d'une mince bordure, segments principaux et secondaires constamment opposés.

Loc. : *Morestel près de Lyon* (*Rhône*), *lac d'Armaille* (*Ain*).

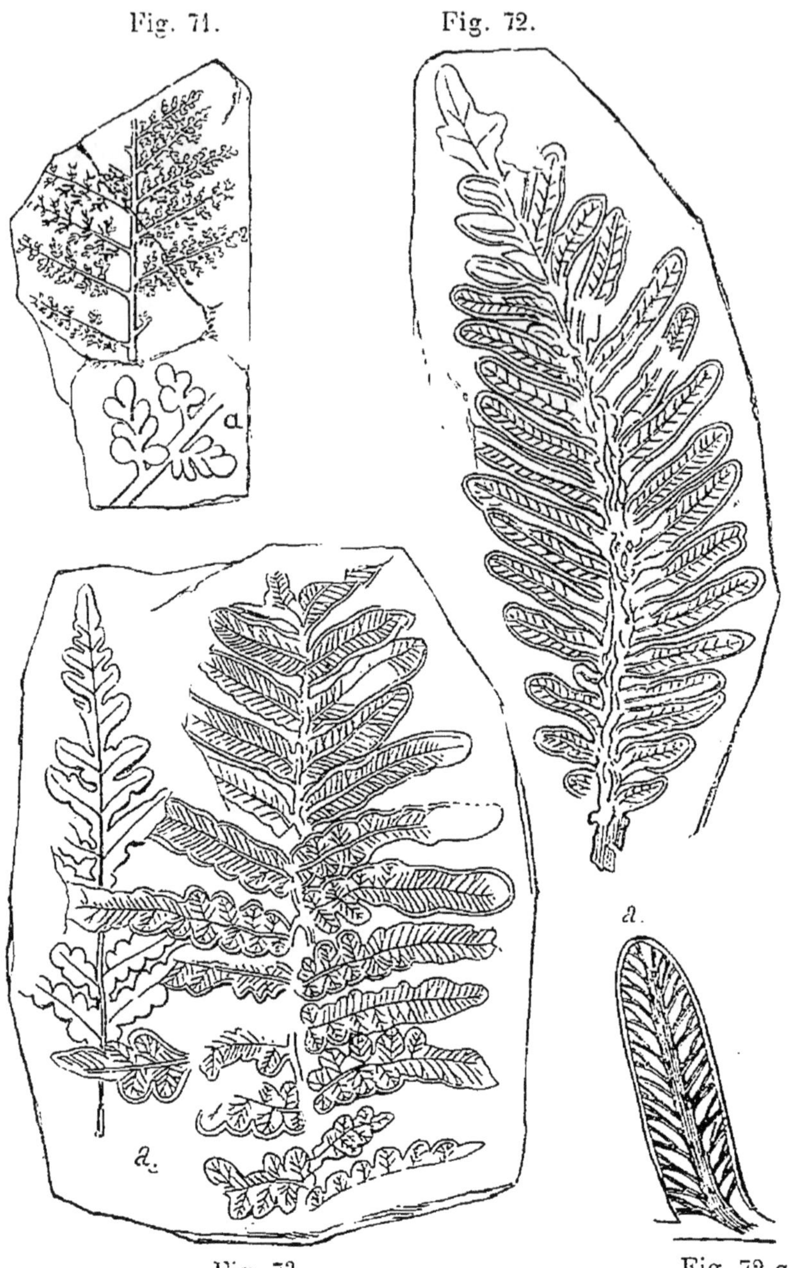

ig. 71. — *Stachypteris minuta*, Sap. Réd. de 1/4 et pinnules grossies.

ig. 72. — *Cycadopteris Brauniana*, Zig. Fronde. Réd. de 1/3. 72 *a*, pinnule grossie.

ig. 73. — *Cycadopteris heterophlla*, Zig. Base et sommet d'une Fronde. Réd. de 1/3.

Toutes ces figures d'après de Saporta.

Ctenopteris Itieri, Sap. (Pl. 22, fig. 2).

Fronde bipinnée, rachis épais, et comme ailé dans la partie située au-dessous des pennes, celles-ci sont réunies au rachis par une pinnule différente des autres par sa forme qui est triangulaire, à base très large et qui rappelle celle qui se montre dans les *Odontopteris* du terrain houiller.

Loc. : *Cirin*.

Lomatopteris jurensis, Schimp. (fig. 74).

Cette espèce se distingue de celles que nous avons mentionnées dans le Bathonien (voyez p. 78) par sa taille plus forte, par un autre mode de partition des frondes et aussi par la plus grande obliquité des pinnules. Elle est rare à Cirin.

a.

Fig. 74. — *Lomatopteris jurensis*, Schimp.

Cycadopteris Brauniana, Zigno (fig. 72, 72 *a*).

Fronde simplement pinnée. Rachis épais, pinnules oblongues, toujours simples et entières, adnées à leur base, obtuses au sommet, côte médiane donnant lieu latéralement et à son extrémité supérieure à des nervules tantôt simples, tantôt bifurquées.

Loc. : *Cirin, Armaille, Orbagnoux* (*Ain*).

Cycadopteris heterophylla, Zigno (fig. 73).

Frondes plus grandes que dans l'espèce précédente, les segments au lieu d'être simples et entiers sont ici pinnatifides.

Loc. : *Orbagnoux*.

PHANÉROGAMES GYMNOSPERMES

Cycadées.

1	Fronde à segments en ruban *uni-nerviés*	Cycadites.
	Fronde à segments plus ou moins élargis, *plurinerviés*	2.
2	Folioles *linéaires*, aiguës au sommet.............................	Zamites.
	Folioles *largement ovales*, arrondies au sommet..................	Sphenozamites.

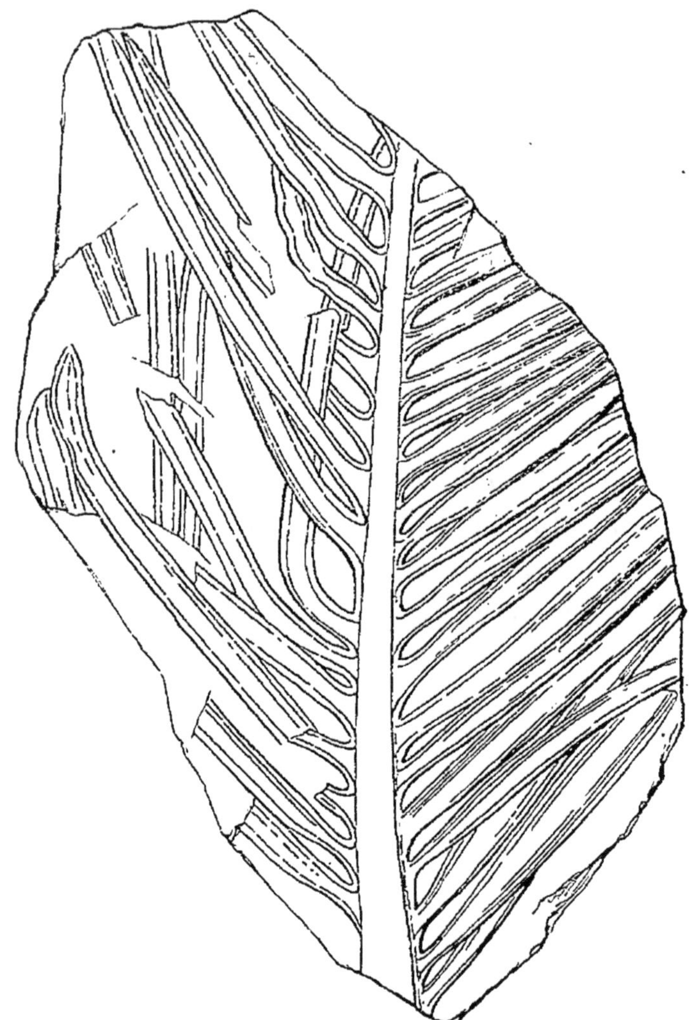

Fig. 75. — *Cycadites Lorteti*, Sap. Fragment d'une fronde. Réd. de 1/3 (d'après de Saporta).

Cycadites Lorteti, Sap. (fig. 75).

Cette espèce se distingue de toutes celles que nous avons signalées précédemment par sa plus grande taille et par l'obliquité de l'insertion des folioles sur le rachis qui est large et plat.

Loc. : *Lac d'Armaille, près Belley* (*Ain*).

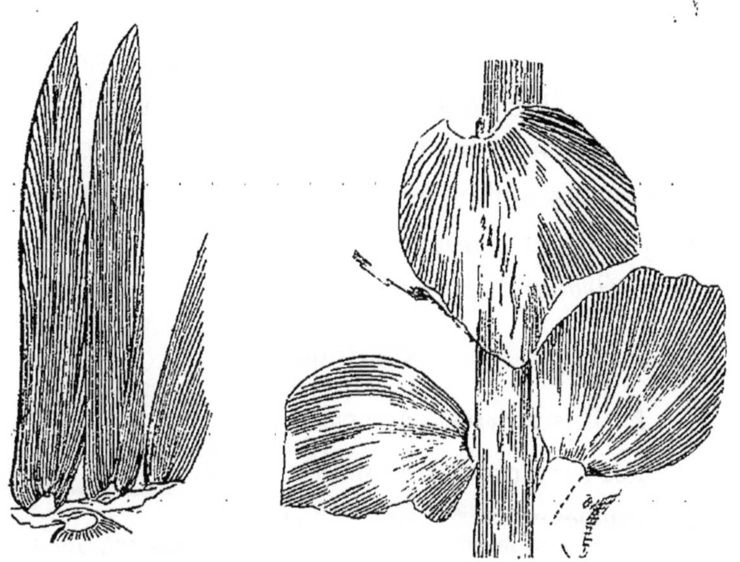

Fig. 76. — *Zamites Feneonis*, Brg. 2 folioles. Grand. nat. Fig. 77. — *Sphenozamites latifolius*, Sap. Réd. de 1/3 (d'après de Saporta).

Zamites Feneonis, Brong. (Pl. 21 et fig. 76).

Nous avons donné (p. 87) les caractères de cette espèce qui semble très répandue au niveau géologique qui nous occupe ici, on la rencontre dans un grand nombre de localités dont les plus riches sont : *Moresiel* (*Isère*), *Cirin*, *lac d'Armaille près Belley*, *Orbagnoux*, *Seyssel* (*Ain*), *Montagne Noire près de Narbonne* (*Aude*).

Zamites distractus, Sap. (Pl. 21, fig. 3).

Se distingue facilement du *Z. Feneonis* par des

folioles beaucoup plus courtes, plus larges, ovales lancéolées, arrondies à la base et qui sont d'autant plus séparées les unes des autres qu'on se rapproche de la base de la fronde. Beaucoup plus rare que le précédent.

Loc. : *Lac d'Armaille.*

Sphenozamites latifolius, Sap. (fig. 77).

Est voisin du *S. Brongniarti*, Sap. que nous avons cité (p. 82), il s'en distingue cependant par la forme suborbiculaire de ses folioles qui sont moins arrondies à la base, les nervures sont ici plus fortement accentuées que dans l'espèce bathonienne.

Loc. : *Orbagnoux.*

Conifères.

1	Feuilles *opposées*, décussées par deux............................	**Palæocyparis.**
	Feuilles disposées *en spirale*....	2.
2	Feuilles *allongées*, *minces*, non carénées, régulièrement disposées....	**Echinostrobus.**
	Feuilles *courtes*, *épaisses*, carénées, avec glande au-dessous du sommet........................	**Brachyphyllum.**

Palæocyparis elegans, Sap. (fig. 78).

Rameaux aplatis dans le jeune âge, à ramules bilatérales alternes, feuilles squamiformes, sur quatre rangs, décussées par deux, un peu saillantes au sommet qui est aigu et porte une petite glande à résine.

Loc. : *Cirin.*

Echinostrobus Sternbergi, Schimp. (fig. 79).

Rameaux arrondis, épais, alternants irrégulièrement, couverts de feuilles nombreuses, allongées minces sans carène. Cônes sphériques composés d'écailles munies d'une forte pointe conique sur le dos.

Loc. : *Cirin* (rare).

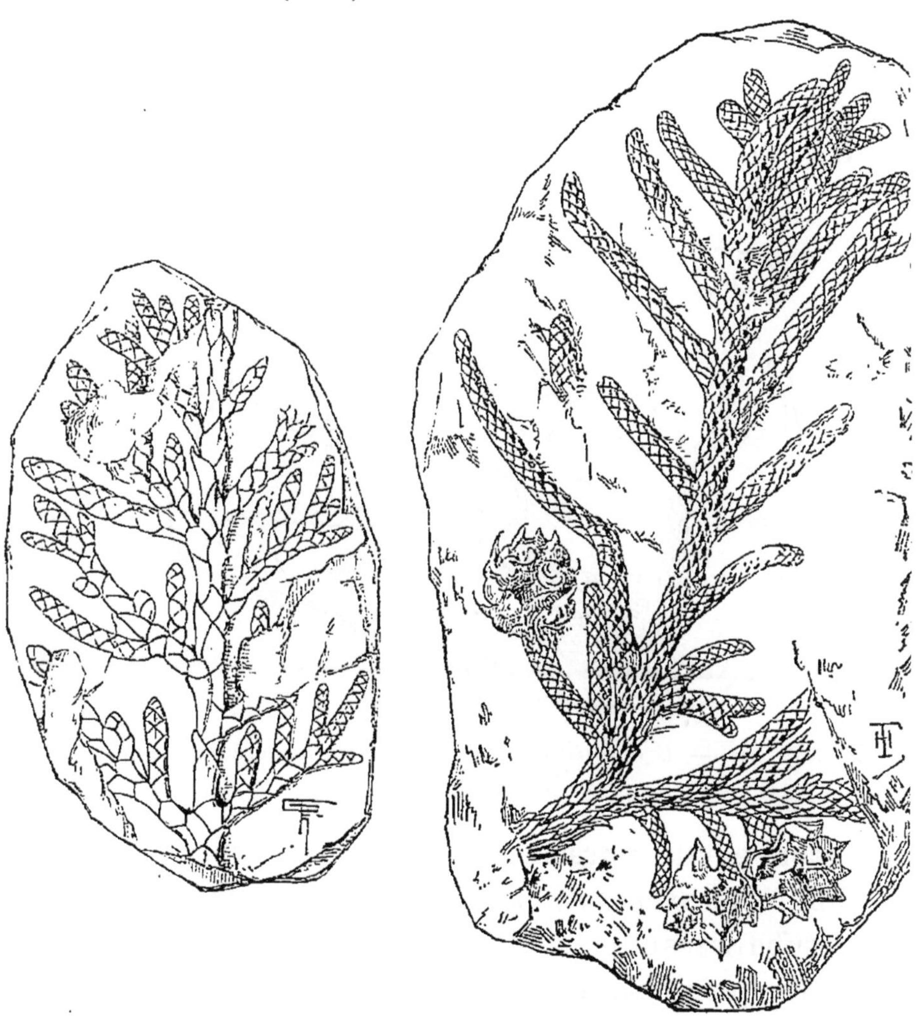

Fig. 78. — *Palæocyparis elegans*, Sap. Extrémitée d'un rameau réduit de 1/2 (d'après Zittel).

Fig. 79. — *Echinostrobus Sternbergi*, Schimp. Réd. de 1/3 (d'après Zittel).

Brachyphyllum Nepos, Sap. (Pl. 23, fig. 2 et 3).

Cette espèce, assez difficile à distinguer de la suivante, se reconnaît cependant à ses feuilles plus courtes et plus larges, étroitement rapprochées les unes les autres et appliquées le long de la tige. Sur les vieilles tiges ces feuilles sont représentées par des écussons plus larges et disposés en séries peu nombreuses.

Loc. : *Cirin*, *Orbagnoux*, etc.

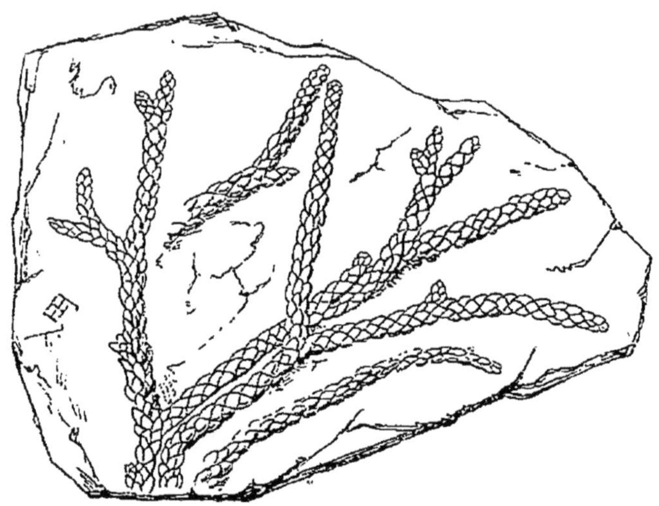

Fig. 79 *bis*. — *Brachyllum gracile*, Sap. Rameau réduit de 1/3 (d'après Saporta).

Brachyphyllum gracile, Sap. (Pl. 23, fig. 1 et fig. 79 *bis*). Diffère du *B. nepos*, par des rameaux plus grêles, plus subdivisés et plus allongés, par des feuilles plus menues, plus oblongues, par des branches plus trapues, et des écussons foliaires plus nombreux.

Loc. *Cirin*, *lac d'Armaille*, *Orbagnoux*, etc.

CHAPITRE V

SYSTÈME CRÉTACIQUE

§ 1. — Série Infracrétacée.

Dans cette série il n'y a guère que l'étage Néocomien qui fournisse des débris de végétaux et encore sont-ils réduits à quelques cônes de pins qui se rencontrent dans le minerai de fer de la Haute-Marne. On cite aussi de cet étage des empreintes de fougères dans les sables à argiles réfractaires du Bray. Enfin il se trouve encore des restes de plantes dans la gaize de l'Argonne (étage Aptien) mais ils sont bien peu importants.

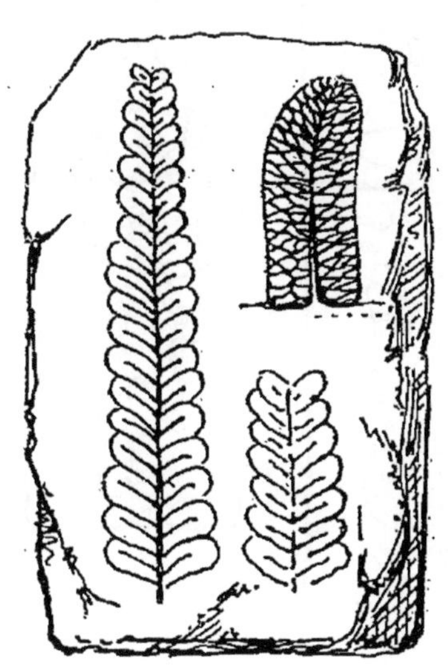

Fig. 80. — *Lonchopteris Mantelli*, Brong. (d'après Brongniart).

CRYPTOGAMES ACROGÈNES

Fougères

Lonchopteris Mantelli, A. Brong. (fig. 80).

Frondebipinnatifide; pennes linéaires allongées, rapprochées. Pinnules peu nombreuses, elliptiques oblongues distinctes jusqu'à la base, adnées au rachis, contiguës, à nervure médiane droite profondément marquée.

Loc. : sables blancs du Bray, *environs de Beauvais.*

PHANÉROGAMES GYMNOSPERMES

Conifères.

Pinus rhombifera, Cornuel (fig. 81).

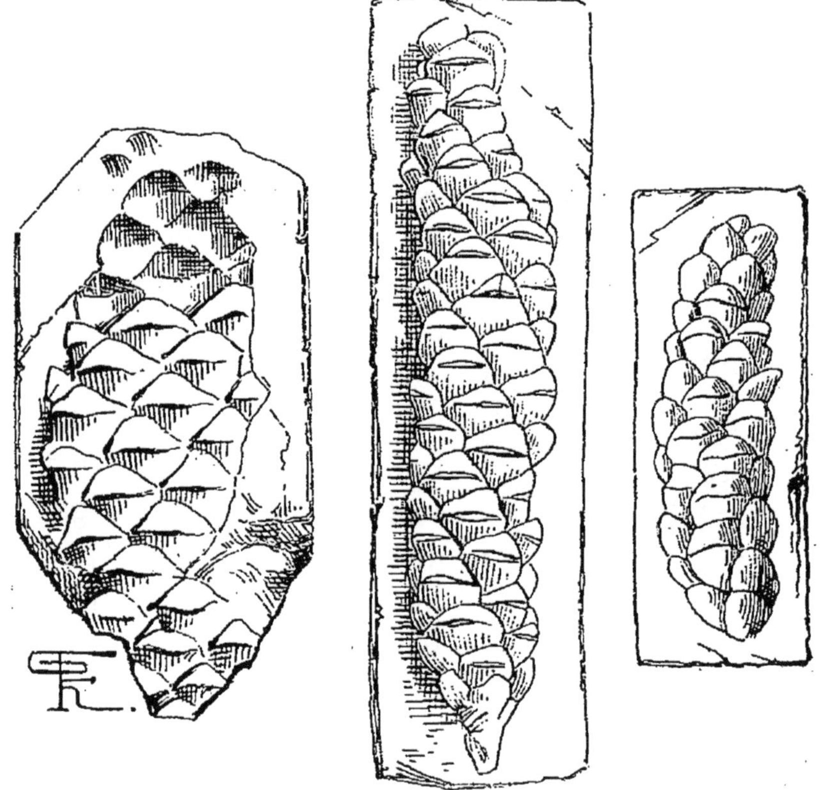

Fig. 81. *Pinus rhombifera*, Corn. Fig. 82. Fig. 83. *Pinus submarginata*, Corn.
Toutes ces figures grand. nat. (d'après Cornuel).

Cônes cylindriques; écailles épaisses et ne paraissant pas ombiliquées; leur contour visible affectant la forme d'un rhombe. Bord de l'écaille légèrement saillant et disposé suivant la grande diagonale du rhombe. Longueur 0,12 environ. Diamètre 0,02.

Loc. : *environs de Wassy*.

Pinus submarginata, Cornuel (fig. 82, 83).

Cônes plus longs et plus minces que ceux de l'espèce précédente, insérés par groupe sur les rameaux, le sommet des écailles est épais, arrondi, presque cylin-

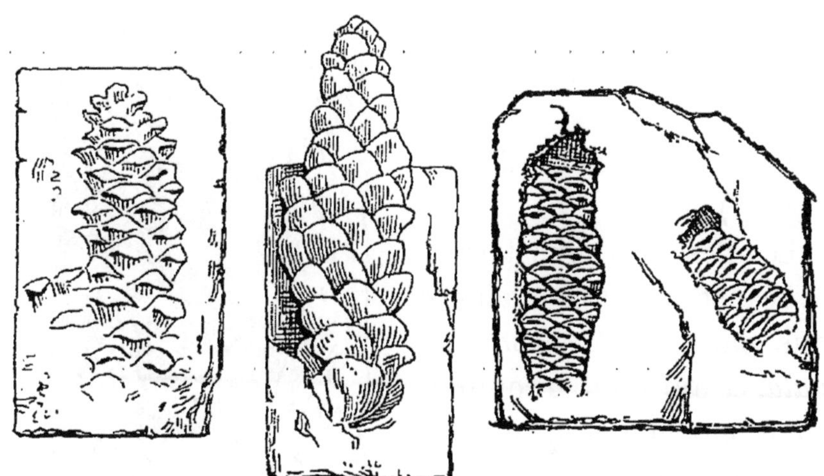

Fig. 84. Fig. 85.
Pinus aspera, Cornuel.
Figures de grandeur naturelle

Fig. 86.
Pinus gracilis, Cornuel.
(d'après Cornuel).

drique, les écailles elles-mêmes sont peu ombiliquées.

Cette espèce est la plus abondemment répandue dans le *fer oolithique de Wassy*.

Pinus aspera, Cornuel (fig. 84, 85).

Cônes assez courts et de forme cylindrique; écailles très proéminentes, ombiliquées au sommet, et dont l'épaisseur a environ les trois cinquièmes de la largeur.

Long. 0,048. Diamètre 0,014.

Mêmes localités que pour les espèces précédentes, mais plus rare.

Pinus gracilis, Cornuel (fig. 86).

Cônes petits, ordinairement ovoïdes allongés dans la jeunesse et cylindriques étant adultes; écailles courtes, dont la largeur excède le double de l'épaisseur, à bord saillant, et ne portant pas de traces sensibles d'ombilic. Longueur 0,04. Diamètre 0,01 environ.

Cette espèce qui est assez abondante se rencontre également aux *environs de Wassy*.

Pinus elongata, d'Orb. (fig. 87).

Ecailles bien plus larges et beaucoup moins épaisses que dans le *P. submarginata*, ce qui rend le contour supérieur moins arqué. La carène transverse de l'écaille y est également moins médiane que dans l'espèce précitée, mais plus rapprochée du sommet. La longueur des cônes peut atteindre 0,25 et le diamètre 0,04.

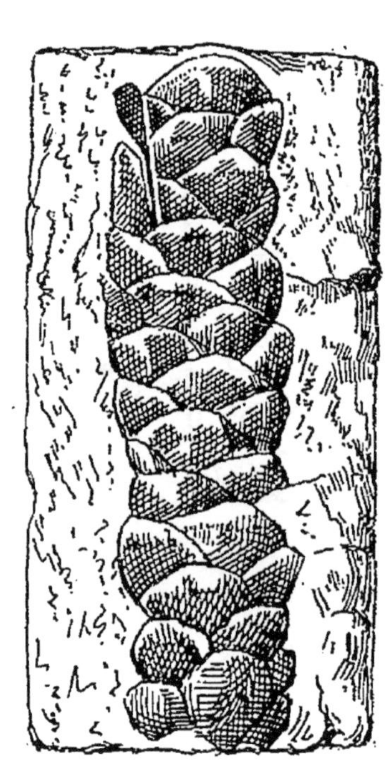

Fig. 87. — *Pinus elongata*, d'Orb. Cône réd. de moitié.

Loc. : *environs de Wassy*.

§ 2. — Série Supracrétacée.

A cette série se rapportent les flores, assez pauvres d'ailleurs, qui se sont successivement rencontrées dans le Cénomanien de l'*Argonne* et de l'*île d'Aix;* dans le Turonien *du Var*, dans l'Emschérien *du Beausset* et enfin dans les lignites *de Fuveau* (B.-du-Rhône) qui appartiennent à l'étage Aturien.

CRYPTOGAMES

Algues.

A l'île d'Aix des algues assez nombreuses ont été rencontrées dans les couches cénomaniennes; elles ont été décrites par A. Brongniart, nous n'en citerons ici que deux : *Fucoides strictus* et *F. tuberculosus*.

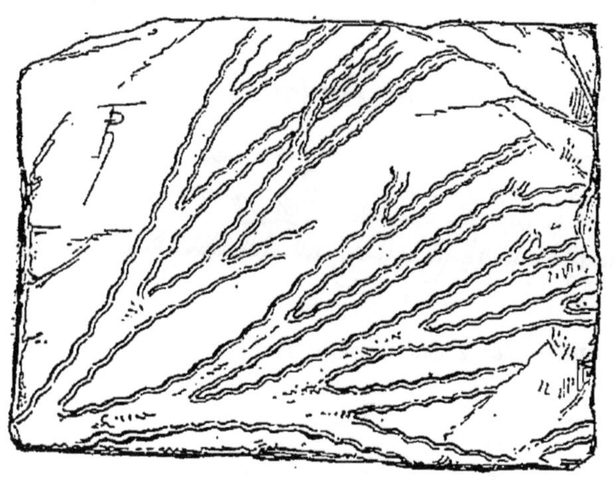

Fig. 88.
Fucoides strictus, Brg.
Fronde réduite de 1/2

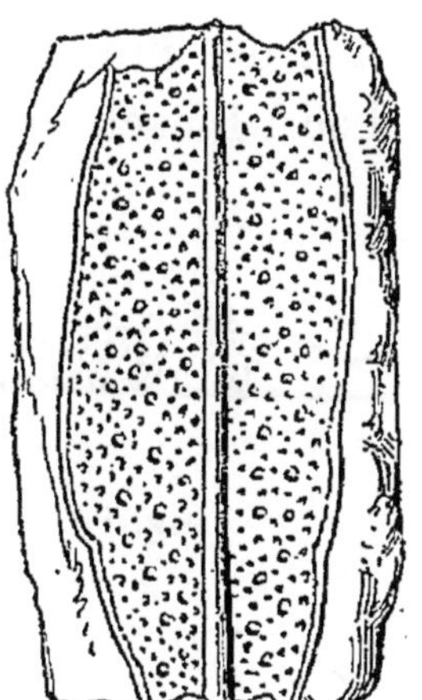

Fig. 89. — *Fucoides tuberculosus*, Brg.
Fronde réd. de 1/3
(d'après Brongniart).

Fucoides strictus, Brong. (fig. 88).

Fronde linéaire, pinnée rameuse, coriace; rameaux dressés, à nervure médiane large, aplatie, tuberculeuse, les bords sont ondulés.

Loc.: *île d'Aix*.

Fuciodes tuberculosus, Brong. (fig. 89).

Fronde simple oblongue, entière, épaissie sur les bords, membraneuse ou coriace, ponctuée tuberculeuse en dessous. Nervure médiane simple large, aplatie, épaisse, rugueuse transversalement.

Loc : *île d'Aix.*

Fougères

Lomatopteris Schimperi, Schenk. (fig. 90).

Fronde à segments profondément pinnatifides, pinnules développées, obtuses, oblongues, entières, alternes, sessiles, décurrentes à la base, à bords réfléchis. Nervure médiane simple, visible à la face inférieure des pinnules.

Loc. : Emschérien *des environs de Toulon.*

Fig. 90. — *Lomatopteris Schimperi,* Schk.

Fig. 91. — *Lomatopteris superstes,* de Sap.

Lomatopteris superstes, de Sap. (fig. 91).

Cette espèce est voisine du *L. jurensis,* Schimp. ou

mieux encore du *L. ambigua*, Sap., du Kiméridgien. Elle se distingue cependant de cette dernière par des pinnules plus nettement séparées les unes des autres, par des pennes plus rapprochées, plus obliques; au sommet de celle-ci les pinnules deviennent plus allongées, plus irrégulières que dans l'espèce précitée.

Loc. : Turonien *des environs de Toulon*.

PHANÉROGAMES GYMNOSPERMES

Conifères.

Araucariées.

Araucaria Toucasi, de Sap. (fig. 92).

Les rameaux de cette espèce sont robustes, couverts de feuilles assez lâchement imbriquées et dont la forme rappelle celle des feuilles du *Ruscus aculeatus* (petit houx) de nos forêts. Ces rameaux sont assez fréquents dans l'Emschérien *du Beausset* (*Var*).

Araucaria crètacea, A. Brong.

Des cônes, très voisins de ceux des Araucaria actuels, ont été décrit sous ce nom spécifique par Brongniart. Ils provenaient de la craie cénomanienne des environs de *Nogent-le-Rotrou* (*Eure-et-Loir*).

Taxodinées.

Sequoia Reichenbachi, Heer (fig. 93).

Les rameaux de cette espèce ne se rencontrent qu'à l'état fragmentaire, ils sont ornés de feuilles épaisses, falciformes, aiguës au sommet, peu serrées, assez irrégulières, de courtes alternant avec de plus longues. Cette espèce est pour certains auteurs le *Geinitza cretacea*, Endl.

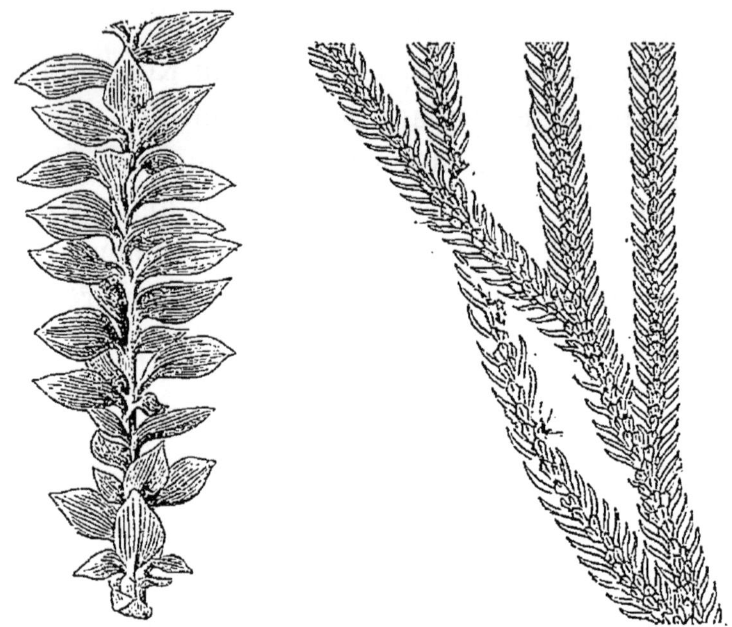

Fig. 92.
Araucaria Toucasi, Sap.

Fig. 93.
Sequoia Reichenbachi, Heer.

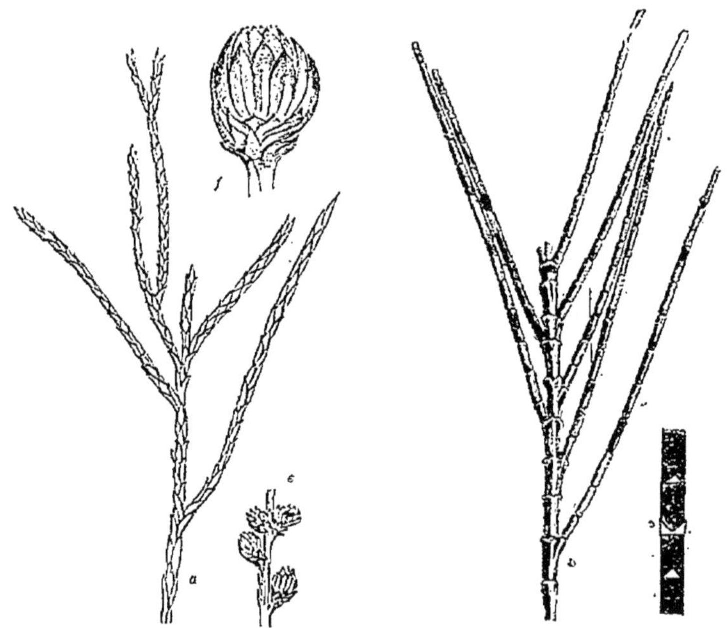

Fig. 94.
Cyparissidium gracile, Heer.

Fig. 95.
Frenelopsis Hoheneggeri, Schk.

Figures réduites (d'après de Saporta et Herr).

Loc.: Turonien *des Martigues*, Aturien *de Fuveau*.

Cyparissidium gracile, Heer (fig. 94).

Rameaux faciles à distinguer de ceux de l'espèce précédente. Ils sont beaucoup plus grêles, ornés de feuilles spiralées, imbriquées, serrées les unes contre les autres, ce qui leur donne l'aspect des rameaux de cyprès. Les cônes sont constitués par des écailles peu nombreuses, disposées en spirale, divergeant du sommet qui est muni d'une pointe très courte.

Loc. : Turonien *des Martigues;* Emschérien *du Beausset.*

Cupressinées.

Frenelopsis Hoheneggeri, Schenk. (fig. 95).

Rameaux et ramules cylindriques, articulés, couverts de petits tubercules disposés en séries denses. Ramules distiques, alternes, dressées. Feuilles écailleuses petites, triangulaires, aiguës, adpressées, opposées par paires décussées, éloignées les unes des autres, connées à la base.

Loc.: Turonien *de Bagnols* (Var), Aturien *de Fuveau*,

PHANÉROGAMES ANGIOSPERMES

Monocotylédones.

Graminées.

Rhizocaulon macrophyllum, de Sap. (fig. 96, 97).

Tiges robustes, sillonnées longitudinalement lorsqu'elles sont dépourvues de l'écorce, très finement striées, lorsque celle-ci existe encore. Nœuds peu accentués. Cicatrices radiculaires très petites, peu visibles.

Feuilles, vraisemblablement très longues, terminées

par une pointe obtuse, à nervures très fines, égales, parallèles; on en compte jusqu'à 100 sur la largeur de la feuille qui est en moyenne de 3 centimètres. Les veinules transverses sont très rapprochées, il y en a 4 par millimètre.

Etage Aturien : Loc. : *lignites de Fuveau, Belcodème, La Gastaude, Nans*, etc.

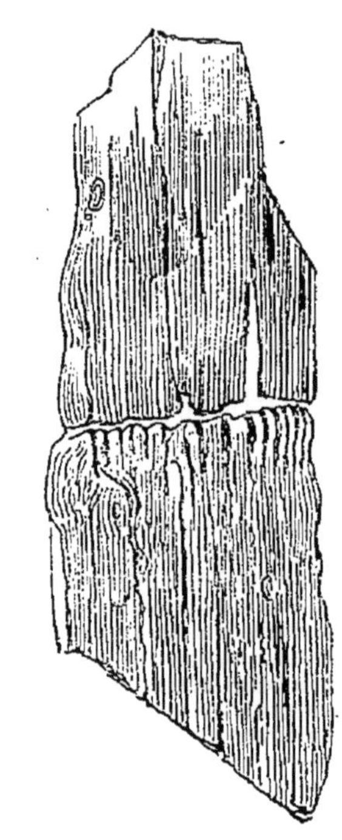

Fig. 96-97.
Rhizocaulon macrophyllum, Sap. Fragments de feuille et de tige avec nœud. Réd. de 1/3 (d'après de Saporta).

Naïadacées.

On peut rapporter à cette famille, d'assez nombreuses empreintes, provenant du Cénomanien, que A. Brongniart décrivit sous les dénominations de

Zosterites cauliniæfolia, Z. lineata, Z. bellovisana, Z. elongata, etc.

Etage Gardonien. Loc. : *île d'Aix (Charentes).*

Palmiers.

Nipadites provincialis, de Sap, (Fig. 98).

Représenté par des fruits oblongs ovales, ou ellip

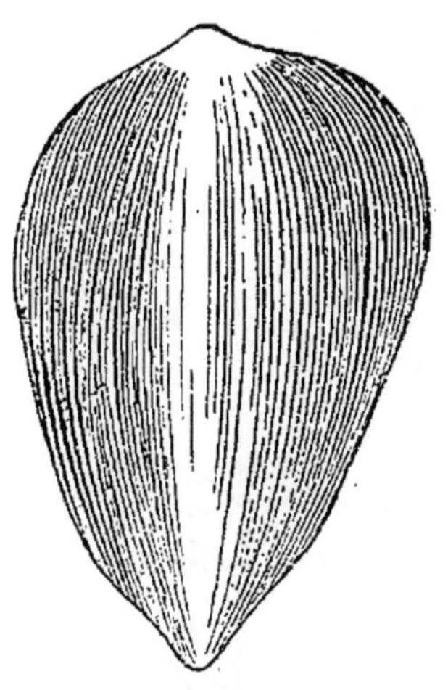

Fig. 98. — *Nipadites provincialis*, Sap.
Fruits de grand. nature et réd. de 1/3 (d'après de Saporta).

tiques, apiculés, c'est-à-dire pointus au sommet, monospermes. Ces fruits semblent être filamenteux extérieurement.

Etage Aturien : Loc. : *Fuveau, environs de Belcodême,* (vallée de Vède).

Dicotylédones dialypétales.

Magnoliacées.

Magnolia Telonensis, de Sap. (fig. 99).

Les feuilles de cette espèce, comme l'on peut s'en rendre compte par l'examen de la figure que nous donnons, d'après de Saporta, semblent très voisines de celle du *M. grandiflora* actuel. Dans notre figure l'extrémité supérieure du limbe est mutilée.

Cette espèce se rencontre dans le Turonien et l'Emschérien du Var.

Loc. : *Bagnols*, le *Beausset*, *environs de Toulon*.

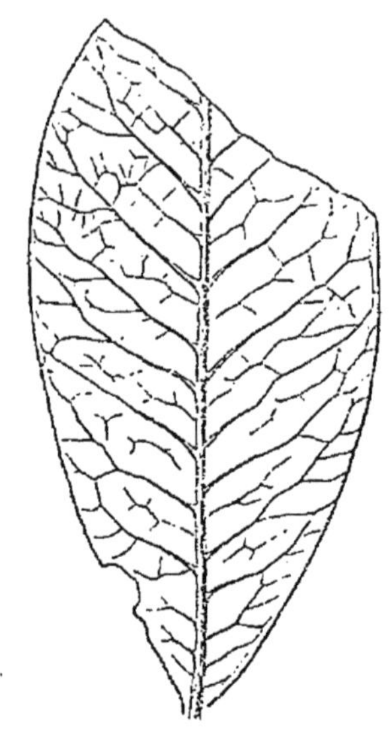

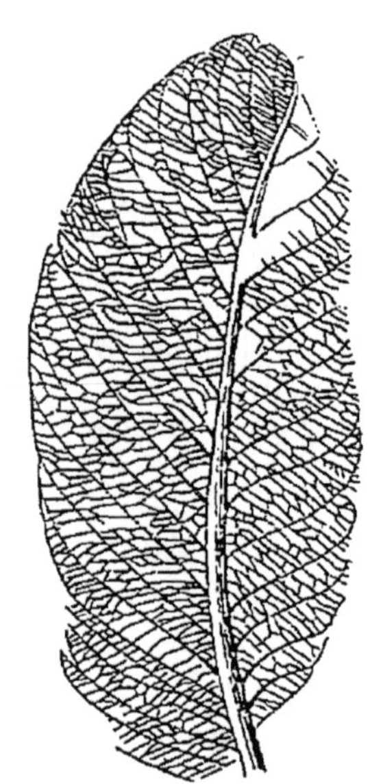

Fig. 99. *Magnolia Telonensis*, Sap. Fig. 100. *Anacardites alnifolius*, Sap.
Feuilles réd. de 1/3 (d'après de Saporta).

Nymphéacées.

Nelumbium provinciale, de Sap. (fig. 101).

Les feuilles de cette espèce ont un diamètre de 30 à 35 centimètres pouvant aller jusqu'à 50; la largeur moyenne du pétiole étant de 14 millimètres. Elles présentent 19 nervures rayonnantes et diffèrent des *Nelumbium* actuels parce que les nervures rayonnant du centre, au lieu de se subdiviser, bien avant le bord, par une double dichotomie, dont les branches se replient en arceaux le long de la marge, émettent des rameaux latéraux qui contractent entre eux des anastomoses et se prolongent en s'affaiblissant pour se ré-

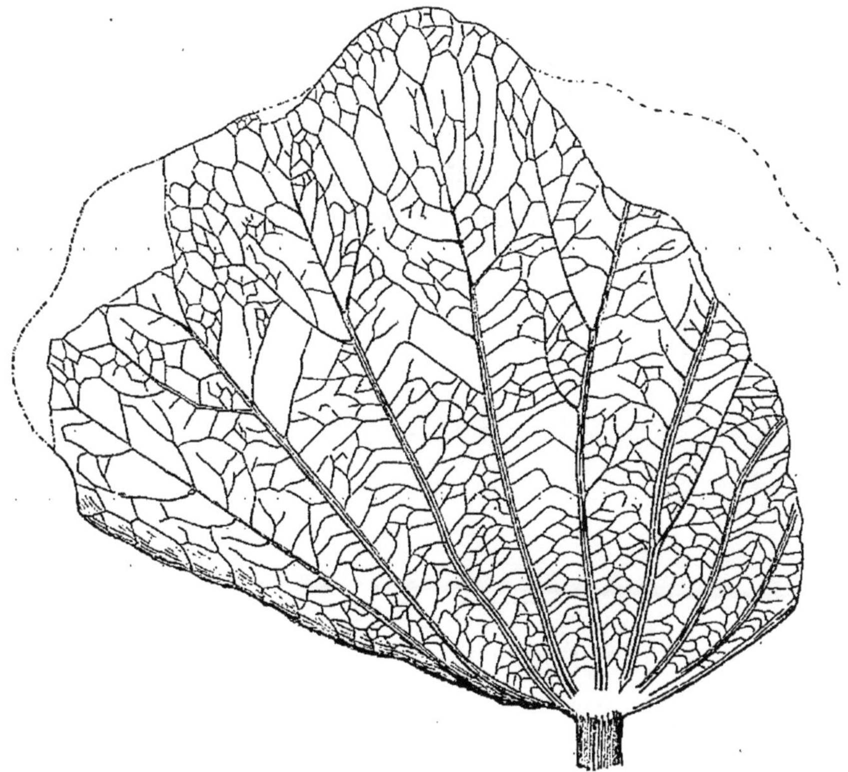

Fig. 101. — *Nelumbium provinciale*, Sap. Feuille réduite 4 fois. (d'après de Saporta).

soudre enfin en un réseau d'aréoles hexagonales qui bordent la marge ; quant au réseau veineux qui est situé entre les nervures rayonnantes et qui les relient, il présente une obliquité plus prononcée des nervures repliées.

Étage Aturien : Loc. . *lignites de Fuveau, mine de Trets.*

Anacardiacées.

Anacardites alnifolius, de Sap. (fig. 100).

Feuille oblongue, entière, inégale; nervure médiane forte, nervures secondaires plus obliques sur l'un des côtés de la médiane que sur l'autre, simples ou parfois bifurquées près des bords où elles se recourbent. Nervules grêles simples ou plus ou moins bifurquées, décurrentes transversalement.

Étage Aturien : *Fuveau, vallée de Vède, près Auriol.*

LIVRE III

ÈRE TERTIAIRE

CHAPITRE PREMIER

SYSTÈME ÉOCÈNE

§ 1. — Étage Thanétien.

Il convient de rapporter à cet étage les deux flores suivantes :

1° La flore des Grès de Vervins, inférieurs aux lignites et qui représentent l'horizon des sables de Bracheux;

2° La flore des Travertins de Sézanne, l'une des plus riches de l'ère tertiaire, et qui fournit les restes de végétaux terrestres vivant alors autour d'une cascade.

1° Flore des grès de Vervins

CRYPTOGAMES ACROGÈNES

Fougères.

Tæniopteris affinis, Vis. et Mass. (fig. 102).

Cette espèce, connue seulement par de rares échantillons en assez mauvais état, se caractérise par une nervure médiane faiblement accusée, à peine plus forte que les secondaires qui sont fines, dichotomes de place en place et émises presque à angle droit.

Loc. : *Grès de Fieulaine* (*Aisne*).

PHANÉROGAMES ANGIOSPERMES

Monocotylédones.

Cypéracées.

Cyperites deperditus, Wat. (Pl. 24, fig. 1).

D'attribution vague, cette espèce est représentée par des fragments de feuilles dont la largeur ne dépasse guère 2 centimètres. Elles sont munies d'une carène médiane, de chaque côté de laquelle on voit courir parallèlement aux bords de la feuille un grand nombre de nervures fines et serrées.

Loc. : *Grès de Fieulaine (Aisne).*

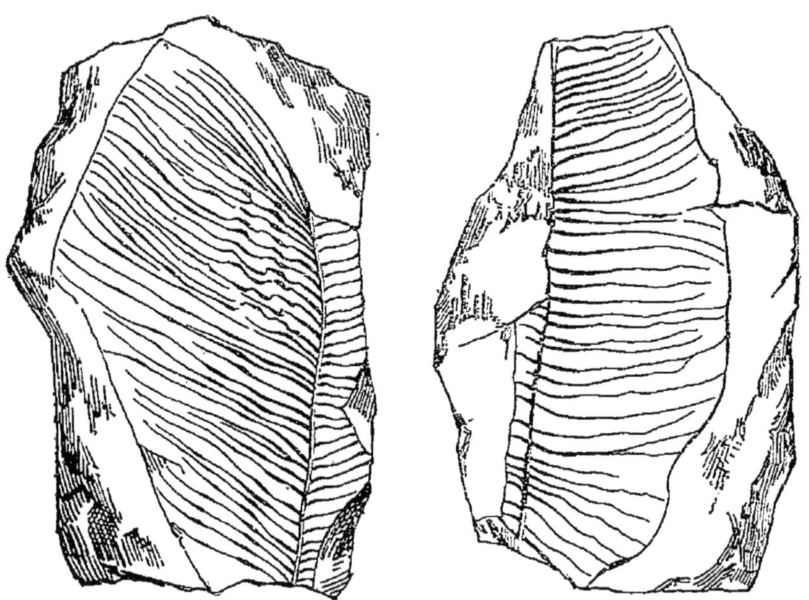

Fig. 102.
Tæniopteris affinis, Vis et Mass. Réd. de 1/3 (d'après Watelet).

Palmiers.

Flabellaria raphifolia, v. Sternb. (Pl. 24, fig. 2).

Fronde de grande taille, à en juger par la largeur du

pétiole qui dépasse 4 centimètres; celui-ci est long, fortement caréné et atténué au sommet en une pointe qui monte assez haut dans la fronde dont les segments sont serrés, rétrécis à la base et pliés dans leur milieu, ils portent des stries assez fines.

Loc. : *Crisolles (Oise) Givenchy, Proix, Vervins (Aisne).*

Dicotylédones apétales.

Myricées.

Myrica Roginei, Wat. (Pl. 24, fig. 3).

Feuille un peu infléchie, acuminée au sommet ; vers cette partie les dentelures du bord sont plus rapprochées et plus saillantes qu'à la base de la feuille, qui est inconnue. Nervures secondaires simples, alternes, reliées entre elles et à la médiane par un réseau serré et irrégulièrement reticulé.

Loc. : *Vervins, Fieulaine (Aisne).*

Artocarpées.

Ficus degener, Ung. (Pl. 24, fig. 4 et 5).

Feuille longuement lancéolée, atténuée à la base en un pétiole large et court ; nervure médiane forte, nervures secondaires invisibles.

Loc. : *Vervins, Fieulaine (Aisne).*

Protéacées.

Grevillea Verbinensis, Wat. (Pl. 24, fig. 6).

Feuille petite, entière, linéaire, dont le sommet et la base ne sont pas connus ; par le mode de nervation il ne peut guère rester de doutes sur l'attribution de cette espèce au genre *Grevillea.*

Loc. : *Vervins (Aisne).*

Dicotylédones dialypétales.

Sterculiacées.

Sterculia Verbinensis, Wat. (fig. 103).

Feuilles à 3 ou 5 lobes, comme le montre nos figures, le médian étroit allongé, à contour un peu sinueux. Nervures primaires fortes, réunies entre elles par des nervules émises perpendiculairement, et irrégulièrement sinueuses. Pétiole relativement court.

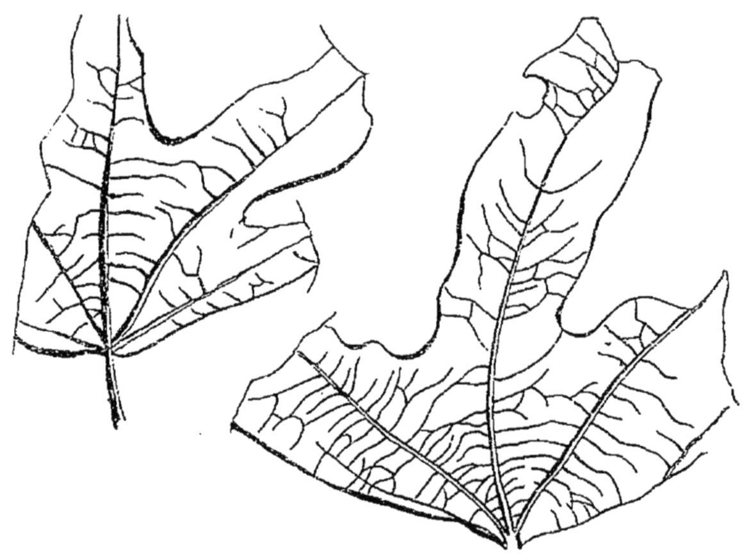

Fig. 103. — *Sterculia verbinensis*, Wat. La petite feuille grand. égale, la grande réduite de 1/3 (d'après Watelet).

Loc. : *Vervins (Aisne).*

2° Flore des travertins de Sézanne

CRYPTOGAMES

Algues.

Characées.

Chara minima, Sap. (fig. 104).

Tiges très fines et tubuleuses, ramules sétacées simples ou rarement rameuses, verticillées par 10 ou 12.

Fig. 104.
Chara minima, Sap.

Fig. 105.
Marchantia Sezannensis, Brg.
Fragment de fronde.
(d'après de Saporta).

Muscinées.

Hépatiques.

Marchantia Sezannensis, Brong. (fig. 105).

Frondes allongées, planes, souvent festonnées le long des bords et divisées par dichotomie en lobes et en lobules arrondis ou faiblement émarginés au sommet.

Fougères.

1	Pinnules à nervures secondaires *simplement pinnées*...............	**Alsophila.**
	Pinnules à nervures secondaires *plus ou moins bifurquées*.........	2.
2	Nervures secondaires inférieures des pinnules *non reliées* entre elles.	**Asplenium.**
	Nervures secondaires inférieures des pinnules *reliées* d'une pinnule à l'autre *par un arc flexueux* dirigé vers l'angle des incisures.........	**Hemitelites.**

Alsophila thelypteroides, Sap. (fig. 108).

Pennes longuement prolongées en pointe, sessiles, alternes sur le rachis commun. Pinnules un peu falciformes, lancéolées linéaires, à bords entiers à peine sinueux. Nervure médiane émettant 10 à 12 paires de veinules latérales, simples, opposées au milieu desquelles les sores sont placées. Les deux veinules inférieures vont aboutir à l'angle interne des sinus qui sépare les pinnules.

Loc. : *Très commune à Sézanne.*

Asplenium Wegmanni, Brong. (fig. 106).

Pennes toujours alternes, subérigées, contiguës. Pinnules souvent imbriquées, toujours séparées par des sinus étroits. Nervure primaire flexueuse oblique. Veinules latérales pinnées, obliques, alternes, simples dans le haut et dans l'un des côtés des pinnules, bifurquées dans le bas sur le côté antérieur, chaque veinule aboutissant à une denticulation du bord de la pinnule.

Assez rare.

Hemitelites longævus, Sap. (fig. 107).

Pennes sessiles alternes, étalées, très rapprochées et même parfois imbriquées. Pinnules très serrées,

Fig. 106.

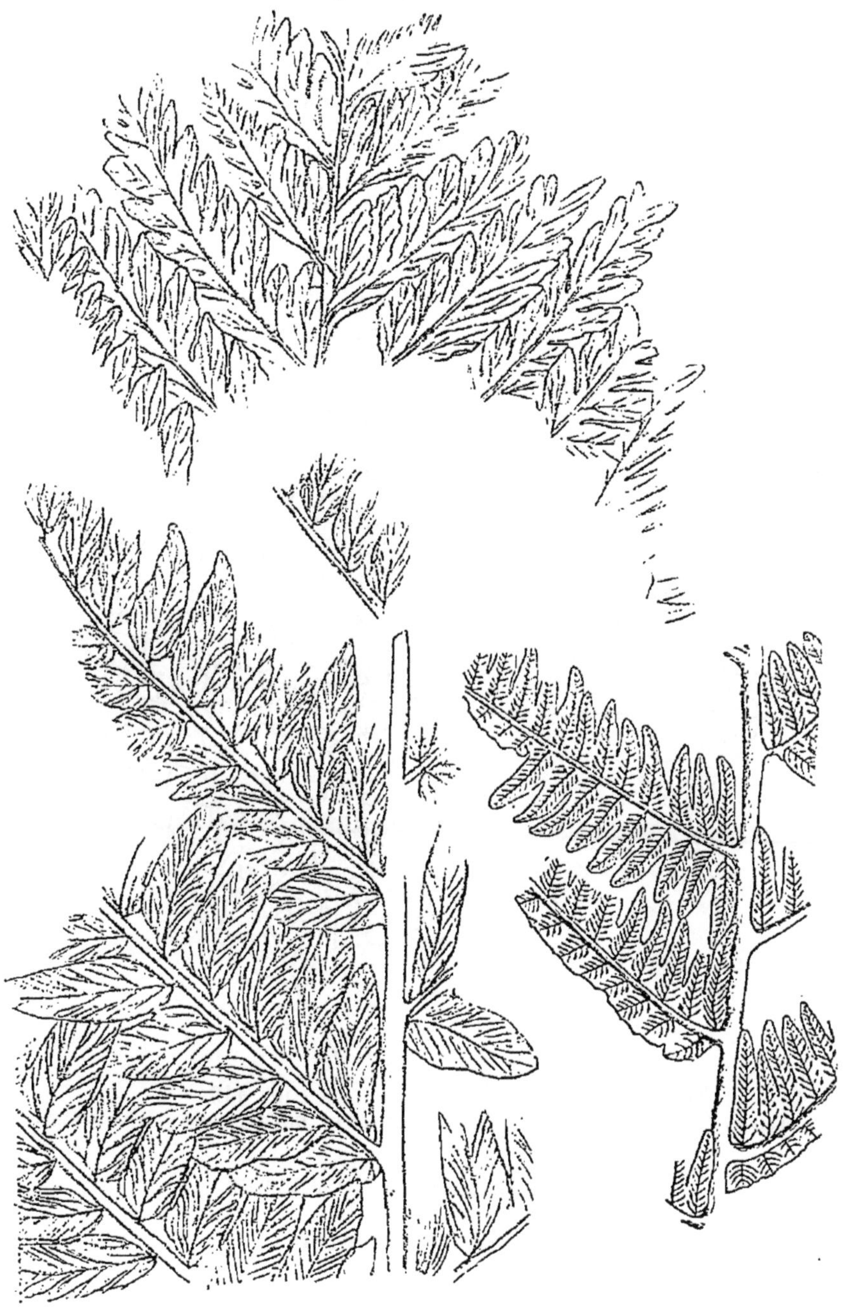

Fig. 107. Fig. 108.

Fig. 106. *Asplenium Wegmanni*, Brong. — Fig. 107. *Hemitelites longævus*, Sap. — Fig. 108. *Alsophila thelypteroides*, Sap

lancéolées, à bords entiers ou sinués. Veinules toujours, subdivisées en plusieurs rameaux par dichotomie irrégulière, les veinules sont d'autant plus sujettes à se subdiviser que les lobules marginaux sont plus accusés. Assez rare.

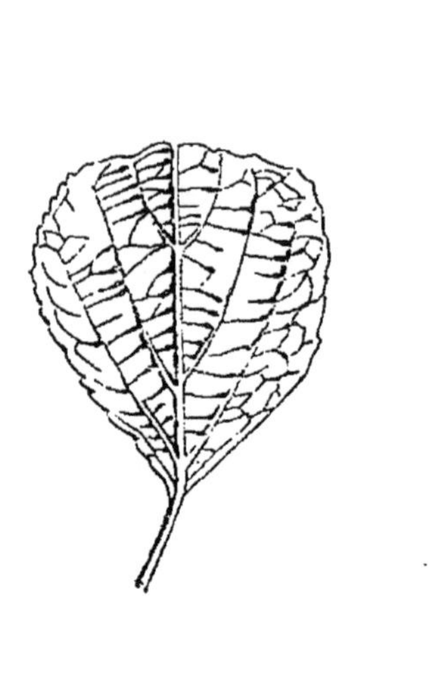

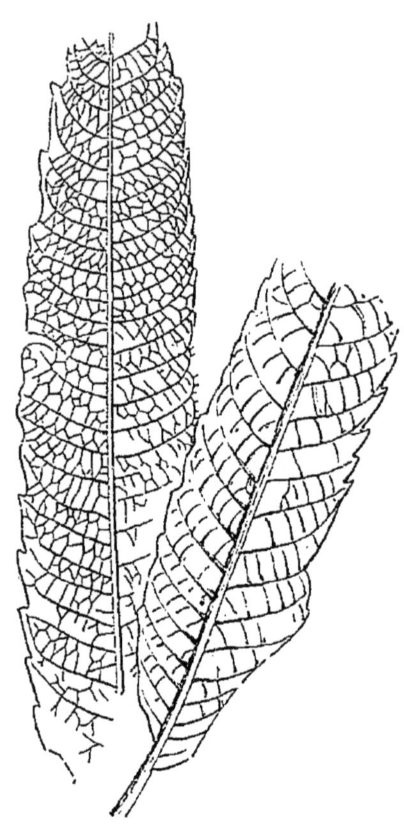

Fig. 109.
Alnus trinervia, Wat.

Fig. 110.
Dryophyllum palæocastanea, de Sap.

PHANÉROGAMES ANGIOSPERMES

Dicotylédones apétales.

Cupulifères.

Feuilles de petite taille, *largement spatulées* .... **Alnus.**

Feuilles *lancéolées linéaires*, aiguës au sommet .... **Dryophyllum.**

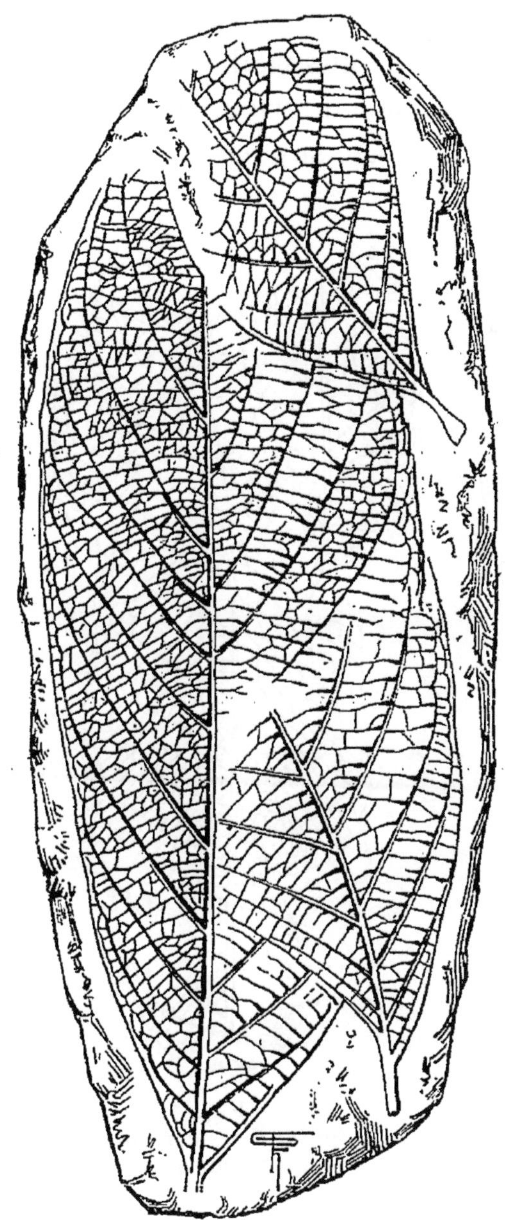

Fig. 111. — *Juglandites peramplus*, Sap. Réd. de 1/3 (d'après de Saporta).

Alnus trinervia, Wat. (fig. 109).

Feuille de petite taille, remarquable par son sommet tronqué et même émarginé au milieu. Cette disposition rapproche beaucoup cette espèce de l'*A. glutinosa* actuel; elle en diffère cependant par des nervures secondaires moins nombreuses (3 paires seulement, au lieu de 6 à 7 paires dans *A. glutinosa*).

Loc. : *Sézanne*, *Louvois*; très rare.

Dryophyllum palæocastanea, de Sap. (fig. 110).

Feuille très voisine de celles du châtaignier de nos bois. Les nervures secondaires sont très nombreuses, tantôt alternes, tantôt opposées, émises sous un angle très ouvert. Les nervures tertiaires forment un réseau transverse plus visible sur les empreintes qui représentent la face inférieure des feuilles que sur celles laissées par la face supérieure.

Assez commun.

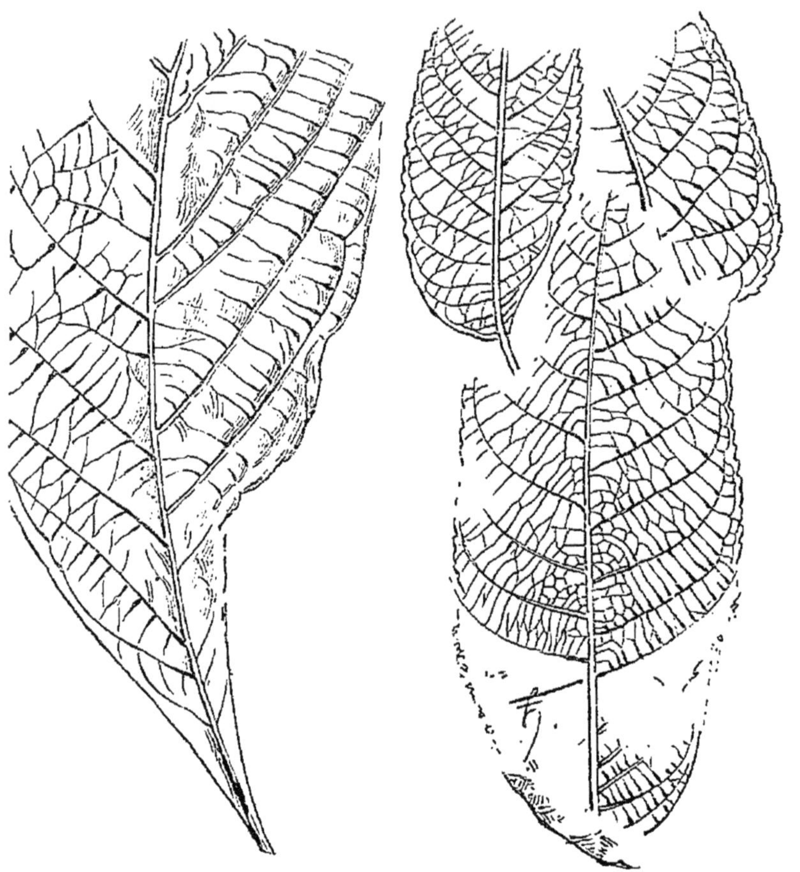

Fig. 112. *Juglandites olmediæformis*, Sap. Fig. 113. *Juglandites cernuus*, Sap.
Figures réduites de 1/3 (d'après de Saporta).

Juglandées.

Juglandites peramplus, Sap. (fig. 111).

Espèce très commune à Sézanne et qui varie dans de fortes proportions. Par l'ensemble de ses caractères elle se rapproche beaucoup du *J. regia* actuel, dont elle a la base atténuée en coin, et surtout du *J. mandschurica*, Maz. Les dentelures du bord sont très difficiles à observer dans l'espèce fossile, qui peut atteindre de 0 m. 25 à 0 m. 30 de longueur. Commun.

Juglandites olmediæformis, Sap. (fig. 112).

Voisine de l'espèce précédente s'en distingue par le limbe plus large au milieu et bien plus longuement atténué à la base. Dents marginales plus prononcées.

D'après de Saporta cette espèce se rapprocherait beaucoup de *Engelhardtia spicata*, Bl., actuel, de l'Inde et de Java. Très commun.

Juglandites cernuus, Sap. (fig. 113).

Cette espèce se distingue facilement des deux précédentes par la forme de ses folioles qui se terminent à la base par un contour obtus; par la direction de ses nervures et par son contour régulièrement denticulé sur toute sa longueur. Tous ces caractères rapprochent beaucoup plus cette espèce des noyers actuels que ces deux congénères. Assez rare à Sézanne.

Salicinées.

Feuilles *suborbiculaires* ou *subdeltoïdes*	**Populus.**
Feuilles *lancéolées linéaires*.. .	**Salix.**

Populus primigenia, Sap. (fig. 114).

Espèce probablement très polymorphe représentée par des fragments nombreux mais incomplets. Feuille arrondie, longuement atténuée en pointe au sommet, contours régulièrement crénelés. De Saporta considère ce Peuplier comme une forme intermédiaire entre le

P. laurifolia, Lebed. et le *P. caudicans*, Mich. actuels.

Salix stupenda, Sap. (fig. 115).

Feuilles communes mais presque toujours incomplètes. Elles sont de grande taille, également atténuées aux deux extrémités et à bords fortement denticulés. Les deux faces diffèrent beaucoup : la supérieure est entièrement lisse, l'inférieure, au contraire, laisse voir des nervures secondaires nombreuses, irrégulièrement disposées et reliées entre elles par des veinules transverses capricieusement réticulées.

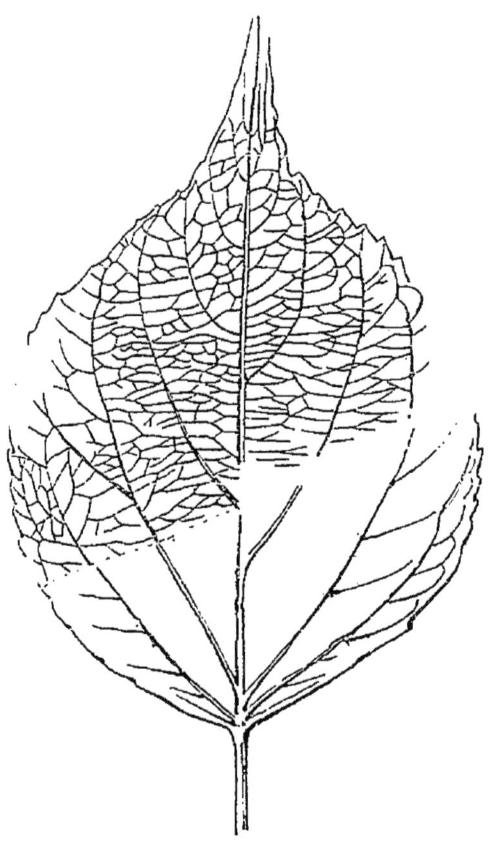

Fig. 114. — *Populus primigenia*, Sap. Feuilles réd. de 1/3 (d'après Saporta).

Salix primæva. Sap. (fig. 116).

Forme assez polymorphe qui se distingue de l'espèce précédente par un contour plus ovale et une pointe plus finement acuminée au sommet.

Les dentelures du bord sont aussi plus serrées, et plus égales, enfin les veinules tertiaires sont plus transverses et moins capricieusement ramifiées, anguleuses.

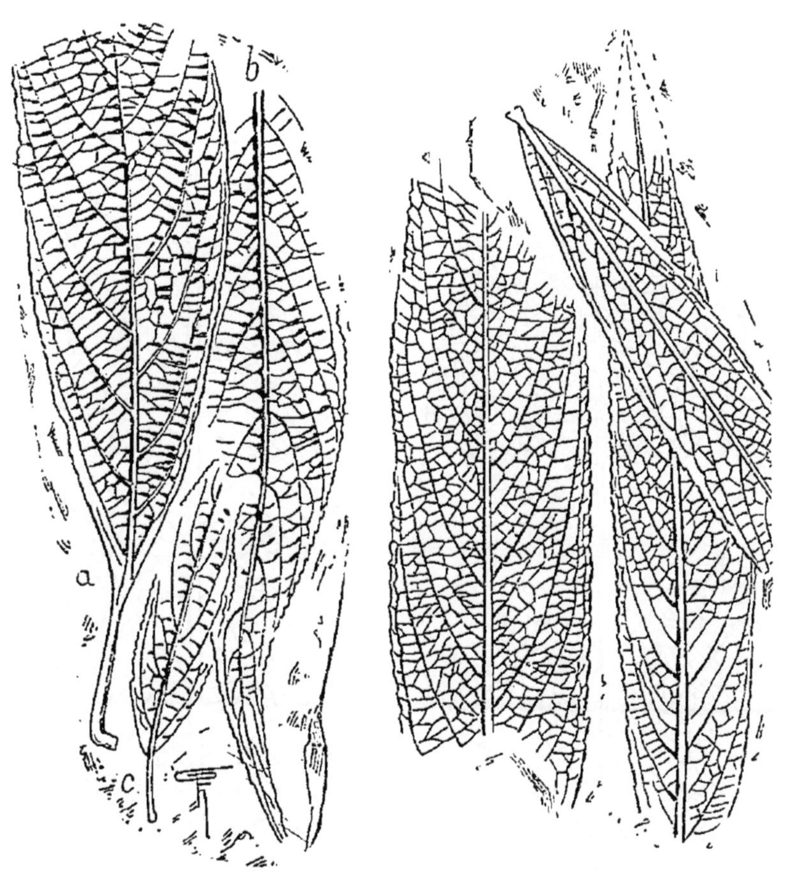

Fig. 115. *Salix stupenda*, Sap. Fig. 116. *Salix primæva*, Sap.
Figures réduites de 1/3 (d'après de Saporta).

Artocarpées.

Protoficus sezannensis, Wat. sp. (fig. 117).

Cette espèce est représentée par des fragments assez importants de feuilles, dont on ne connaît malheureusement pas ni le sommet ni la base; quoi qu'il en soit, de Saporta trouve à cette espèce beaucoup d'analogie avec les *Ficus fulva* et *F. nobilis*, actuels.

Protoficus insignis, Sap. (fig. 118).

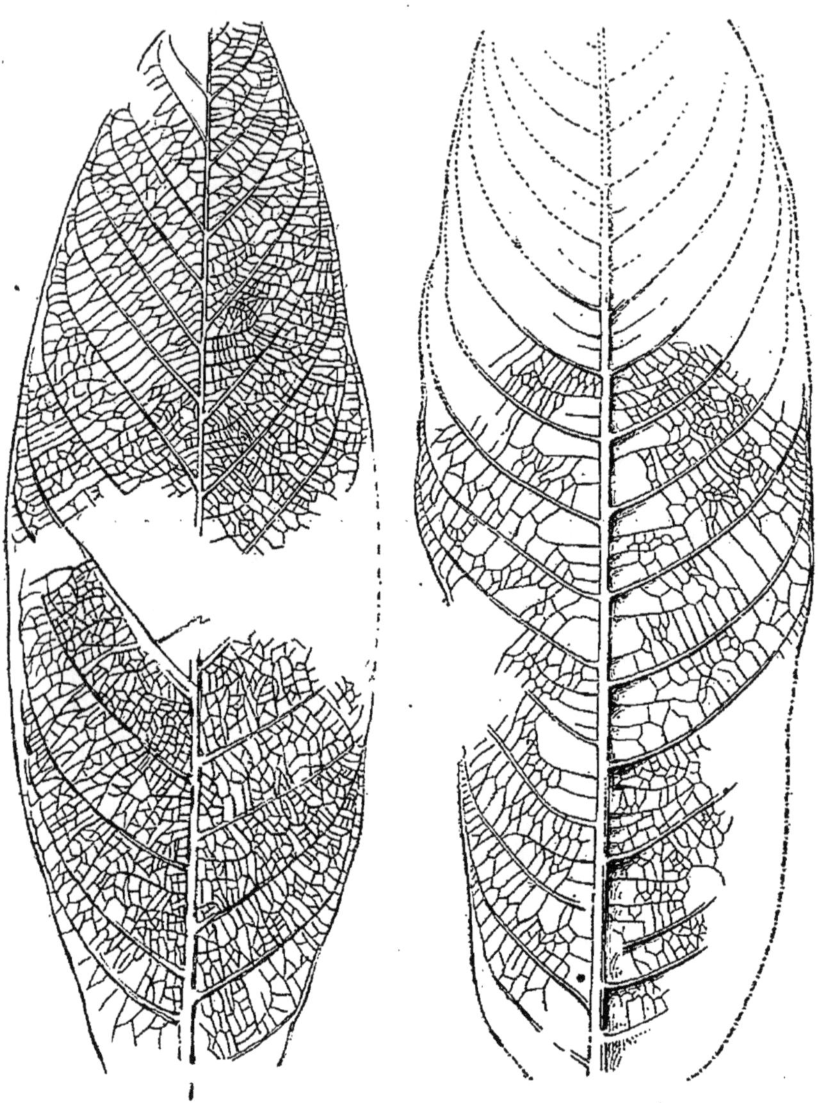

Fig. 117. *Protoficus sezannensis*, Sap. Fig. 118. *Protoficus insignis*, Sap.
Feuilles réduites de 1/3 (d'après de Saporta).

Cette espèce se distingue de la précédente par la forme plus ovale de ses feuilles et la direction plus oblique des nervures secondaires. Le réseau veineux est aussi composé de mailles plus régulièrement trapéziformes et plus compliqué que dans le *P. sezannensis*.

Ces deux espèces ont sensiblement les mêmes dimensions.

Dicotylédones dialypétales.

Monimiacées.

Monimiopsis amboræfolia, Sap. (fig. 119).

Cette espèce qui ressemble d'une manière frappante,

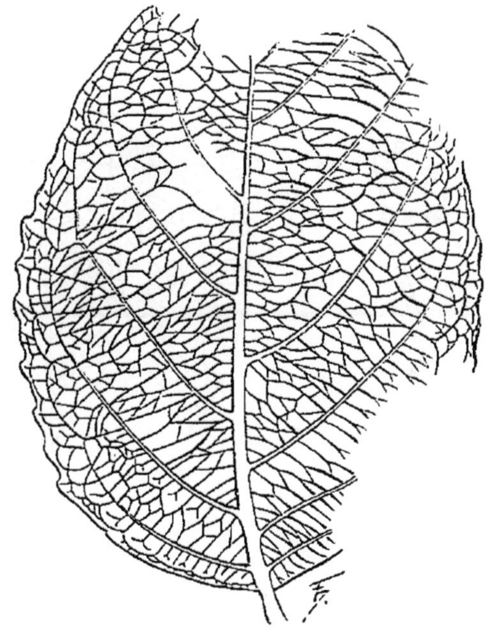

Fig. 119. — *Monimiopsis amboræfolia*, Sap. Feuille réduite de 1/2. (d'après de Saporta).

dit de Saporta, à une espèce actuelle de l'île Maurice : *Ambora alternifolia*, Tul., est représentée à Sézanne par des feuilles de 0 m. 15 de hauteur sur 0 m. 10 de largeur à contour presque orbiculaire, la plus grande partie du pourtour découpé par des dents obtuses largement incisées. La nervation est à peine distincte à la face supérieure, très saillante au contraire sur l'autre face.

Laurinées.

1	Feuilles à nervation *penninerve*....	Laurus.
	Feuilles à nervation *triplinerve*....	2.
2	Feuilles *entières*..................	Daphnogene.
	Feuilles *lobées*....................	Sassafras.

Laurus vetusta, Sap. (fig. 120).

Espèce variable dans ses dimensions, assez étroite,

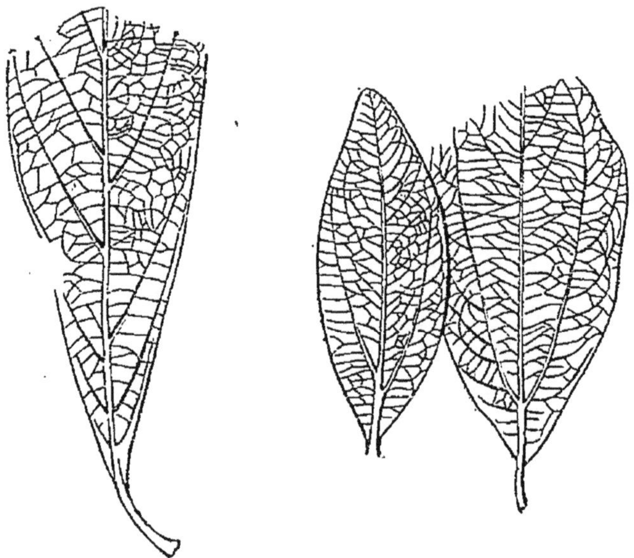

Fig. 120. *Laurus vetusta*, Sap. Fig. 121. *Daphnogene Raincourti*, Sap.
Feuilles réduites de 1/3 (d'après de Saporta).

allongée, assez longuement atténuée à la base du limbe qui se termine par un pétiole courbe. Feuille lisse en dessus, nervures bien dessinées en dessous, les secondaires obliques très ascendantes. Le réseau veineux est peu discernable.

Daphnogene Raincourti, Sap. (*fig.* 121).

Feuilles entières, un peu ondulées sur les bords. Les veinules déliées qui courent transversalement dans l'intervalle des nervures principales sont peu perceptibles à la vue simple. On peut, dit de Saporta, rapprocher cette espèce de certains Cinnamomum.

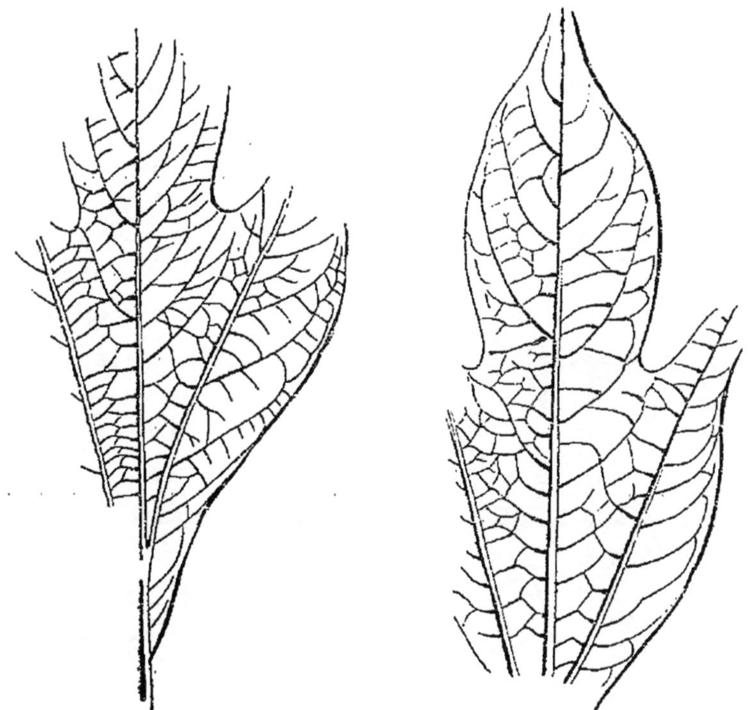

Fig. 122. — *Sassafras primigenium*, Sap.
Base et sommet d'une feuille réduite de 1/3 (d'après de Saporta).

Sassafras primigenium, Sap. (fig. 122).

Feuilles pouvant atteindre une hauteur de 12 à 15 centimètres; très variables quant au développement des lobes : tantôt tous presque égaux, tantôt très inégaux, les deux latéraux étant à peine indiqués. Nervation presque invisible en dessus formant un réseau saillant en dessous.

Sterculiacées.

Sterculia variabilis, Sap. (fig. 123).

Les feuilles de cette espèce variaient beaucoup dans leurs dimensions. Elles pouvaient atteindre jusqu'à 20 centimètres de largeur. Ce sont des feuilles entières, un peu festonnées sur les bords et terminées en pointe au sommet. M. de Saporta trouve beaucoup de rapport entre cette espèce et le *S. coccinea*, de la Chine.

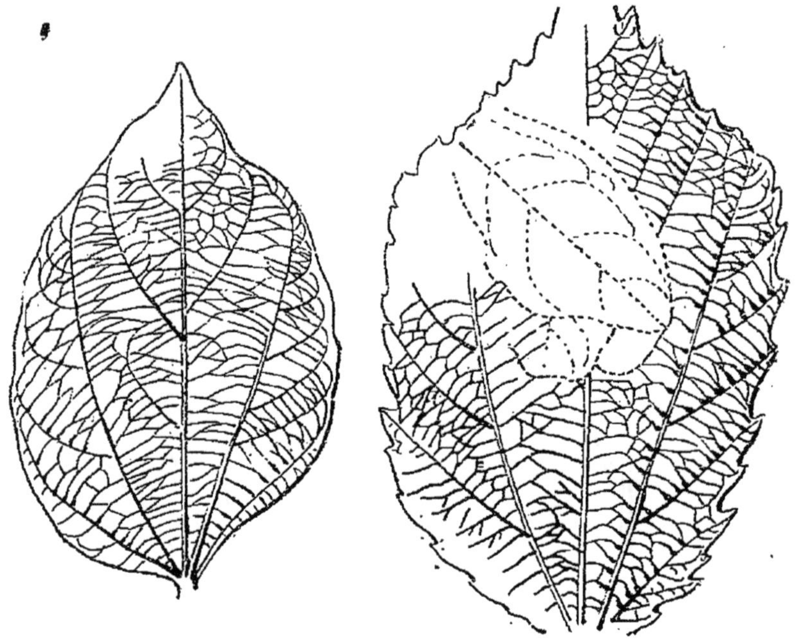

Fig. 123. *Sterculia variabilis*, Sap. Fig. 124. *Pterospermites inæquifolius*, Sap. Feuilles réduites de 1/3 (d'après de Saporta).

Pterospermites inæquifolius, Sap. (fig. 124).

Feuille dont la taille moyenne peut atteindre 15 centimètres de longueur, se rencontrant le plus souvent dans un état de mutilation tel que leur rapprochement avec des genres connus devient difficile. Suivant M. de Saporta, leur ressemblance avec des feuilles de différents *Pterospermum* actuels est cependant bien frappante, surtout avec le *Kydia calycina*, Roxbe, des Indes. Au premier abord ces feuilles pourraient être prises pour des feuilles de platanes, ce que fit Watelet.

Tiliacées.

Grewiopsis anisomera, Sap. (fig. 125).

Feuilles de grande taille pouvant atteindre 28 cen-

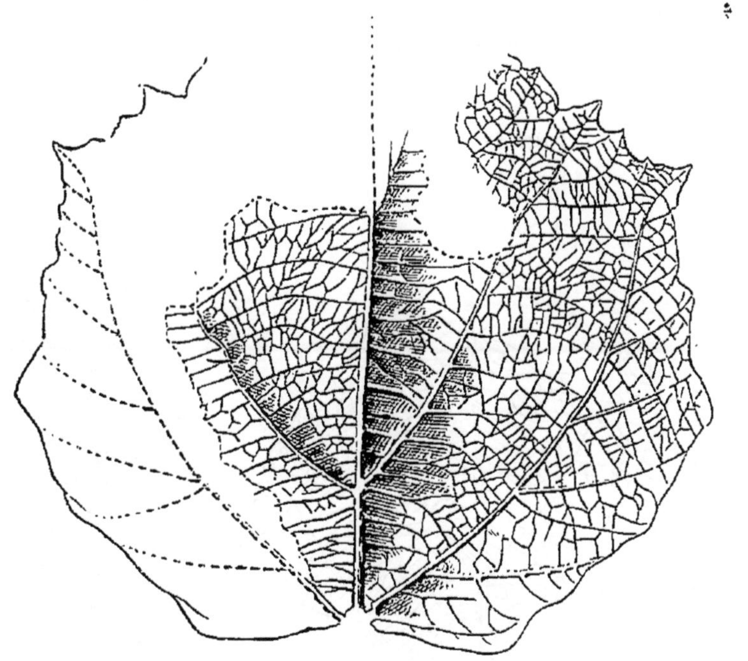

Fig. 125. — *Grewiopsis anisomera*, Sap. Feuille réduite de 1/2 (d'après de Saporta).

timètres, largement ovales, un peu émarginées à la base, à contour anguleux et découpé par des dentelures bien nettes. Ces feuilles se rapprochent beaucoup, suivant M. de Saporta, de celles du *Sparmannia africana*,

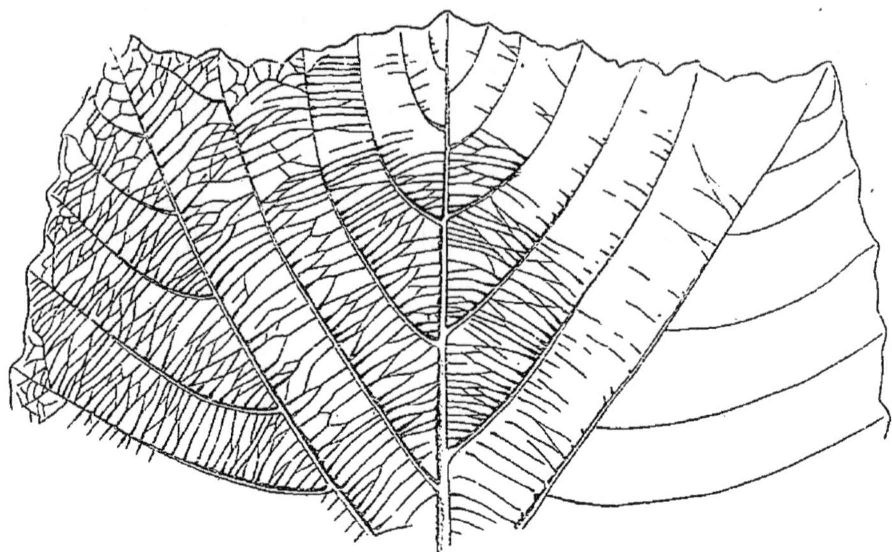

Fig. 126. — *Cissus primæva*, Sap.

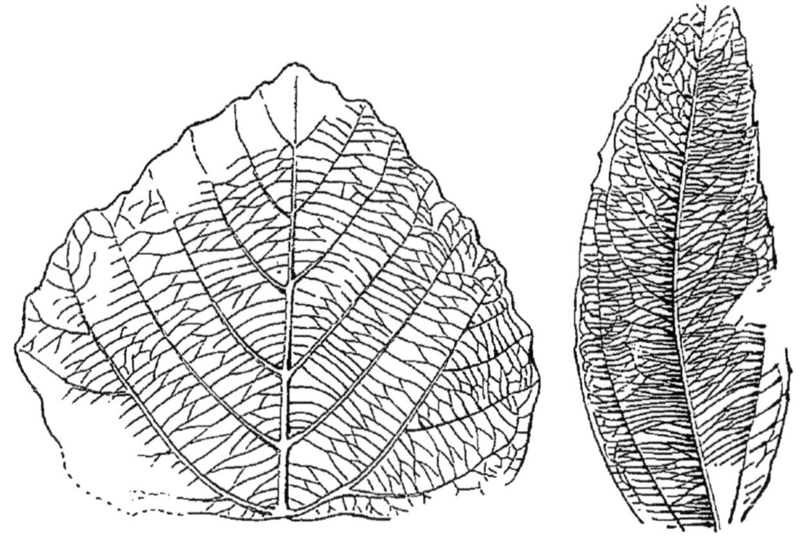

Fig. 127 *Cissus primæva*, Sap. Fig. 128. — *Zizyphus Raincourti*, Sap.
Figures réduites : 126 de 1/2, 127, 128 de 1/3 (d'après de Saporta).

Dne., actuel de l'Afrique tropicale, elles ont également du rapport avec celles du *Kidia calycina*, déjà cité.

Ampélidées.

Cissus primæva, Sap. (fig. 126, 127 et 129).

Les feuilles de cette espèce sont tellement variables dans leur forme, dans leurs dimensions et aussi dans leur aspect, suivantque l'on a en mains des empreintes correspondant à l'une ou l'autre des faces de la feuille qu'on serait tenté d'y voir autant d'espèces distinctes.

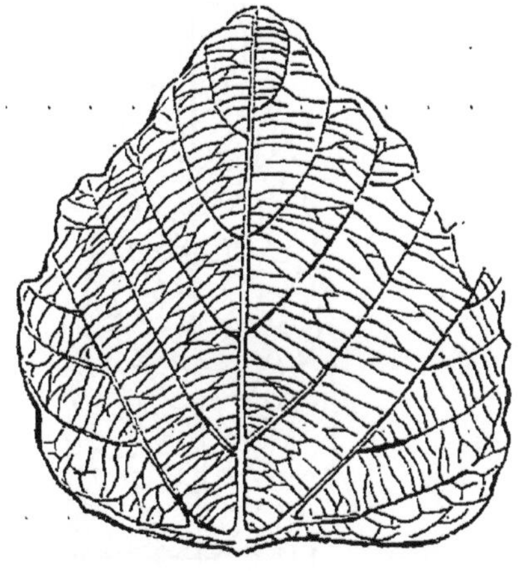

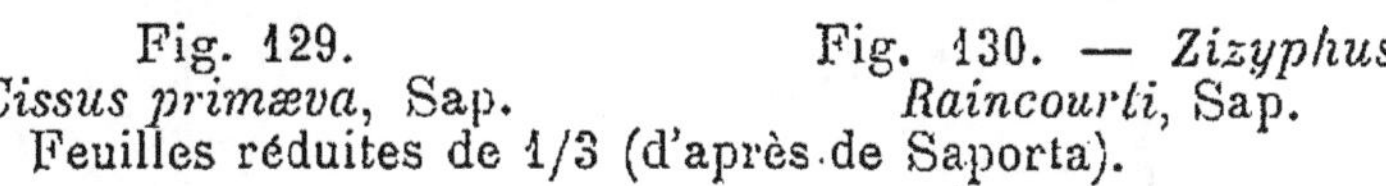

Fig. 129. *Cissus primæva*, Sap.
Fig. 130. — *Zizyphus Raincourti*, Sap.
Feuilles réduites de 1/3 (d'après de Saporta).

Les figures que nous donnons montrent cette polymorphie.

La figure 129 représente la forme normale, à feuille subdeltoïde, arrondie sur les côtés, échancrée à la base, obtuse au sommet, sinuée, dentée sur les bords. La figure 127 est une variété dans laquelle le limbe s'élargit sensiblement, le sommet devient moins aigu. Cette seconde forme, qui se rapproche beaucoup du C. *tomentosa* Lam. actuel de Maurice, conduit à la variété représentée par la figure 126 : var. *transversa* à feuilles très développées transversalement, tronquées au sommet ce qui leur donne la forme d'un parallélogramme transverse, cette variété, avec des dimensions beaucoup plus grandes, ressemble au *C. Capensis* Thb. actuel.

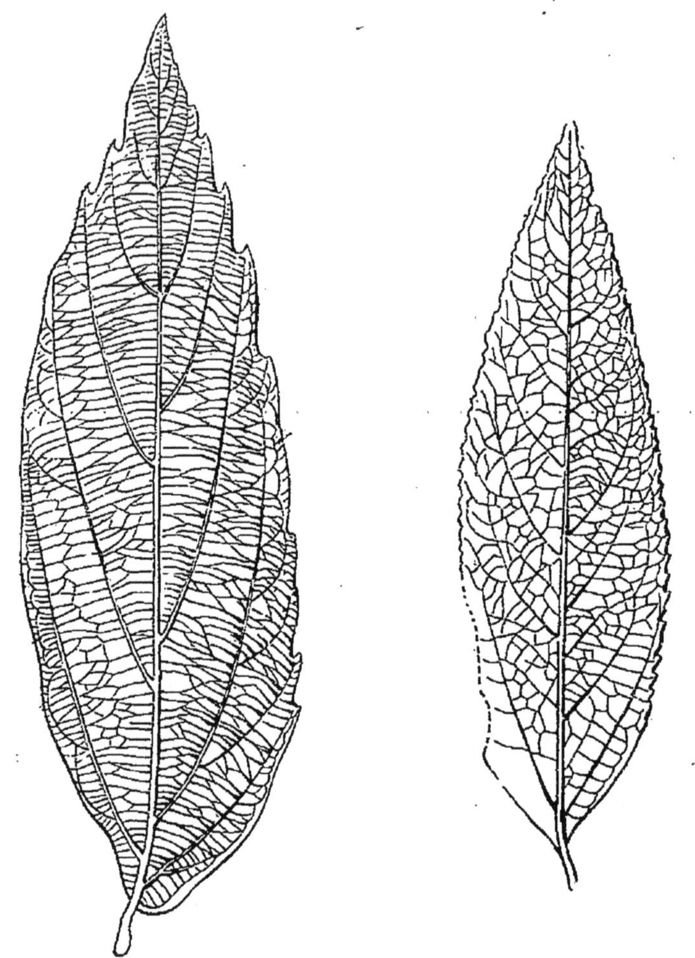

Fig. 131. — *Hamamelites Fothergilloides*, Sap. Fig. 132. — *Aralia hederacea*, Sap.
Feuilles réduites de 1/3 (d'après de Saporta).

Rhamnées.

Zizyphus Raincourti, Sap. (fig. 128, 130).

Cette forme semble assez polymorphe, la face supérieure, glabre et lisse, présente cependant les traces toujours un peu vagues des linéaments du réseau veineux. Au contraire, sur la face inférieure ces linéaments sont souvent cachés, ce qui fait admettre la pubescence de cette face.

Les caractères distinctifs de cette espèce sont donc : cette pubescence de la face inférieure, la dentelure fine et acérée des bords, enfin l'obliquité des veinules sinueuses.

Hamamélidées.

Hamamelites Fothergilloides, Sap. (fig. 131). — Corylus elegans, Wat.

Feuille lancéolée, acuminée au sommet, base inégalement développée, l'un des côtés étant plus large que l'autre et obliquement disposé. Pétiole mince et court. Bords fortement lobulés, à lobules aigus, récurvés à la pointe, quelquefois réduits à de simple, sinuosités. Ces lobules existent toujours vers le tiers supérieur de la feuille, manquant quelquefois à la base.

Araliacées.

Aralia hederacea, Sap. (fig.132, 133).

Les folioles de cette espèce sont toujours ovales, plus ou moins allongées, brièvement acuminées au sommet et rétrécies, à la base, en un court pétiole; entières seulement dans cette partie, elles sont denticulées dans le reste du pourtour. L'*Aralia pinnata* actuel offre de grands rapports avec l'espèce fossile.

Aralia sezannensis, Sap. (fig. 134).

Cette espèce, bien que voisine de la précédente, en diffère par ses folioles qui atteignent une plus grande taille (jusqu'à 20 centimètres de hauteur) et dont le sommet est bien plus longuement acuminé. Les nervures secondaires sont aussi généralement plus obliques. C'est du *Paratropia æsculifolia* Strak. actuel, que

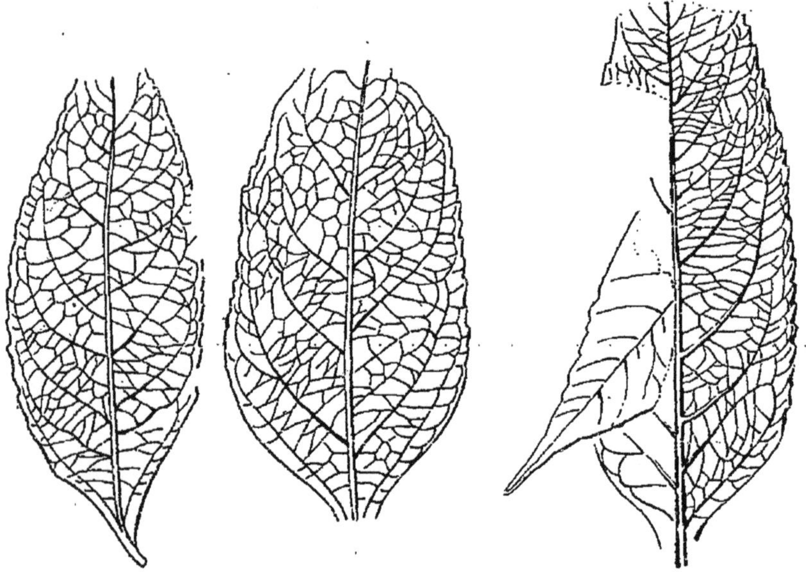

Fig. 133. — *Aralia hederacea*, Sap. Fig. 134. — *Aralia sezannensis*, Sap.
Feuilles réduites de 1/3 (d'après de Saporta).

cette espèce semble se rapprocher le plus. Assez répandu.

Dicotylédones gamopétales.

Caprifoliacées.

Viburnum giganteum, Sap. (fig. 135).

Les plus grandes feuilles de cette espèce ne mesuraient pas moins de 24 centimètres de haut. Les dimensions moyennes sont de 0,17 sur 0,13.

Empreintes des deux faces très différentes : celles de

la face supérieure lisses, avec faibles linéaments dessinés par les nervures principales; en dessous, au contraire, le relief est si net que les moindres ramifications du réseau veineux sont visibles.

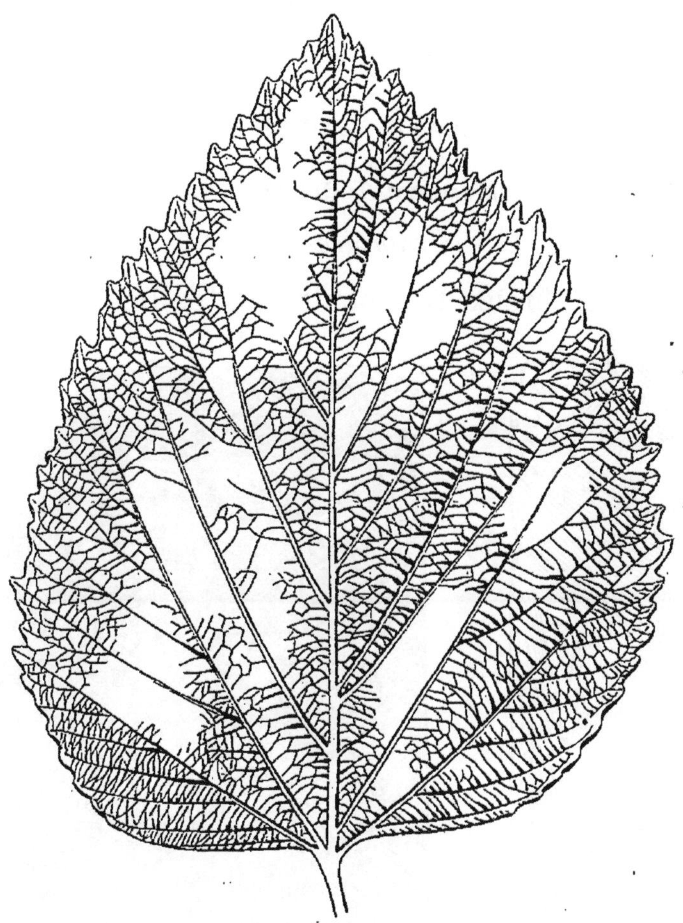

Fig. 135. — *Viburnum giganteum*, Sap. Réd. de 1/2 (d'après de Saporta).

§ 2. — Étage Sparnacien.

A cet étage se rapportent les flores, encore peu connues, de l'argile plastique et des lignites du Soissonnais. En effet, bien qu'abondamment répandus dans ces formations, les débris de plantes y sont tellement mutilés que leur étude en est rendue très difficile. Il est cependant quelques rares gisements où les feuilles sont mieux conservées; on peut alors reconnaître les espèces suivantes parmi les plus fréquentes.

PHANÉROGAMES ANGIOSPERMES

Monocotylédones.

Graminées.

De très nombreux fragments de feuilles, entassés

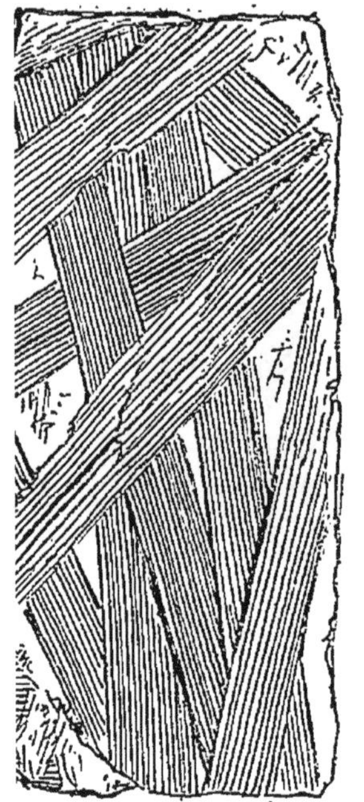

Fig. 136.
Cypéracées indéterminées.

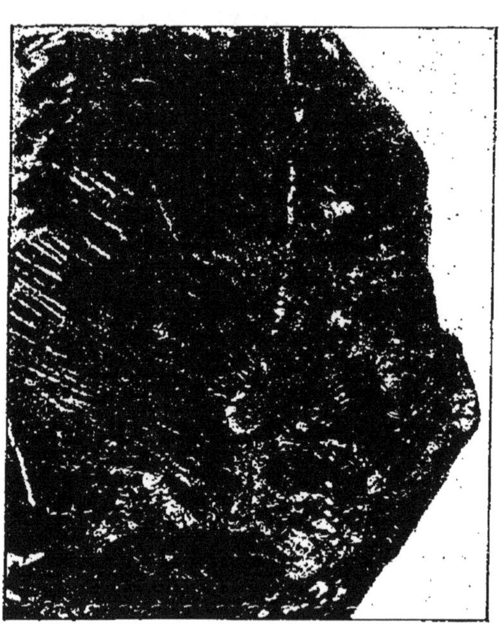

Fig. 137.
Sabalites lignitorum, Nob.

Figures dessinées d'après nature. Réd. de 1/3.

les uns sur les autres se rencontrent dans l'argile plastique, on peut les assimiler à des feuilles de *Cypéra-*

cées ou de *Typhacées*, mais ils sont, en général, difficiles à isoler et à étudier convenablement.

Loc. : *Arcueil, Silly, Vanves* (fig. 136).

Palmiers.

Sabalites lignitorum, Nob. (fig. 137).

Nous figurons ici, une feuille qui, par son rachis prolongé en pointe dans la fronde, semble se rapprocher des *Sabal*. La reproduction directe de la photographie de cette espèce nouvelle simplifiera la description qui demanderait de longs détails. Le pétiole mesure 1 centimètre de large à la base de la fronde laquelle présente des segments étroits et nombreux.

Loc. : *Arcueil, Issy et Vanves.*

Dicotylédones apétales.

Artocarpées.

Ficus Deshayesi, Wat. (fig. 138).

Feuilles remarquables par leur grande dimension, pouvant atteindre 40 centimètres de hauteur, pour les plus grandes. Elles sont atténuées au sommet, qui est obtus, un peu émarginé au point où vient aboutir la nervure médiane.

Loc. : *Silly-la-Poterie.*

Dicotylédones dialypétales.

Laurinées

Feuilles à nervation	penninerve..	**Persea et Laurus.**
—	triplinerve..	**Daphnogenes et Cinnamomum.**

Laurus, *voisin de* **excellens**, Wat. (fig. 139).

Belles feuilles de 10 à 12 centimètres de hauteur, qui

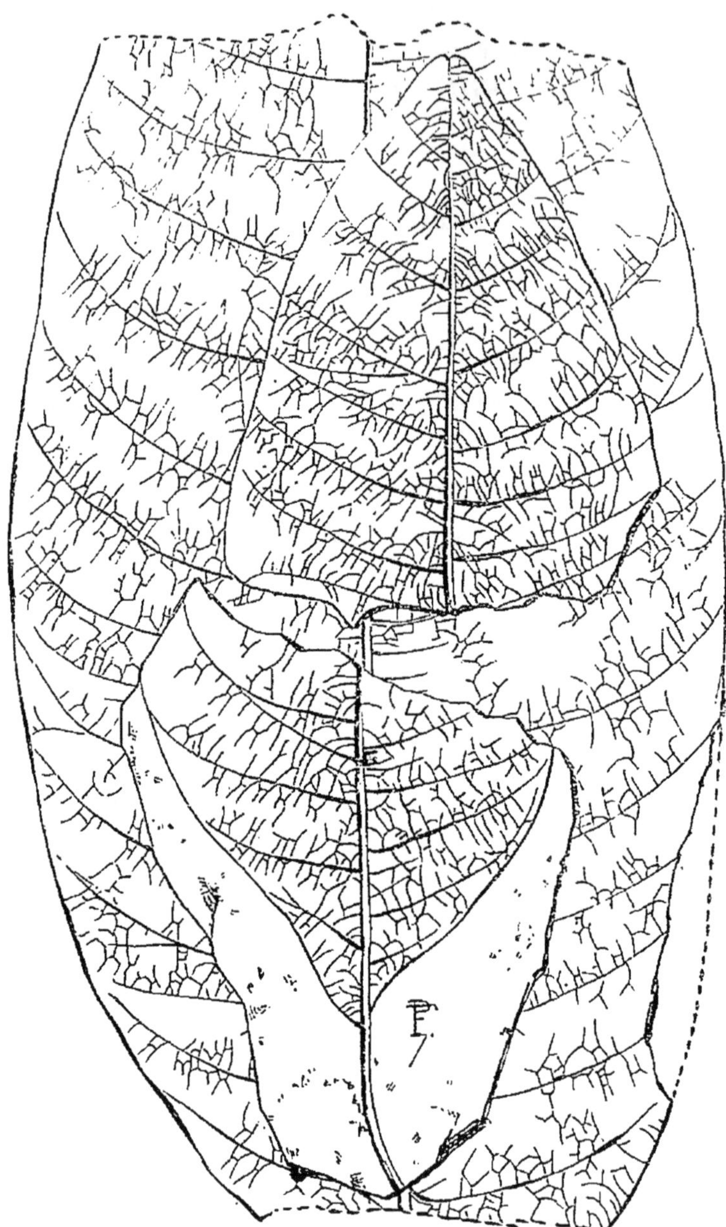

Fig. 138. — *Ficus Deshayesi*, Wat. Ces trois fragments, dont l'un présente le sommet, l'autre la base et le troisième la partie médiane d'une feuille, sont tous réduits de moitié de la grandeur naturelle (d'après Watelet).

nous semblent avoir les plus grands rapports avec celle des grès de Belleu (voyez p. 160) la seule différence notable que nous puissions noter est le redressement plus accentué des deux nervures basilaires, comme le montre notre figure. Loc. : *Silly-la-Poterie*.

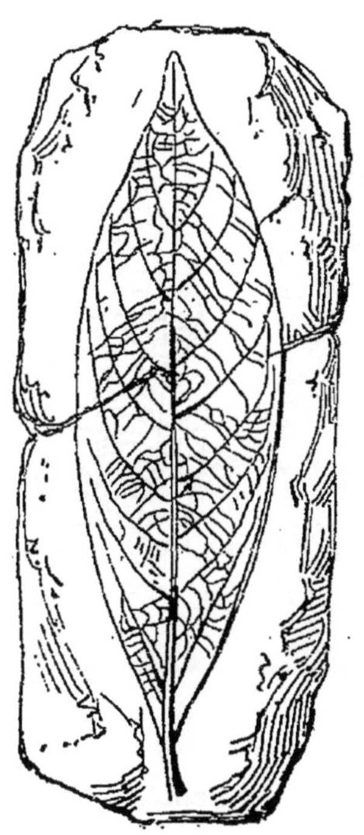

Fig. 139.
Laurus excellens, Wat.

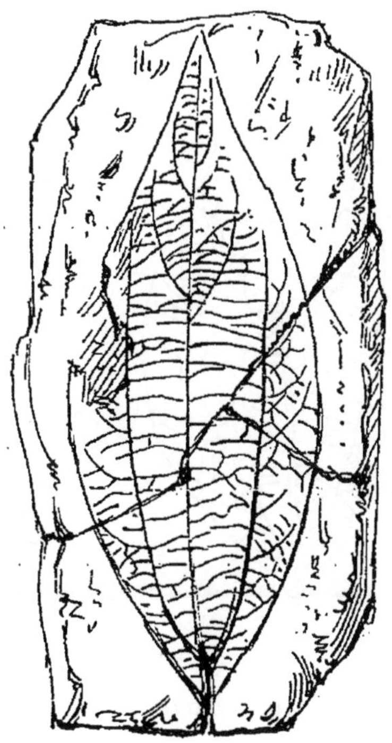

Fig. 140.
Daphnogenes elegans, Wat.

Feuilles réduites de 1/3 d'après nature.

Daphnogenes, *voisin de* **elegans.** Wat. (fig. 140).

Les feuilles de l'argile plastique ressemblent beaucoup à celles que de Saporta a figuré sous ce nom, et qui proviennent de Sézanne, cet auteur pense que c'est avec les genres actuels *Cryptocarya* et *Oreodaphne* qu'elles présentent le plus de similitude.

Loc. : *Silly-la-Poterie*.

Cinnamomum, *voisin de* **Larteti**, Wat. (fig. 141, 142, 142 *a*).

Feuilles assez variables, ovales oblongues, les unes longuement atténuées au sommet, les autres plus larges et plus obtuses au sommet, comme le montrent

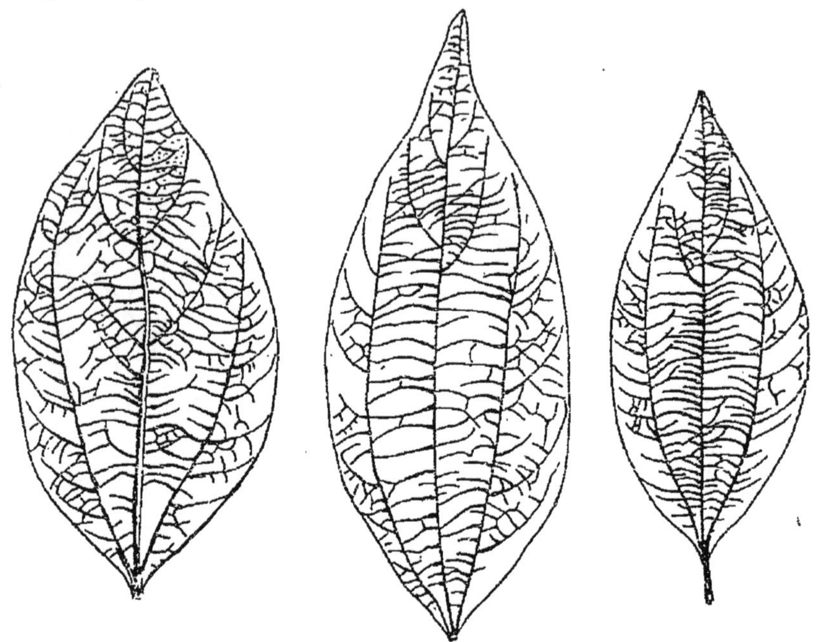

Fig. 141, 142, 142 *a*.
Cinnamomum Larteti. Feuilles réduites de 1/3 (d'après Watelet).

nos figures. Ces feuilles sont également très variables dans leurs dimensions, les plus petites ont environ de 5 à 6 centimètres de hauteur, les plus grandes peuvent atteindre 10 centimètres de haut. Ces feuilles sont assez répandues dans le gisement de *Silly-la-Poterie*.

Sterculiacées.

Dombeyopsis lignitum, Wat. (fig. 143).

Le contour de la feuille est inconnu, dit Watelet, les nervures sont bien nettes. La nervure médiane divise le limbe en parties inéquilatérales; elle est assez forte;

simple et droite, elle porte vers le haut quelques nervures secondes fines, mais qui se distinguent nettement du réseau. On constate dans chaque moitié, deux nervures latérales divergentes, simples et presque droites. Le réseau est analogue à celui de ces congénères.

Loc. : *Issy*, *Vanves*.

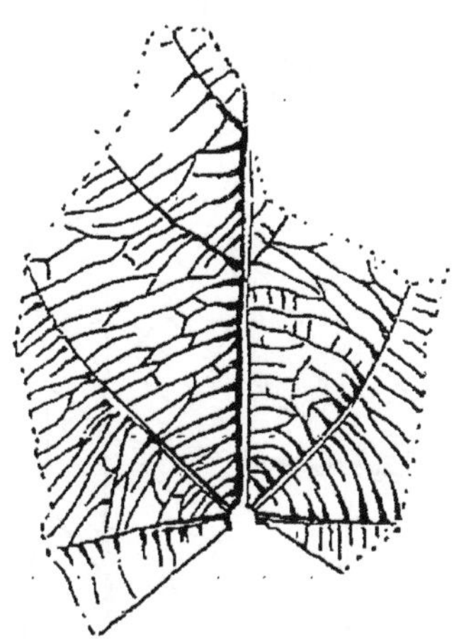

Fig. 143. — *Dombeyopsis lignitum*, Wat. Grand. nat. (d'après. Watelet).

Araliacées.

Aralia, *voisin de* **demersa**, Sap. et Mar. (fig. 144).

On rencontre assez fréquemment à Silly des feuilles ou folioles que nous croyons pouvoir rapporter à celles de la flore de Gelinden que de Saporta et Marion ont désignées sous le nom de *A. demersa;* comme ces auteurs le font remarquer, ces folioles ont beaucoup d'analogie avec celles des *Sciadophyllum* actuels et aussi avec *A. integra*, Hort.

Aralia, *voisin de* **Looziana**, Sap. et Mar. (fig. 145).

C'est encore à une espèce de Gelinden que nous croyons devoir rapporter certaines empreintes qui se rencontrent dans l'argile plastique et le conglomérat de Meudon. Ce sont des feuilles trilobées à bords fortement dentelés, surtout sur les côtés des lobes qui se terminent par une pointe très aiguë. Ces empreintes sont généralement fragmentaires ce qui laisse quelques doutes sur la légitimité de notre attribution.

Loc. : *Arcueil*, *Issy*, *Vanves*.

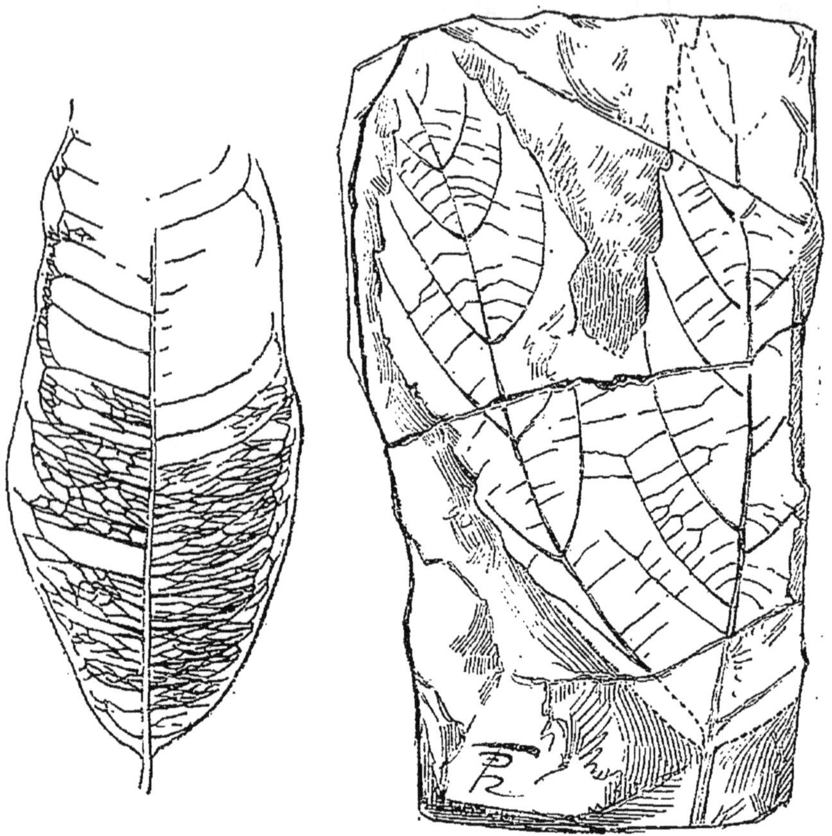

Fig. 144. *Aralia demersa*, Sap. Fig. 145. *Aralia Looziana*, Sap.
Feuilles réduites de 1/3 environ.

Dicotylédones gamopétales.

Sapotées.

Sapotacites, *voisin de* **belenensis**, Wat. (fig. 174 p. 164).

Nous nous croyons autorisé à rapporter à cette espèce des feuilles qui se trouvent dans l'argile plastique de Silly. Les dimensions et la nervation concordent suffisamment avec la figure, de cette espèce donnée par Watelet pour autoriser ce rapprochement.

Loc. : *Silly-la-Poterie.*

§ 3. — Etage Yprésien.

A cet étage appartient la flore des grès de Belleu, décrite par Watelet dans son *Histoire des végétaux du bassin de Paris*. Ces grès d'abord considérés comme supérieurs aux lignites, doivent être reportés, suivant les observations de M. Gosselet, au sommet des sables glauconifères de la vallée de l'Aisne.

PHANÉROGAMES ANGIOSPERMES

Monocotylédones.

Naïadacées.

Représentées soit par des tiges, des rhizomes ou des feuilles.

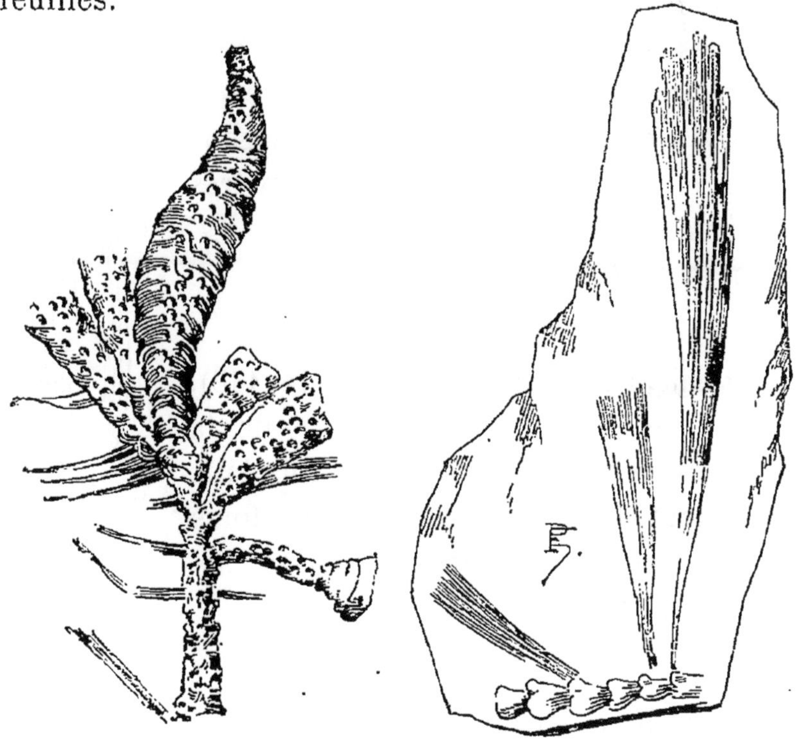

Fig. 146. *Caulinites digitatus*, Wat., souche.

Fig. 147. *Caulinites gibberosus*, Wat., tige feuillée.

Figures réduites de 1/3 (d'après Watelet).

Tiges et souches.

Caulinites digitatus, Wat. (fig. 146).

Cette espèce est remarquable par sa souche cespiteuse à segments nombreux, fusiformes, marqués d'un grand nombre de cicatrices foliaires punctiformes rapprochées. Les feuilles sont linéaires, simples, à nervures médianes et secondaires parallèles, peu visibles.

Commun à *Belleu.*

Caulinites gibberosus, Wat. (fig. 147).

Cette espèce diffère de la précédente par ses tiges auxquelles les fortes saillies laissées par les cicatrices foliaires donnent un aspect noueux très caractéristique. Les feuilles plus élargies que dans l'espèce précédente sont obscurément marquées de fines nervures longitudinales.

Loc. : *Belleu.*

Feuilles.

Potomageton eocenicus, Wat. (fig. 148).

Dans cette espèce la largeur de la feuille est contenue environ cinq fois dans sa hauteur. Les nervures sont très fines et ne se voient que très difficilement.

Loc. : *Belleu, Pernant.*

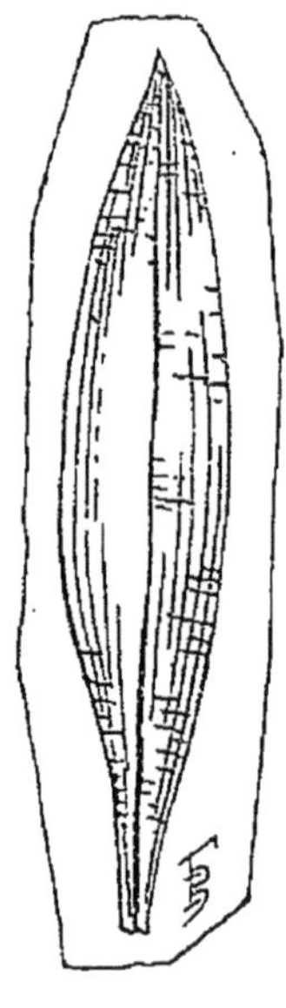

Fig. 148. *Potomageton eocenicus* Wat.

Palmiers.

Représentés par des troncs et par des frondes.

Palmacites echinatus, Ad. Brong.

Cette espèce est connue par une tronc qui a été fréquemment représenté, aussi nous contenterons-nous de donner quelques mots de diagnose, d'après Brongniart : Tronc cylindrique, présentant des rudiments de la base des pétioles qui sont disposés en spirales très serrées, ils sont contigus, elliptiques, tranchants sur les côtés, un peu aplatis au-dessus, convexes en dessous et vont en s'épaississant et en s'élargissant vers la base.

Loc. : *Vailly (vallée de l'Aisne).*

Flabellaria Goupili, Wat. (Pl. 25, fig. 1).

Fronde formée d'environ douze segments étroits, écartés les uns des autres et ne laissant pas voir de nervures. Le pétiole large de 28 millimètres est acuminé au sommet et finement strié sur toute sa longueur. Loc. : *Noyon (Oise).*

Liliacées.

Smilacites Lyelli, Wat. (fig. 149).

Feuille hastée, cordée à la base, obtuse au sommet,

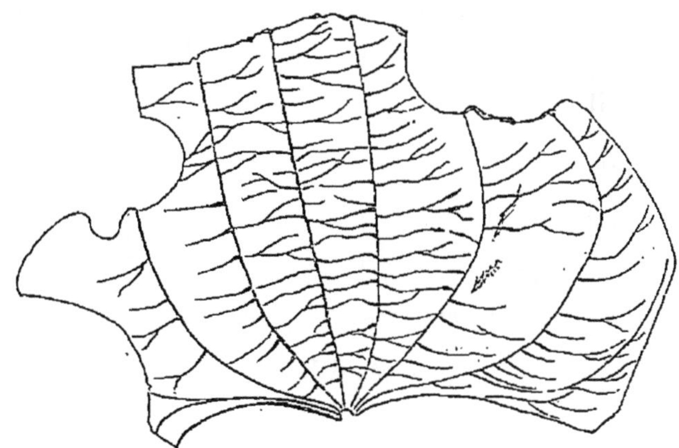

Fig. 149. — *Smilacites Lyelli*, Wat. Réd. 1/3 (d'après Watelet).

à bords entiers, nervure médiane droite, les six autres (trois de chaque côté) d'autant plus recourbées qu'elles sont plus rapprochées des bords et toutes reliées entre elles par des veinules transverses un peu sinueuses.

Loc. : *Belleu.*

Iridinées.

Cannophyllites Ungeri, Wat. (fig. 150).

La nervure médiane est très prononcée mais non saillante ; les secondaires fines et serrées formant avec elle des angles très aigus. Loc. : *Belleu.*

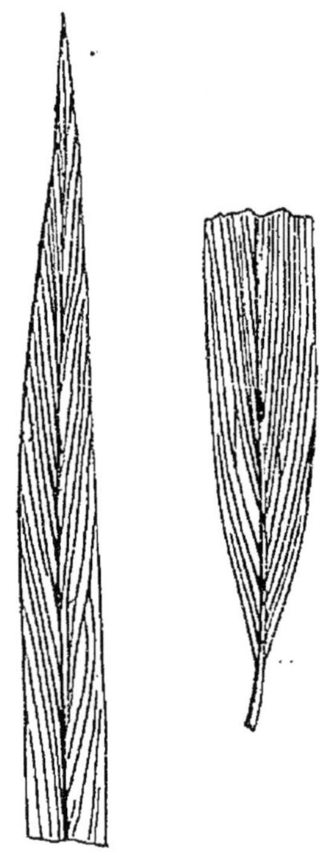

Fig. 150.
Cannophyllites Ungeri, Wat.
Réd. de 1/3

Fig. 151.
Carpinus suessionenis, Wat.
Réd. de 1/2

(d'après Watelet).

Dicotylédones Apétales.

Cupulifères.

1	Feuilles à bords *denticulés*......	Carpinus.
	Feuilles à bords *simples* ou largement *lobulés*..........................	Quercus. 2

2	Feuilles à bords *lobulés*.........	Q. paucinervis.
	— à bords *simples*.........	3.
3	Feuille atténuée *en pointe* au sommet............................	Q. Lamberti.
	Feuille *arrondie* et émarginée au sommet..........................	Q. spathulata.

Carpinus suessionensis, Wat. (fig. 151).

Feuille pouvant atteindre 15 centimètres de longueur, effilée au sommet, à contour dentelé irrégulièrement. Les nervures secondaires sont nombreuses, irrégulièrement alternes ou opposées, elles sont légèrement courbes, et un peu infléchies sur la nervure médiane. Réseau veineux extrêmement fin.

Loc.: *Belleu.*

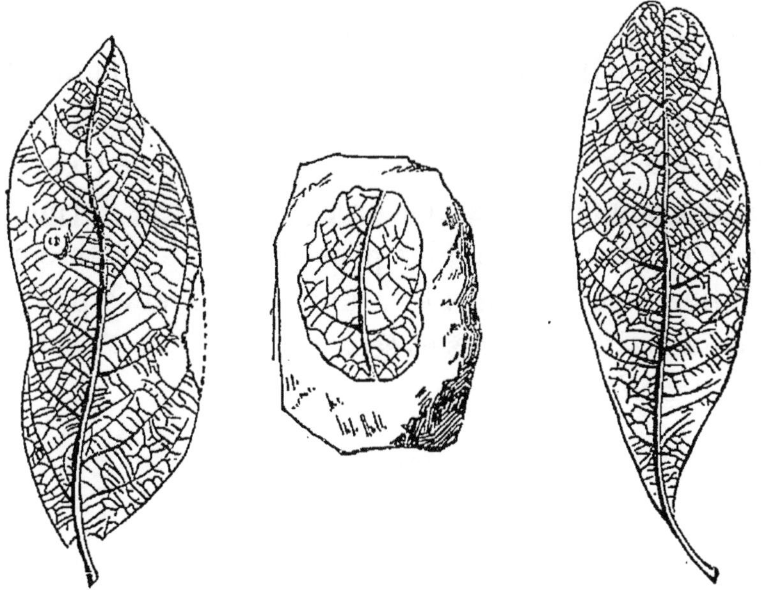

Fig. 152. — *Quercus Lamberti*, Wat. Fig. 153. — *Quercus paucinervis*, Wat. Fig. 154. — *Quercus spatulata*, Wat.
Réd. de 1/3 (d'après Watelet).

Quercus paucinervis, Wat. (fig. 153).

Cette espèce, de petite taille, est arrondie aux deux

extrémités de la feuille dont les bords sont largement lobulés, à lobes arrondis. Nervures secondaires peu nombreuses (trois paires de chaque côté de la médiane) réseau à mailles larges. (Rare).

Loc. : *Belleu.*

Quercus Lamberti, Wat. (fig. 152).

Feuille atténuée en pointe au sommet et arrondie vers la base ; la nervure médiane est flexueuse, les secondaires sont irrégulièrement alternes et sinueuses. Le réseau est formé par des veinules transverses dont la disposition est absolument analogue à celle qui s'observe dans les espèces vivantes.

Loc. : *Pernant, Belleu.*

Quercus spatulata, Wat. (fig. 154).

Feuille sensiblement de la même taille que la précédente, mais à contour plus étroit, elle est aussi plus acuminée à la base, arrondie et même un peu émarginée au sommet. Les nervures secondaires forment avec la médiane des angles presque droits, elles sont irrégulièrement alternes et réunies entre elles par un réseau à mailles assez serrées.

Loc. : *Belleu.*

Juglandées.

Juglans peramplus, Sap. (Pl. 26, fig. 1).

Belle feuille ovale oblongue dont la taille peut atteindre 18 centimètres de haut sur 7 à 8 de large. Nous avons donné les principaux caractères de cette espèce quand nous l'avons signalée dans la flore de Sezanne (voyez p. 123).

Loc. : *Belleu.*

Myricées.

1	Feuille très étroite, atténuée en pointe aux deux extrémités ; *finement dentelée sur les bords*............	Myrica.
	Feuille plus large, atténuée en pointe à la base, tronquée au sommet ; *à bords lobés ou largement dentés*........................	2. Comptonia.
2	Lobes *arrondis* transversaux.....	C. suessionensis.
	Lobes *en dents de scie* plus ou obliquement disposés.............	C. ovatiloba.

Myrica Marceauxi, Wat. (Pl. 25, fig. 2).

Feuille très longue très étroite, longuement atténuée aux deux extrémités ; on voit sur le contour des dents en scie. Pédoncule fort. Nervures secondes très fines et constituant un réseau formé de veinules qui s'anastomosent et se perdent bientôt dans le parenchyme.

Loc. : *Courcelles* (Aisne).

Comptonia suessionensis, Wat. (Pl. 25, fig. 3 et fig. 155).

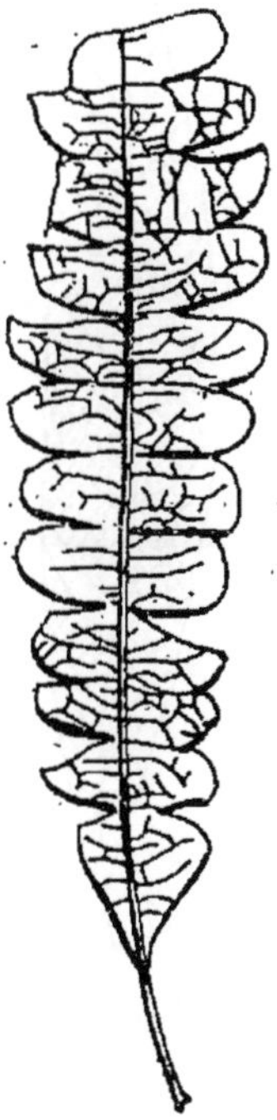

Feuille munie d'un pétiole assez long ; elle est formée par des lobes à peu près opposés et presque complètement séparés les uns des autres jusqu'à l'axe. Les lobes sont plus longs que hauts, arrondis vers le sommet quoique quelques-uns soient plus aigus ; sur la surface de chacun d'eux on observe un réseau veineux d'ailleurs peu visible. Loc. : *Belleu.*

Fig. 155. *Comptonia suessionensis*, Wat. Réd. 1/3. (d'ap. Wattelet).

Comptonia ovatiloba, Wat. sp. (Pl. 25, fig. 4 et 5).

Diffère du précédent par ses bords découpés en lobes nombreux, profonds, aigus à leur sommet et dirigés un peu vers le haut. La nervure médiane porte des nervures secondaires droites et simples qui forment des angles très ouverts et qui divisent chaque lobe en leur milieu. Réseau fin et assez irrégulier.

Loc. : *Belleu.*

Salicinées.

1	Feuilles 6 *fois* plus hautes que larges...	Salix.
	Feuilles 1 *fois* ou 1 *fois* 1/2 aussi hautes que larges.........	2. Populus.
2	Feuille petite, aussi large que haute, cordiforme............	Populus modesta.
	Feuille très grande, plus haute que large, ovale..............	Populus suessionensis.

Fig. 156. *Salix axonensis*, W. Réd. de 1/3 (d'après Watelet).

Salix axonensis, Wat. (fig. 156 et 157).

Feuille étroite, atténuée longuement aux deux extrémités, finement dentée sur les bords et munie d'un court pétiole. Nervure médiane portant un grand nombre de nervures secondaires qui forment avec elles un angle très aigu et sont généralement simples, inégales, irrégulièrement alternes et peu courbées. Le réseau veineux est fin et serré.

Loc. : *Belleu.*

Populus modesta, Wat. (fig. 158).

Feuille petite, entière, triangulaire mais arrondie fortement à la base. Nervure médiane fine et droite. Nervures secondaires presque aussi fortes que la médiane au nombre de 4 ou 5 de chaque côté de celle-ci. Elles sont simples, recourbées et s'anastomosent par leur sommet. Loc. : *Belleu.*

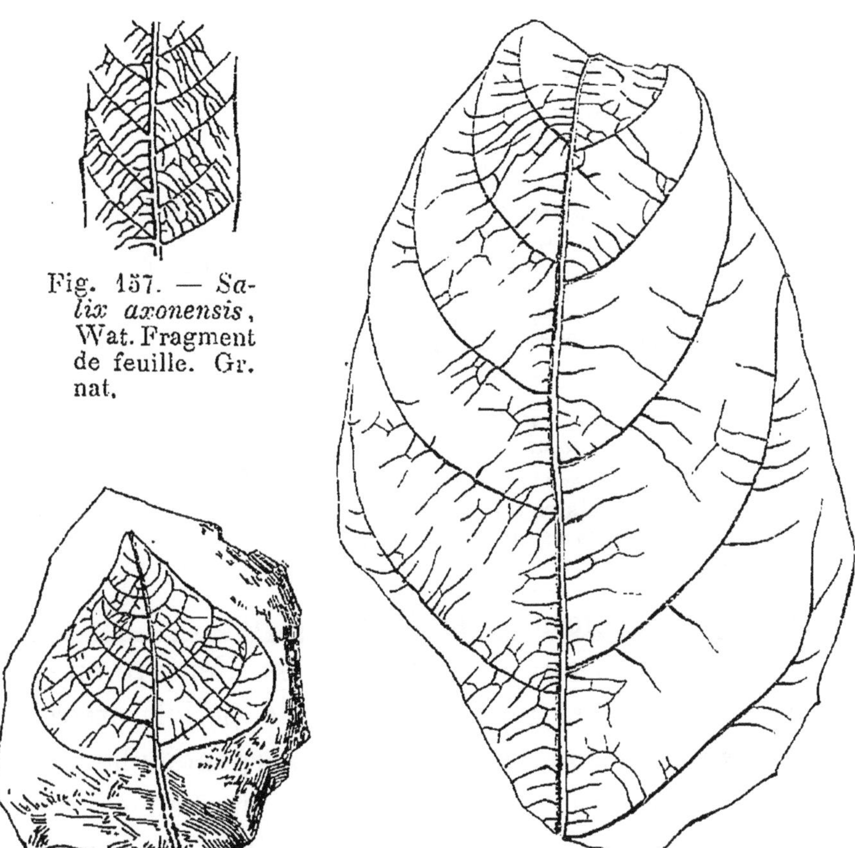

Fig. 157. — *Salix axonensis*, Wat. Fragment de feuille. Gr. nat.

Fig. 158. — *Populus modesta*, Watt. Réd. de 1/3

Fig. 159. — *Populus suessionensis*, Wat. Réd. de 1/2 (d'après Watelet).

Populus suessionensis, Wat. (fig. 159).

Diffère du précédent par ses feuilles très grandes pouvant atteindre 15 centimètres de haut, à peine cordées à bords largement ondulés. La nervure médiane forte et droite porte cinq paires de secondaires régulièement recourbées. Le réseau veineux est toujours ssez indistinct.

Loc. : *Belleu.*

Artocarpées.

1	Plus grande largeur du limbe se se trouvant au milieu de la hauteur.	2.
	Plus grande largeur du limbe se se trouvant au niveau du tiers inférieur	3.
2	Feuille de *taille moyenne*, ne dépassant pas 0,15 de haut pétiole compris........................	**Artocarpidium. Desnoyersi.**
	Feuille de *très grande taille*, pouvant atteindre 0,40 de hauteur avec le pétiole........................	**Ficus Deshayesi.**
3	Feuille arrondie à la base, nervures secondaires *nombreuses* (environ 20 paires)........................	**Ficus eocenica.**
	Feuille triangulaire à la base, nervures secondaires *espacées* (6 à 8 paires)........................	**Ficus formosa.**

Artocarpidium Desnoyersi, Wat. (fig. 160).

Feuille atténuée aux deux extrémités. Nervure médiane assez forte, se terminant par un pétiole assez ong. Nervures secondaires, presque perpendiculaires la médiane près du pétiole, mais s'inclinant à mesure u'on se rapproche du sommet de la feuille; elles sont uelquefois très onduleuses, et forment vers les bords ne espèce de feston. Réseau irrégulier, toujours bien istinct.

Loc. : *Belleu, Pernant.*

Ficus Deshayesi, Wat. (fig. 138, p. 141).

Cette espèce, que nous avons déjà signalée dans l'arile plastique, est reconnaissable entre toutes par ses randes dimensions puisque le limbe seul peut atteindre jusqu'à 40 centimètres de hauteur sur 15 de largeur.

Loc. : *Belleu*, *Pernant*, etc.

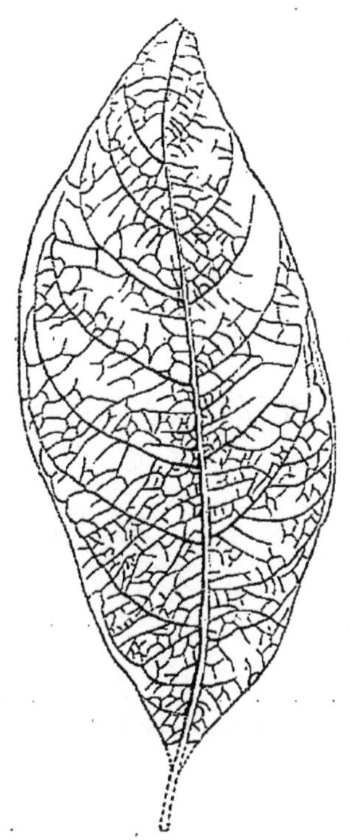

Fig. 260. — *Artocarpidium Desnoyersi*, Wat. Réd. de 1/3 (d'après Watelet).

Fig. 161. — *Ficus eocenica*, Wat. Réd. de 1/3 (d'après Watelet).

Ficus eocenica, Wat. (fig. 161).

Feuille un peu atténuée au sommet, brusquement arrondie à la base, à contour un peu onduleux.

Nervure médiane donnant naissance à des nervures secondaires nombreuses (20 de chaque côté) qui vers les bords s'arrondissent brusquement et s'anastomosent entre elles. Entre celles-ci il en existe d'autres, peu nombreuses, qui se perdent vers le milieu de espace qui sépare la nervure médiane des bords.

Loc. : *Pernant.*

Ficus formosa, Wat. (fig. 162).

Cette espèce, voisine de la précédente par la forme,

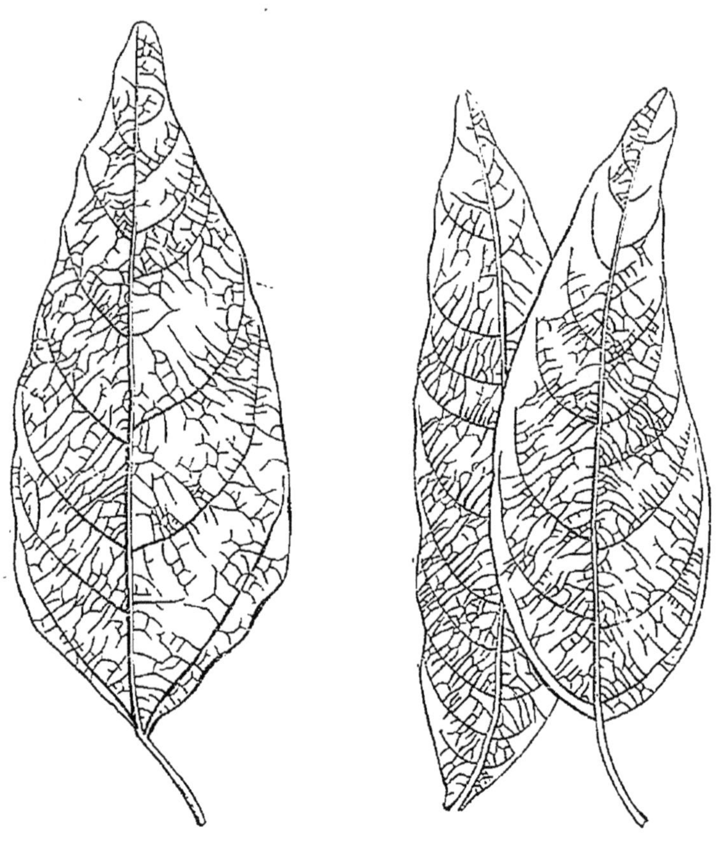

Fig. 162. — *Ficus formosa*, Wat. Réd. de 1/2
Fig. 163. — *Anona lignitum*, Ung. Réd. de 1/2
(d'après Watelet).

s'en distingue par ses dimensions toujours plus fortes, le limbe pouvant atteindre 15 centimètres de hauteur, par la forme de son contour qui est fortement sinueux sur les côtés et triangulaire à la base. Les nervures secondaires sont aussi beaucoup moins nombreuses

(8 de chaque côté de la médiane), plus courbées, mais restant libres à leurs extrémités. Les deux inférieures courent presque parallèlement aux bords de la feuille.

Loc. : *Belleu.*

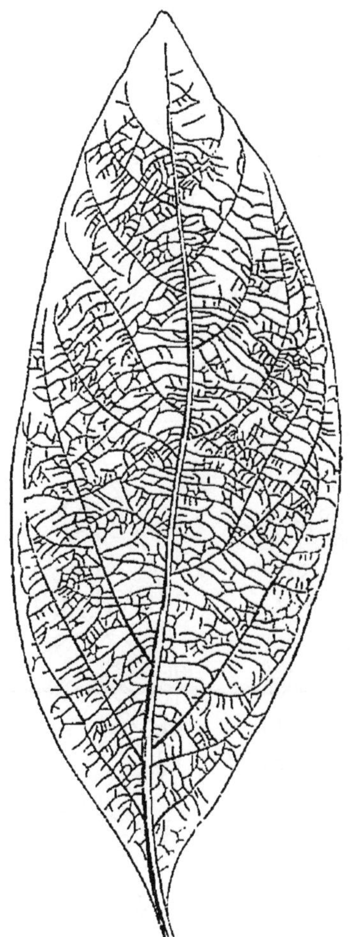

Fig. 164. — *Persea Brongniarti*, Wat. Réd. de 1/2 (d'après Watelet).

Dicotylédones dialypétales.

Anonacées.

Anona lignitum, Ung. (fig. 163).

Les feuilles de cette espèce, qui atteignent 15 centimètres de haut, ont les bords un peu onduleux; leur contour peut varier de forme, comme le montrent nos figures, il est tantôt arrondi à la base, tantôt atténué en pointe, aussi bien dans cette partie qu'au sommet.

Le nombre des nervures secondaires est aussi très variable, ces nervures sont courbées en arcs irréguliers et libres à leur extrémité.

Loc. : *Belleu.*

Laurinées.

Feuilles à nervation *penninerve*. { **Persea.** **Laurus.**

Feuilles à nervation *triplinerve*. { **Cinnamomum.** **Daphnogene.**

Persea Brongniarti, Wat. (fig. 164).

Feuille de très grande taille, atteignant 20 centimètres de hauteur, à peine ondulée sur les bords. Les nervures secondaires sont toujours irrégulièrement alternes, relativement peu nombreuses, simples ou bifurquées. Réseau veineux formé de mailles assez régulières, qui circonscrivent parfois un réseau plus serré. Loc. : *Belleu*, *Pernant*.

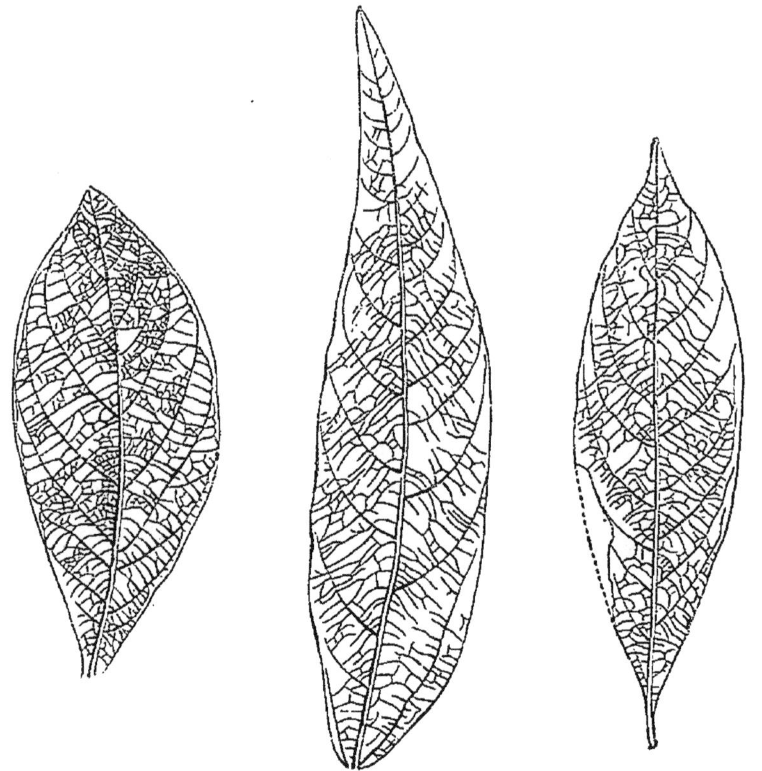

Fig. 165. — *Persea belenensis*, Wat. Fig. 166. — *Laurus attenuata*, Wat. Fig. 167. — *Laurus excellens*, Wat.
Toutes ces figures réduites de 1/2 (d'après Watelet).

Persea belenensis, Wat. (fig. 165).

Cette espèce est voisine de la précédente par sa

forme générale, elle est cependant un peu plus élargie, moins atténuée au sommet, elle s'en distingue aussi par plus de régularité dans la disposition des nervures secondaires et surtout par sa taille, qui est environ moitié moindre.

Loc. : *Belleu.*

Laurus attenuata, Wat. (fig. 166).

Feuille allongée, longuement atténuée en pointe au sommet, arrondie à la base, bord onduleux sur toute son étendue. Le limbe porte inférieurement deux nervures très redressées, les suivantes, formant avec la primaire un angle plus largement ouvert, sont courbes assez nombreuses et toutes sont réunies entre elles par un réseau formé de mailles irrégulières.

Loc. : *Belleu.*

Laurus excellens, Wat. (fig. 167).

Belles feuilles, dont les plus grandes peuvent atteindre 12 à 15 centimètres, elles sont régulières, à bord légèrement onduleux, atténuées en pointe au sommet et à la base. Les nervures secondaires sont assez régulièrement disposées et presque opposées.

Loc. : *Belleu.*

Cinnamomum Larteti, Wat. (fig, 141, 142, p. 143).

Nous avons donné précédemment (voy. p. 143) les principaux caractères et les figures de cette espèce qui est très répandue à Belleu.

Cinnamomum formosum, Wat. (fig. 168).

Se distingue du précédent par une forme moins ovale, atténuée beaucoup plus longuement au sommet. Les nervures secondaires paraissent presque toujours opposées par paires. Les plus grandes feuilles peuvent atteindre 9 centimètres de hauteur.

Loc. : *Belleu.*

Daphnogene Heeri, Wat. (fig. 169).

Feuilles largement ovales, arrondies à la base, en pointe au sommet. Les deux nervures latérales subopposées et partant du dessus de la base du limbe. Pétiole grêle et assez long. Nervures transverses fines et peu visibles. Loc. : *Belleu.*

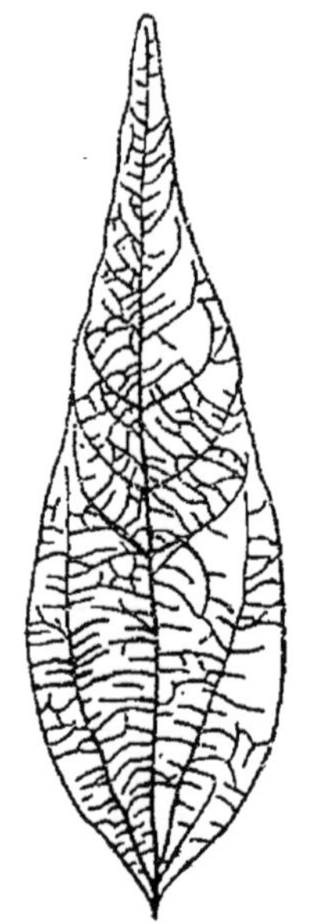

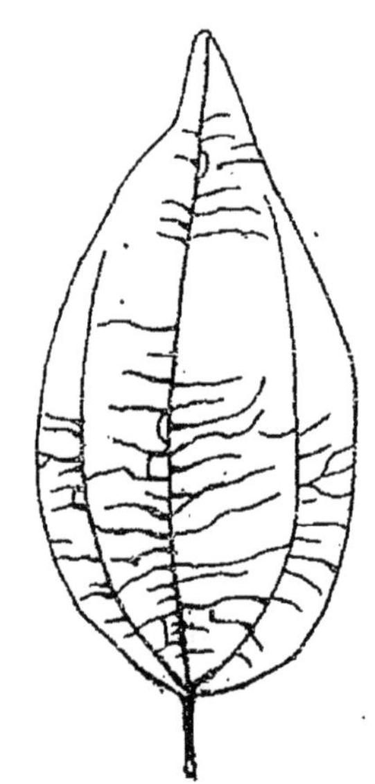

Fig. 168. — *Cinnamomum formosum*, Wat. Fig. 169. — *Daphnogene Heeri*, Wat.
Feuilles réduites de 1/3 (d'après Watelet).

Daphnogene pedunculata, Wat. (fig. 170).

Cette espèce, variable, semble former le passage de la précédente à la suivante. Certaines feuilles étant ovales d'autres oblongues rétrécies. Le pétiole est long, grêle, mais renflé à la partie qui s'insérait sur la tige.

Loc. : *Belleu.*

Daphnogene oblonga, Wat. (fig. 171).

Feuilles beaucoup plus petites que dans l'espèce précédente, ovales oblongues, très étroites. Les nervures latérales naissent un peu au-dessus de la base du limbe et à des distances inégales. Les nervures transverses sont très fines et rares. Pétiole grêle.

Loc. : *Belleu.*

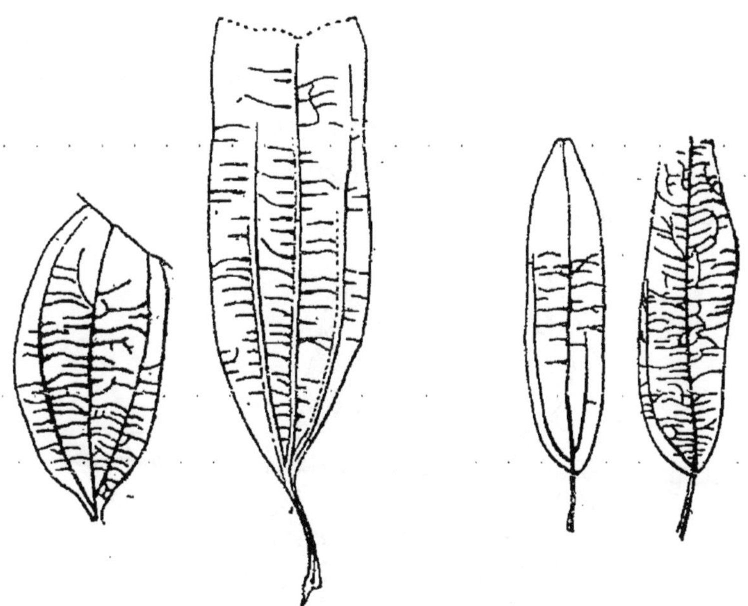

Fig. 170. — *Daphnogene pedunculata*, Wat. Fig. 171. — *Daphnogene oblonga*, Wat.
Feuilles réduites de 1/3 (d'après Watelet).

Sterculiacées.

Sterculia Duchartrei, Wat. (Pl. 26, fig. 3).

Feuille trilobée, arrondie à la base, lobes presque égaux aigus au sommet, à bords entiers. La nervure médiane, ainsi que les latérales, parcourent toute la longueur des lobes ; elles sont reliées entre elles par des veinules transverses assez irrégulières. Loc. : *Belleu.*

Sapindacées.

Acer Lyelli, Wat. (Pl. 26, fig. 2 et fig. 172).

Feuilles variables dans leur forme, comme le montre nos figures, les unes plus développées longitudinalement les autres transversalement. Lobe médian toujours plus développé que les latéraux. Les bords paraissent dépourvus de dentelures. Les nervures primaires, qui sont droites, émettent des nervures secondaires irrégulièrement alternes, simples et plus ou moins recourbées, toutes sont reliées par un réseau veineux à mailles serrées irrégulières.

Loc. : *Belleu.*

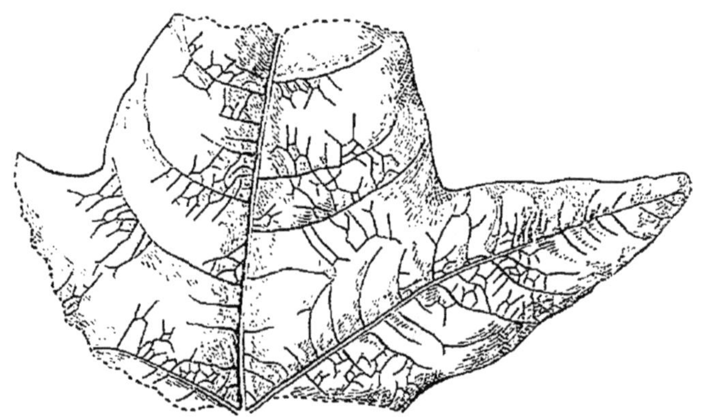

Fig. 172. — *Acer Lyelli,* Wat. Réd. de 1/2 (d'après Watelet).

Légumineuses.

Les restes appartenant à cette famille sont assez nombreux dans les grès de Belleu, ils sont de deux sortes, des feuilles et des fruits (légumes), ce sont ces derniers organes qui sont les plus communs.

Acacia Brongniarti, Wat. (Pl. 26, fig. 4 et 5).

Légume six à sept fois plus long que large, fortement comprimé et présentant un rostre terminal incurvé, long et fort; des plis nombreux et bien marqués, résultant de la présence et de la forme des fruits et du funicule, se voient sur toute l'étendue de l'organe. Loc. : *Belleu*, *Pernant*.

Acacia Saportæ, Wat. (Pl. 26, fig. 6 et 7 et fig. 173).

Diffère du précédent par son légume elliptique, falciforme, bordé d'une marge amincie, le sommet un peu arrondi se termine en pointe mais n'est point rostré. Toute la surface de l'organe est élégamment ornée par un réseau très compliqué de veinules. Loc. : *Belleu*.

Fig. 173.
Acacia Saportæ, Wat.

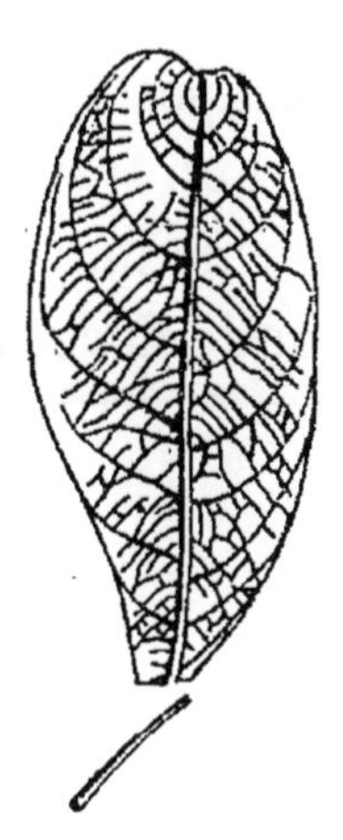

Fig. 174.
Sapotacites belenensis, Wat.

Figures réduites de 1/3 (d'après Watelet).

Dicotylédones gamopétales.

Sapotacées.

Sapotacites belenensis, Wat. (fig. 174).

Feuille à pétiole assez long, à limbe atténué à la base,

arrondi et émarginé au sommet. Nervure médiane droite, émettant des nervures secondaires assez nombreuses, un peu flexueuses, qui s'arrondissent d'autant plus qu'elles sont plus rapprochées du sommet. Réseau veineux très fin, constitué par des nervures transverses.

Loc. : *Belleu.*

§ 4. — Étage Lutétien.

Cet étage fournit deux flores, contenues toutes deux dans les assises du Calcaire grossier parisien. L'une, exclusivement marine, fournit des algues recueillies dans le « BANC ROYAL » horizon moyen de la formation; l'autre, composée de plantes d'eau douce ou terrestres provient d'un niveau un peu plus élevé : du « BANC VERT »; terme moyen du calcaire grossier supérieur; cette seconde flore est encore peu connue.

CRYPTOGAMES

Algues.

Fucus Brongniarti, Wat. (fig. 175 et Pl. 28, fig. 1).

Fronde plane, irrégulièrement dichotome, striée; sur les limbes on remarque des vésicules caves, ovoïdes, géminées, qui ressemblent bien à celles des vrais Fucus.

Loc. : Banc royal. *Jouy* (*Aisne*).

Corallinites Micheloti, Wat. (Pl. 28, fig. 3).

Fronde rameuse, dichotome, les rameaux sont uniformes comme diamètre et s'insèrent toujours au sommet d'une cellule plus large que les autres; ces cellules sont toutes cylindriques, moins hautes que larges, peu ou pas renflées au milieu.

Loc. : Banc royal. *Arcueil* (*Seine*), *Jouy* (*Aisne*).

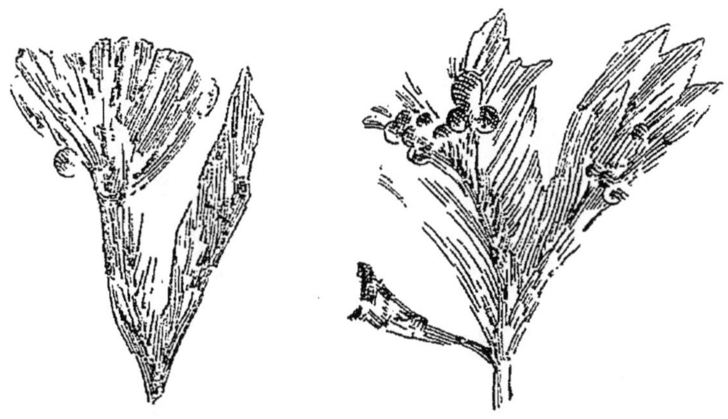

Fig. 175. — *Fucus Brongniarti*, Wat. Réd. de 1/3 (d'après Watelet).

Sphærococcites Lerouxi, Wat. (fig. 176).

Fronde plane, irrégulièrement dichotome, formée de trois lobes dressés, chacun de ces segments se divise en plusieurs autres qui sont aussi larges que le précédent et sont tronqués au sommet. Surface lisse.

Loc. : Banc royal. *Jouy* (*Aisne*).

Nitophyllum Beaumontanum, Bur. (fig. 177, 178).

Fronde atténuée à la base en un pédoncule étroit et très long, dilatée au-dessus de ce pédoncule et divisée en lobes latéraux nombreux assez larges, cunéiformes arrondis, terminée au sommet par un lobe plus développé que les autres et spatuliforme. Toute la surface de la fronde est parcourue par une réseau de fines nervules qui sortent en faisceau du pédoncule et se répandent dans les lobes par dichotomies irrégulières.

Fig. 176.

Fig. 177. Fig. 179. Fig. 178.

Fig. 176. *Sphærococcites Lerouxi*, Wat. — Fig. 177-178. *Nitophyllum Beaumontanum*, Bur. Frondes réduites de 1/3 (d'après Watelet). — Fig. 179. *Chara Lemani*, A. Brg. Graine fortement grossie (d'après Brongniart).

Loc. : *Arcueil Bagneux*, les échantillons figurés d'après Wattelet proviennent de la Glacière (Paris).

Characées.

Chara Lemani, Ad. Brong. (fig. 179).

Cette espèce est représentée par un fruit oblong, obtus au sommet et tronqué à la base, présentant six vulves spirales larges et arrondies.

Loc. : Banc vert : *Passy* et *Acy-en-Multien.*

Chara helicteres, Brong. (Pl. 27, fig. 4), et **Chara medicaginula**, Brong. (Pl. 28, fig. 4).

PHANÉROGAMES GYMNOSPERMES

Conifères.

Représentés par des rameaux ou des cônes.

Rameaux.

Callitris Brongniarti, Endl. (fig. 180).

On ne rencontre généralement que de petites portions de rameaux : ceux-ci alternes, comprimés et articulés, à feuilles petites, acuminées au sommet ; les strobiles que l'on rencontre quelquefois sont petits, ovales et globuleux, situés latéralement sur les rameaux. Cette espèce est très commune dans l'oligocène.

Loc. : *Arcueil, Bagneux, Montrouge* (*Seine*) et *Troësnes* (*Aisne*).

Cônes.

Pinus Defrancei, Ad. Brong. (fig. 181).

Beau cône cylindrique, long et terminé au sommet et à la base, par des parties arrondies. Les écailles, nombreuses, sont convexes, carénées sur le dos, leur sommet est obtus, et largement recourbé en dehors.

Loc. : *Arcueil, Bagneux* (rare).

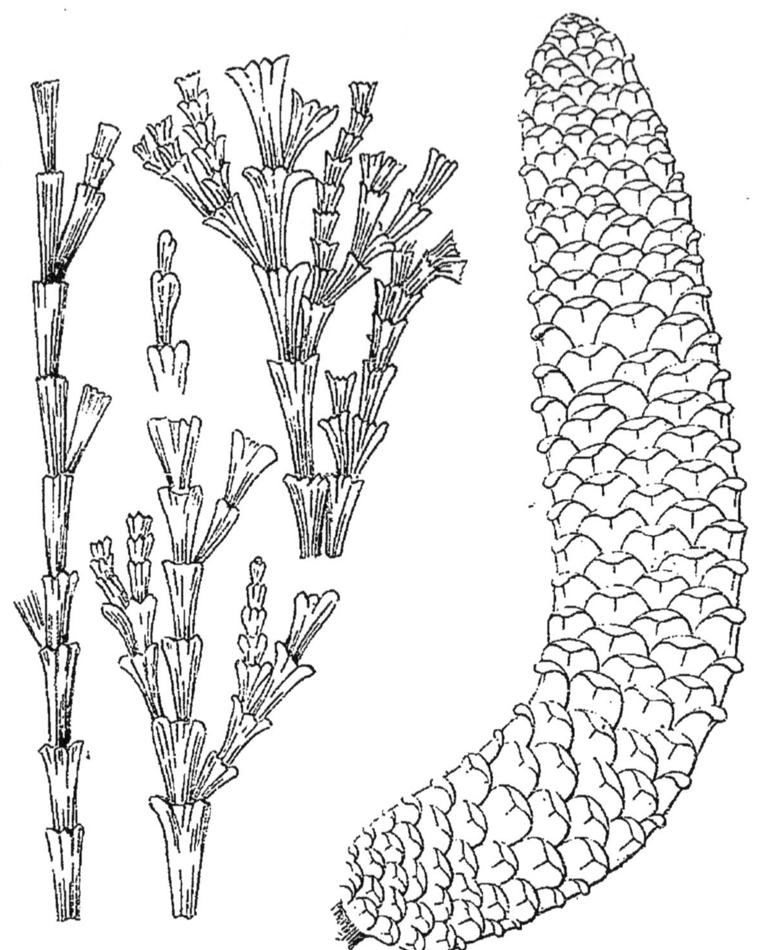

Fig. 180. — *Callitris Brongniarti*, Endl. Rameaux grossis 3 fois (d'après Watelet).

Fig. 181. — *Pinus Defrancei* A. Brg. Cône réduit de 1/3 (d'après Brongniart).

PHANÉROGAMES ANGIOSPERMES

Monocotylédones.

Naïadacées.

Sont représentées dans le calcaire grossier soit par des rhizomes décrits sous le nom de Caulinites et provenant de plantes voisines des Zostères, soit par des feuilles que l'on rapportent aux Potamots.

Rhizomes.

Cymodoceites parisiensis, A. Brong. sp. (Pl. 27, fig. 1 et 2).

Tige rameuse, marquée de cicatrices arrondies, nombreuses, laissées par les racines. Rameaux rapprochés, ellipsoïdes, à surface marquée par des cicatrices nombreuses et serrées laissées par les feuilles dont les empreintes font paraître les rameaux ciliées sur les bords.

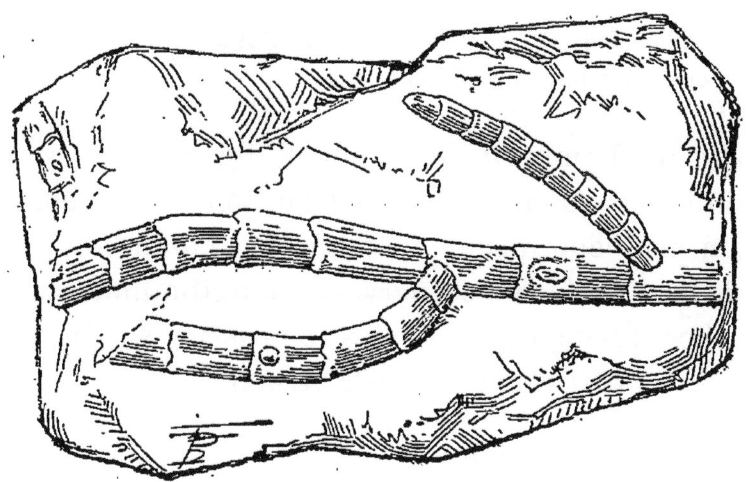

Fig. 182. — *Caulinites ambiguus*, Brg. Gr. nat. (d'après Cuvier et Brongniart).

Caulinites ambiguus, A. Brong. (fig. 182).

On rencontre assez fréquemment à Arcueil des fragments qu'il convient de rapporter à cette espèce qui n'était connue de Brongniart que par un fragment. Les rameaux naissent sur le côté de la tige, un peu audessous d'une articulation, et les cicatrices des feuilles embrassent au moins la moitié de la tige. Les ponctuations paraissent fort rares ; deux seulement sont visibles sur l'échantillon type.

Loc. : *Grignon, Arcueil, Gentilly*, etc.

Caulinites Wateleti, A. Brong. (Pl. 29, fig. 1).

Tiges cylindriques à ramifications irrégulièrement distribuées par trois et même quatre ; les cicatrices foliaires sont disposées sans ordre, mais ce qui distingue surtout cette espèce des précédentes c'est l'absence complète sur la tige de cicatrices laissées par les radicelles. Loc. : *Marizy-Sainte-Geneviève* (*Aisne*).

FEUILLES

Feuilles *longues*, rubanées........	**Zosterites.**
Feuilles *ovales*, plus ou moins allongées	**Monochoria.**

Zosterites Lamberti, Wat. (pl. 28, fig. 2).

Feuilles en rubans, arrondies au sommet, quelquefois un peu acuminées ; avec une forte loupe on peut voir à leur surface des nervures longitudinales très fines. Loc. : Banc royal et calcaire grossier supérieur : *Arcueil, Gentilly* (*Seine*), *Brasle* (*Aisne*).

Pontédériacées.

Monochoria parisiensis, Sap. sp. (Pl. 29, fig. 2).

Cette espèce, ancien *Potomageton multinervis*, de Brongniart, a été citée par cet auteur comme provenant de l'argile plastique de la plaine de Montrouge, mais elle n'appartiendrait pas réellement à cette formation, Pomel l'ayant trouvée, à Vaugirard, dans une couche ligniteuse dépendant du banc vert ; elle a été retrouvée depuis dans les marnes sableuses du Trocadéro, d'où Saporta la décrivit comme *Ottelia ;* c'est le professeur

Bureau qui a reconnu qu'elle devait rentrer dans le genre *Monochoria.*

Loc. : *Montrouge, Vaugirard,* etc.

Palmiers.

Flabellaria parisiensis, A. Brong. (fig. 183 et Pl. 27, fig. 3).

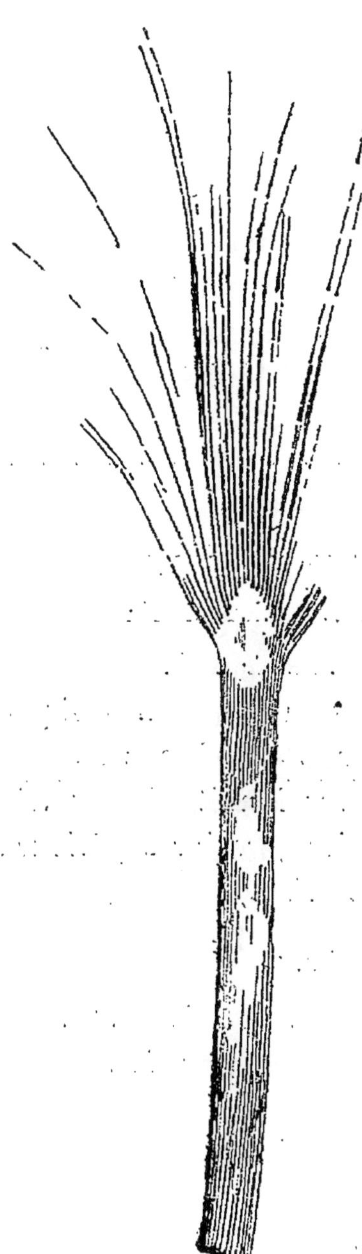

Fig. 183. — *Flabellaria parisiensis*, Brg. Réd. de 1/3 (d'après Cuvier et Brongniart).

Fig. 184. — *Nipadites Heberti*, Wat. Fruit réduit de 1/3 (d'après Watelet).

Fronde peu élargie, formée par des lobes très étroits, nombreux et rapprochés les uns des autres. Le pédoncule présente une largeur de 12 millimètres dans toute sa longueur.

Ce palmier, primitivement trouvé à Saint-Nom, était resté très rare. Nous en avons recueilli d'assez nombreux exemplaires à Bagneux et une fronde mutilée à Troësne (Aisne), il était donc vraisemblablement assez répandu.

Nipadites Heberti, Wat. (Pl. 29, fig. 3 et 4 et fig. 184).

Fruits elliptiques, comprimés et présentant quatre angles obtusément marqués et très ouverts. La surface paraît avoir subi une décomposition partielle, ce qui est attestée par des fibres plus résistantes, qui se sont moulées dans la fossilisation et qui font saillie sur la surface. Loc. : *Issy*, *Vanves*, etc.

Dicotylédones apétales.

Myricées.

Myrica subhæringiana, de Sap. (fig. 185).

Très belle espèce dont les feuilles peuvent atteindre 10 à 12 centimètres de hauteur. Elle offre tout d'abord l'aspect d'une feuille de saule (*S. viminalis*, L.), les bords sont finement denticulés; mais la nervation indique bien une espèce voisine du *M. hæringiana*, Ett, qui est très répandu dans l'Oligocène.

Loc. : *Arcueil*, *Bagneux*, *Trocadéro*, *Troësnes*.

Protéacées.

Sont représentées par des feuilles nombreuses et plus rarement par des fruits.

	Feuilles à bords *simples*........	**Grevillea parisiensis.**
	Feuilles à bords *dentés* ou *lobulés*........................	2.
2	Feuilles *en ruban* à bords dentés en scie........................	**Dryandra Micheloti.**
	Feuilles *ovales*, à bords largement lobulés, lobes aigus...............	**Banksites iliciformis.**

Grevillea parisiensis, Wat. (fig. 186, 187).

Feuille linéaire, à bords simples, atténuée inférieu-

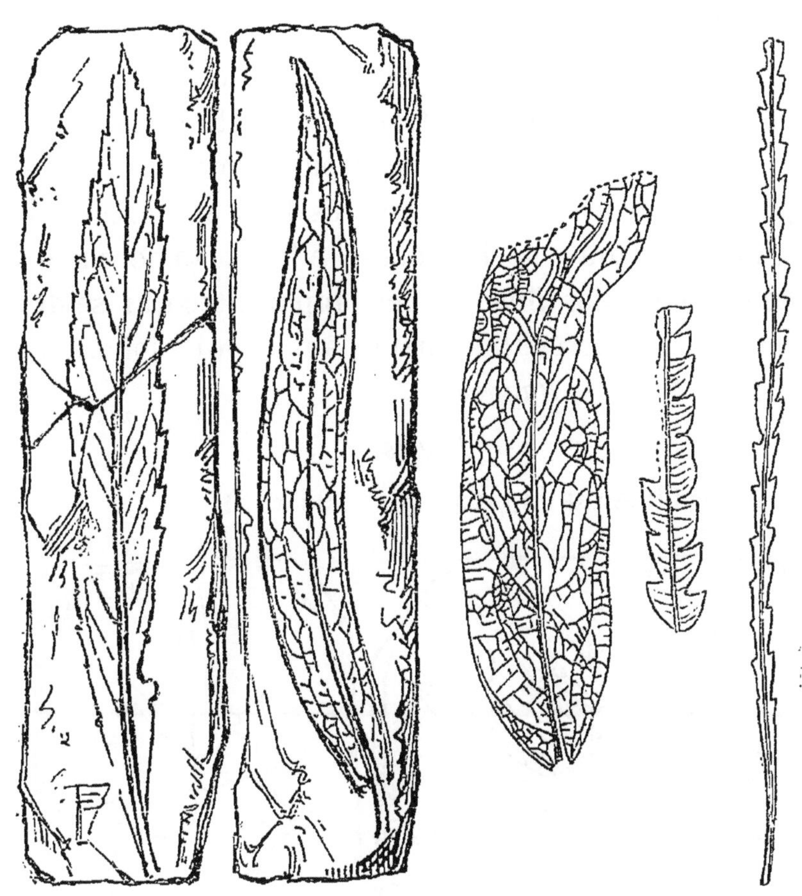

Fig. 185. — *Myrica subhæringiana*, de Sap. Gr. nature (d'après nature).

Fig. 186-187. *Grevillea parisiensis*, Watt. Gr. nature (d'après nature et Watelet).

Fig. 188. *D. Micheloti*, Watt., gr. nat. (d'après Saporta).

rement, aiguë au sommet, assez variable dans ses dimensions. Nervure médiane simple, forte ; nervures secondaires émises sous des angles variés, et s'anastomosant irrégulièrement avec les supérieures, soit en s'arrondissant, soit en se perdant dans un réseau très irrégulier, serré. Loc.: *Arcueil* (Wat.), *Bagneux*, *Troësnes*.

Dryandra Micheloti, Wat. sp. (fig. 188).

Feuille très étroite, longue et atténuée aux deux extrémités. Le contour est découpé en lobes profonds, étroits, irrégulièrement alternes, deux fois plus longs que larges et formant supérieurement un angle assez aigu. La nervure médiane est très fine et parcourt la feuille dans toute sa longueur; elle porte de chaque côté des nervules fines et peu apparentes qui se distribuent assez irrégulièrement dans chaque lobe.

Loc. : *Arcueil*, *Bagneux*.

Fruits.

Lomatia inæqualis, Wat. (fig. 195 α, β).

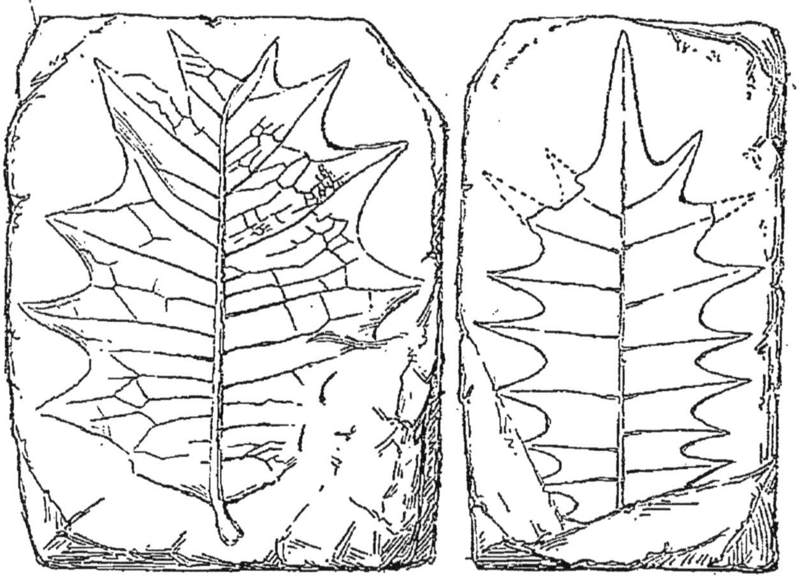

Fig. 189-190.
Banksites iliciformis, Nob. Gr. nature (d'après nature).

Fruit folliculaire, ligneux, subquadrilatère, uniloculaire, base du style persistante, rostré.

Un des côtés du fruit est en ligne droite et l'autre très bombé; le style, fort court, est rejeté sur le côté.

Loc. : *Arcueil.*

Banksites iliciformis, Nob. (fig. 189, 190).

Nous figurons sous ce nom des feuilles inédites, assez communes à Bagneux et à Troësnes et auxquelles nous trouvons beaucoup de ressemblance avec celles du *Myrica aculeata*, de Sap., de la flore d'Aix; les lobes du limbe sont cependant moins nombreux (4 à 6) dans notre espèce, ils sont plus aigus et à sinus plus arrondi. Les nervures secondaires sont émises sous un angle plus ouvert que dans les feuilles d'Aix et leur disposition se rapproche en cela beaucoup plus de ce qui se voit dans le *Banksia coccinea*, R. Br., originaire de la Nouvelle-Hollande.

Loc. : *Bagneux, Troësnes.*

Dicotylédones dialypétales.

Euphorbiacées.

Euphorbiophyllum vetus, de Sap. (fig. 191).

Espèce assez commune, mais dont les feuilles laissent à désirer comme conservation, la nervation n'étant pas toujours bien nette. De Saporta la compare aux grandes espèces qui croissent le long des côtes en Afrique et aux îles Canaries.

Loc. : *Trocadéro, Troësnes.*

Rhamnées.

Zizyphus pseudo-Ungeri, de Sap. (fig. 192, 93).

Jolie espèce dont les feuilles, fréquentes au Trocadéro, semblent plus rares dans les autres gisements.

Elles sont variables dans leurs formes, comme le montrent les figures, tantôt ovales, tantôt lancéolées, les bords sont assez fortement dentés, le réseau veineux un peu lâche. M. de Saporta le considère comme très voisin du *Z. Ungeri*, Ett., commun dans l'Oligocène du Tyrol. Loc. : *Trocadéro, Châtillon.*

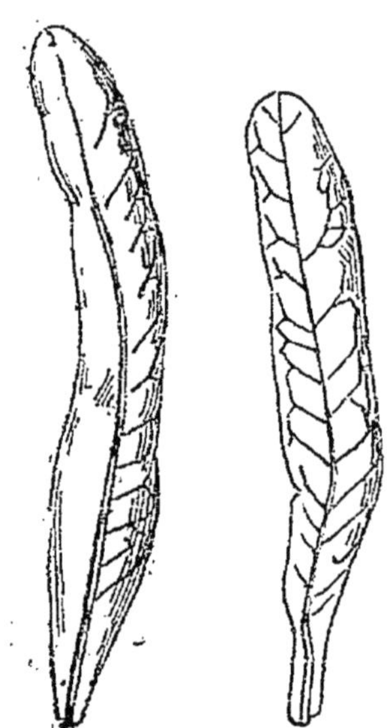

Fig. 191.
Euphorbiophyllum vetus, Sap.
Réd. de 1/4 (d'aprés de Saporta).

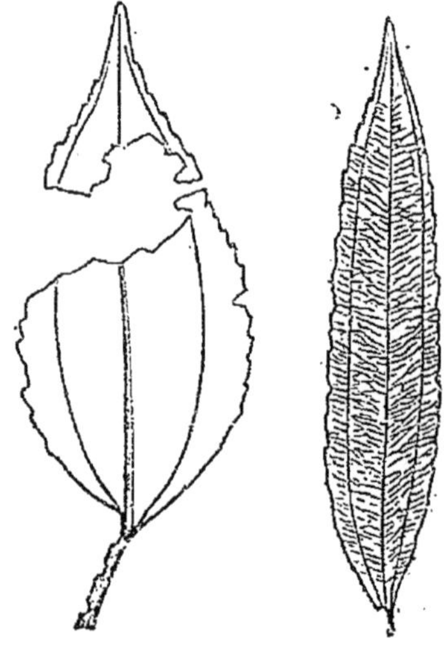

Fig. 192-193.
Zizyphus Pseudo-Ungeri, Sap.
Grand. nat. (d'après Unger).

Dicotylédones Gamopétales.

Apocynées.

Nerium parisiensis, de Sap. (fig. 194).

Les feuilles de cette espèce ont d'abord été décrites sous le nom de Tæniopteris par Watelet, qui en comptait trois espèces. Réunies depuis sous le nom de Nerium, par de Saporta, ces feuilles sont peut-être les plus communes du « banc vert » elles sont très poly-

12

Fig. 195.

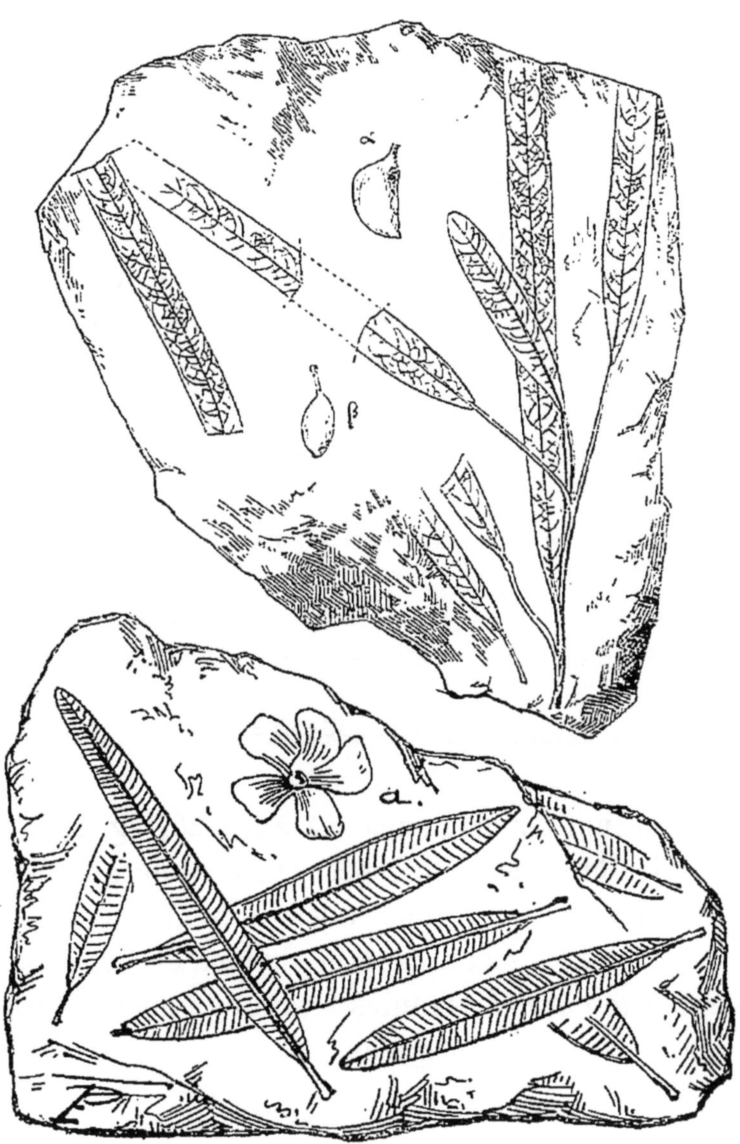

Fig. 194.

Fig. 194. — *Nerium parisiensis*, de Sap. Plaque de calcaire contenant plusieurs feuilles, *a* fleur. Grandeur de l'original (d'après nature).

Fig. 195. — *Echitonium Micheloti*, Wat. Rameau réd. de 1/3 (d'après Watelet), en α et β fruits de *Lomatia inæqualis*, Wat.

morphes et généralement de petite taille, comme le montre notre dessin.

Loc : *Arcueil*, *Bagneux*, *Châtillon*, *le Trocadéro*, *Troësnes*, etc., etc.

Echitonium Micheloti, Wat. (fig. 195).

Watelet a figuré un rameau de cette espèce avec feuilles en place, c'est sa figure que nous reproduisons ; les feuilles sont alternes, très allongées, à bords simples, atténuées à la base en un très long pétiole, arrondies au sommet. Toutes les nervures sont relativement fines et délicates.

Loc. *Arcueil*, *Bagneux*, *Troësnes*.

§ 5. — Étage Bartonien.

Flore des grès de la Sarthe et du grès des sables moyens de quelques points du bassin de Paris.

CRYPTOGAMES

Fougères.

Asplenium Cenomanense, Crié (Pl. 30, fig. 1).

Les frondes de cette espèce sont remarquables par leur division en grands lobes allongés, aigus à leur sommet, à bords simples ; la surface de ces lobes est parcourue par des veinules très longuement et un peu irrégulièrement bifurquées.

PHANÉROGAMES GYMNOSPERMES

Conifères.

Araucacites Duchartrei, Wat. (Pl. 30, fig. 2).

Cette espèce e t connue par ses rameaux qui sont longs, couverts de feuilles imbriquées, serrées, tétragones et falciformes, à sommet aigu. Le plus souvent, comme le montre notre dessin, ces feuilles ne laissent voir que des vides carrés disposés en spirale autour de la tige.

Loc : *assez rares à Caillouel.*

Araucacites Roginei, Sap. (Pl. 30, fig. 3).

Diffère du précédent par des rameaux à feuilles serrées ou lâchement imbriquées, droites ou falciformes, courtes, lancéolées-aiguës au sommet et très épaisses.

Loc : *grès de la Sarthe.*

Podocarpus suessionensis, Wat. (Pl. 30, fig. 4).

Feuilles épaisses, divisées en deux parties égales par une nervure médiane assez forte, atténuées en pointe à la base, émarginées au sommet. Cette espèce est fréquente dans les grès de la Sarthe.

Loc. : *Environs du Mans.*

PHANÉROGAMES ANGIOSPERMES

Monocotylédones.

Graminées.

Poacites fyeensis, Crié (Pl. 30, fig. 5).

Feuilles très étroites, linéaires, carénées au milieu par une forte nervure médiane, les nervures secondaires étant invisibles.

Loc. : *Fyé* (*Sarthe*).

Palmiers.

Sabalites andegavensis, Crié (fig. 196).

Cette espèce est voisine du *Sabal major* de l'Oligocène, mais elle en diffère par le prolongement du rachis dans la fronde. Ici ce prolongement est très court, ayant à peine 4 centimètres de long, et un peu lancéolé. Les segments de la fronde sont étroits, nombreux : on en compte environ une vingtaine de chaque côté du rachis.

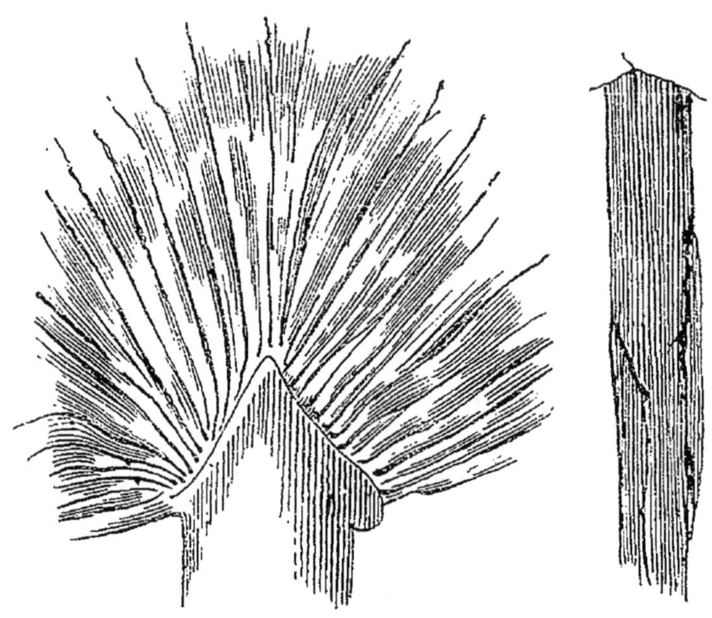

Fig. 196.
Sabalites andegavensis, Crié. Réd. de 1/3 (d'après Crié).

Loc. : *Sargé*, *Saint-Pavace*, *Saint-Aubin*, *Fyé* (*Sarthe* et *Maine-et-Loire*).

Flabellaria Saportana, Crié (fig. 197).

Fronde longuement pétiolée, à segments peu nombreux, étroits, flexueux, vraisemblablement carénés au sommet, à nervures longitudinales un peu saillantes.

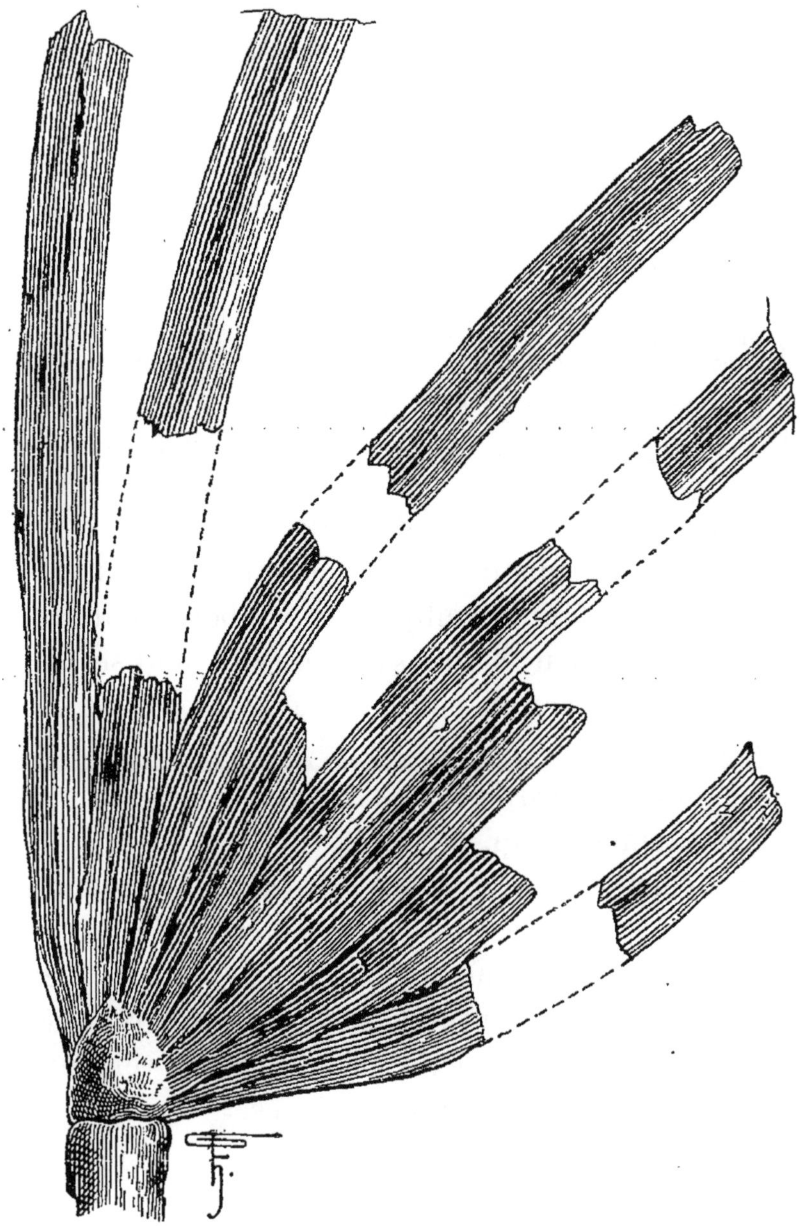

Fig. 197. — *Flabellaria Saportana*, Crié. Fronde montrant le sommet et une partie du pétiole, les segments devaient être au nombre de 14 dans l'intégrité de la fronde. Figure réduite de 1/3 (d'après Crié).

Dicotylédones apétales.

Cupulifères.

1	Feuilles *larges*, elliptiques......	Quercus Cenomanensis.
	Feuilles *étroites*, linéaires lancéolées...........................	2.
2	Nervures secondaires irrégulièrement alternes et *irrégulièrement bifurquées à leur extrémité*.........	Quercus tæniata.
	Nervures secondaires assez régulièrement opposées, *très régulièrement bifurquées à leur sommet*....	Quercus Heberti.

Quercus Cenomanensis, Sap. (fig. 198).

Cette espèce se distingue facilement des deux suivantes par ses feuilles elliptiques, à bords entiers, quelquefois un peu ondulés; elles sont obtuses au sommet et atténuées ou non à la base. Le pétiole est relativement long.

Loc. : *grès de la Sarthe et de l'Anjou.*

Quercus tæniata, Sap. (fig. 199).

Espèce voisine du *Q. provectifolia*, Sap. de Brognon (voyez p. 255), elle est allongée linéaire, à bords entiers, obtuse au sommet; le pétiole est court. Les nervures secondaires sont très ascendantes, irrégulièrement bifurquées à leur extrémité; le réseau veineux, très serré, forme des aréoles anguleuses.

Loc. : *grès de la Sarthe.*

Quercus Heberti, Crié. (fig. 200).

Feuilles lancéolées linéaires, acuminées au sommet, comme chez le précédent, mais s'en distinguant par des nervures secondaires très régulièrement bifurquées à leur sommet, beaucoup moins ascendantes, et par un réseau veineux à branches flexueuses.

Loc. : *grès de la Sarthe.*

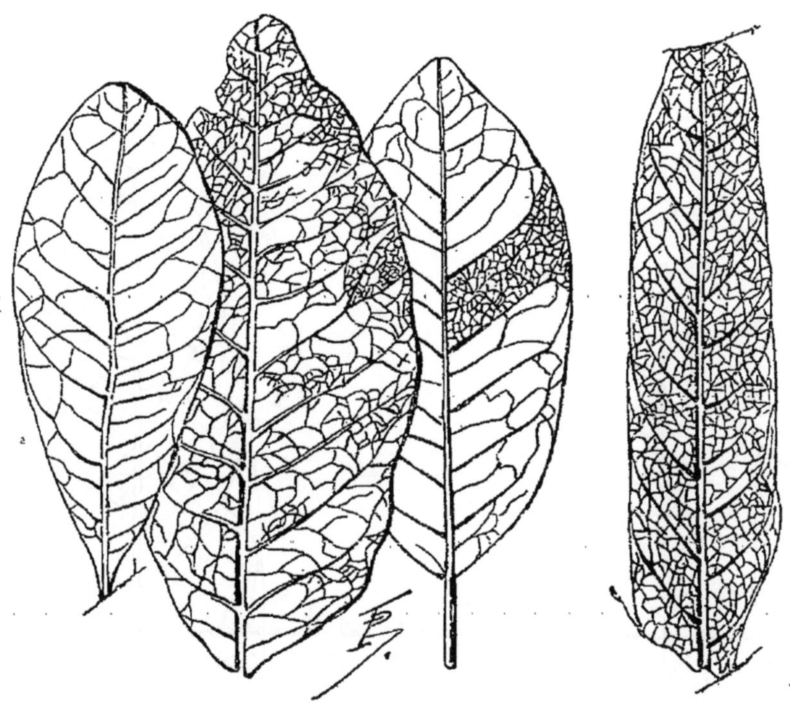

Fig. 198. *Quercus Cenomanensis*, Sap. Fig. 199. *Quercus tæniata*, Sap.
Figures réduites de 1/3 (d'après L. Crié).

Myricées.

Myrica Æmula, Sap. (fig. 201).

Feuilles très allongées, atténuées en pointe à la base et au sommet, largement dentées sur les bords, rarement entières; les dents sont courtes. Les nervures secondaires se prolongent et s'évanouissent dans les dents marginales.

Loc. : *grès de la Sarthe.*

Dicotylédones dialypétales.

Laurinées.

Laurus Forbesi, de la Harp. (fig. 202).

Très belle espèce à feuilles coriaces, lancéolées,

Fig. 201. *Myrica Æmula*, Sap. Fig. 200. *Quercus Heberti*, Crié. Fig. 202. *Laurus Forbesi*, de la Harp.
Toutes ces figures sont réduites de 1/3 et copiées d'après celles de M. L. Crié.

rétrécies et arrondies à la base, brièvement pétiolées, penninerves, les nervures secondaires sont très fines, simples, le réseau veineux présente des mailles larges.

On retrouve une variété de cette espèce dans les arkoses de *Brives* (Oligocène).

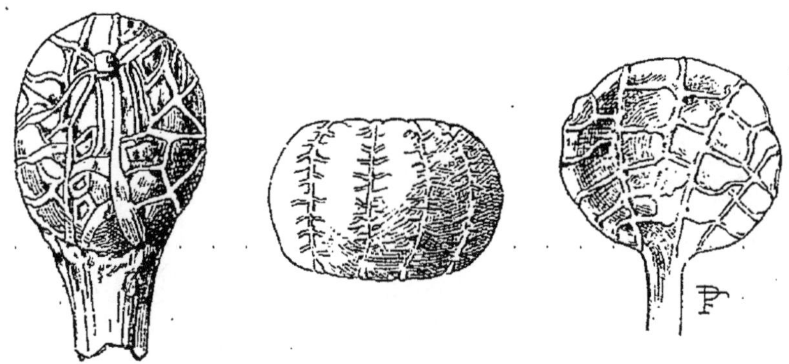

Fig. 203. — Fruits d'*Apeibopsis, Decaisneana*, Crié. Réd. de 1/3 (d'après L. Crié).

Tiliacées.

Les restes appartenant à cette famille sont des feuilles et des fruits ; les feuilles se rapportent au genre *Grewia* et les fruits avec quelques doutes aux *Apeibopsis.*

Apeibopsis Decaisneana, Crié (fig. 203).

Fruit globuleux de la taille d'une grosse amende, pédonculé, sillonné extérieurement, composé de huit à dix valves déhiscentes. Graines nombreuses, épaisses, à cicatrice du funicule bien marquée.

Loc. : *grès de la Sarthe.*

Grewia antiqua, Wat. (fig. 204).

Les feuilles de cette espèce fossile se rapprochent beaucoup, suivant Watelet, de celles du *G. pilosa* actuel des Indes ; elles sont entières, un peu ondulées sur les bords et portées par un pétiole assez long. Loc. : grès des sables moyens : *Hartennes*.

Légumineuses.

Piscidia dubia, Wat. (fig. 205).

Feuille régulièrement ovale, dont les nervures se-

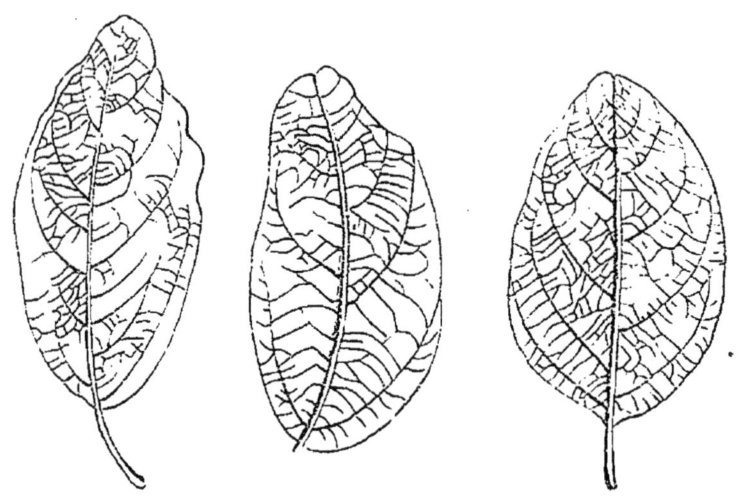

Fig. 204. *Grewia antiqua*, Wat. Fig. 205. *Piscidia dubia*, Wat.
Figures réduites de 1/4 (d'après Watelet).

condaires se bifurquent à leur sommet, une des branches s'anostomosant avec la nervure immédiatement supérieure, l'autre branche finissant sur le bord du limbe. Le réseau veineux est régulier, à mailles peu serrées. Loc. : grès des sables moyens : *Hartennes*.

Dicotylédones gamopétales

Ebénacées.

Diospyros senescens, Sap. (fig. 206).

Cette espèce est représentée par des feuilles et des

calices ; les premières sont régulièrement elliptiques portées sur un long pétiole, à nervures secondaires régulièrement recourbées au sommet. Le calice est composé de cinq segments coalités à la base et vraisemblablement aigus au sommet.

Loc. : *grès de la Sarthe.*

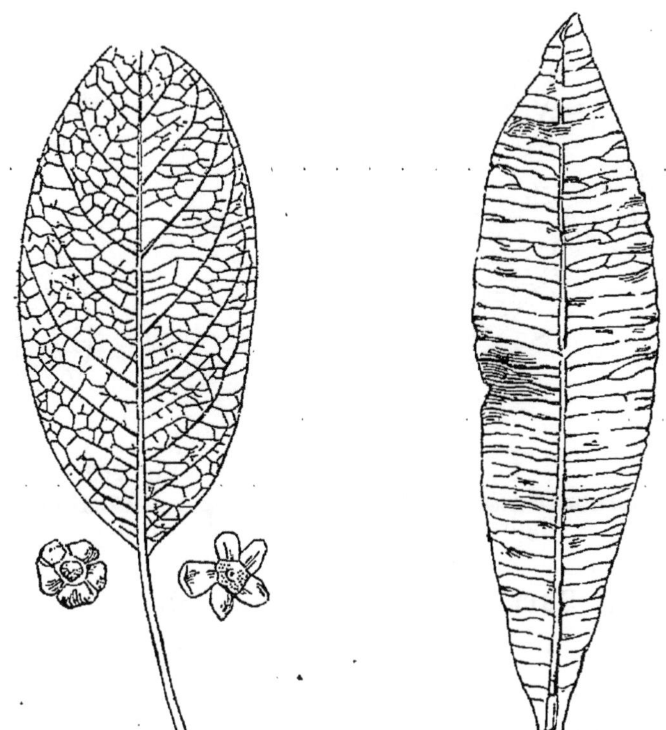

Fig. 206. — *Diospyros senescens*, Sap. Feuille et fleurs

Fig. 207. — *Apocynophyllum cenomanense*, Crié.

Figures réduites de 1/3 (d'après L. Crié).

Apocynées.

Apocynophyllum cenomanense, Crié (fig. 207).

Feuille élargie au milieu, aiguë au sommet et atténuée à la base. La nervure primaire qui est forte, émet, presque à angle droit, des nervures secondes simples ou bifurquées à leur sommet, nervures interstitiales très souvent fourchues.

Loc. : *grès de la Sarthe.*

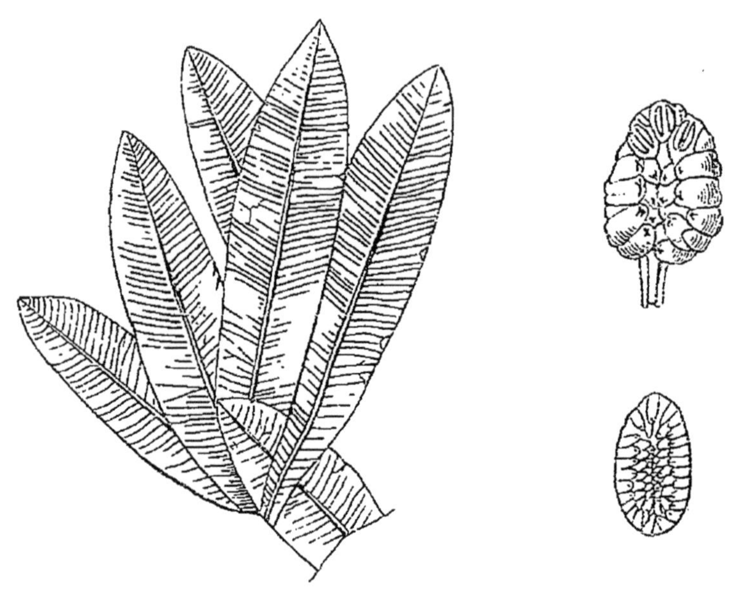

Fig. 208. *Nerium Sarthacense*, Sap. Fig. 209. — *Morinda Brongniarti*, Crié.
Figures réd. de 1/3 (d'après L. Crié).

Nerium Sarthacense, Sap. (fig. 208).

Feuilles voisines de celles du genre précédent, en différent cependant par une forme plus lancéolée linéaire, un sommet moins aigu. Les nervures secondes sont aussi beaucoup plus serrées, plus obliques, les interstitiales manquent.

Loc. : *grès de la Sarthe.*

Rubiacées.

Morinda Brongniarti, Crié (fig. 209).

Fruit pédonculé, probablement drupacé ; drupes

agrégées en capitule dense, bispermes, serrées les unes contre les autres. Graines ovoïdes, cylindriques, perforées à la base et présentant, en outre, des vestiges du calice au sommet.

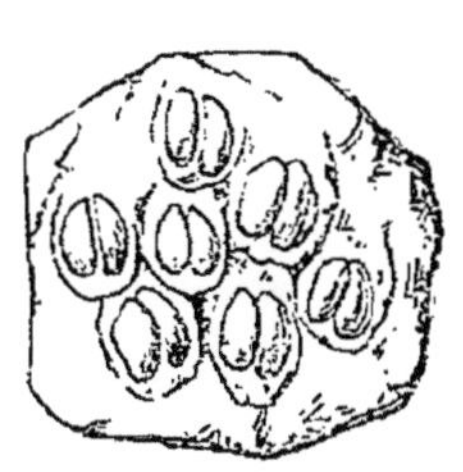

Fig. 210. — *Carpolithes Saportana*, Crié. Fruits réd. de 1/3 (d'après L. Crié).

Loc. : *grès de la Sarthe.*

Nous citerons encore des restes de fruits, très communs que M. Crié a décrit sous le nom de :

Carpolithes Saportana, Crié (fig. 210).

Fruits capsulaires, loculicides, déhiscents par trois valves très finement striées.

Loc. : *Pavace, Sargé, Saint-Aubin, Fyé (Sarthe). Corzé, Soucelles (Maine-et-Loire).*

CHAPITRE II

SYSTÈME OLIGOCÈNE

§ 1. — Étage Sannoisien.

Les végétaux qui vécurent en France à l'époque sannoisienne, sont, ainsi que ceux de l'Aquitanien, les mieux connus des temps tertiaires, grâce aux actives recherches et aux nombreux travaux de M. de Saporta sur les flores des arkoses, des gypses de Gargas et d'Aix et des couches similaires de Saint-Zacharie et de Saint-Jean-de-Garguier.

PHANÉROGAMES GYMNOSPERMES

Conifères.

Sont représentés dans les différentes flores appartenant à l'étage Sannoisien soit par des rameaux feuillés ou non, soit par des cônes.

Taxinées.

Podocarpus gypsorum, Sap. (fig. 211).

Feuilles dressées, allongées linéaires, presque en faux, longuement atténuées à la base en un court pétiole.

Loc. : *Gypses d'Aix.*

Cupressinées.

Widdringtonia brachyphylla, Sap. (fig. 212).

Cette espèce est connue par ses rameaux et ses strobiles. Les premiers sont droits, grêles, couverts de feuilles écailleuses disposées irrégulièrement, rarement subopposées. Les strobiles sont petits, pédonculés, à quatre valves présentant une gibbosité conique à peine proéminente sous leur sommet.

Loc. : *Gypses d'Aix.*

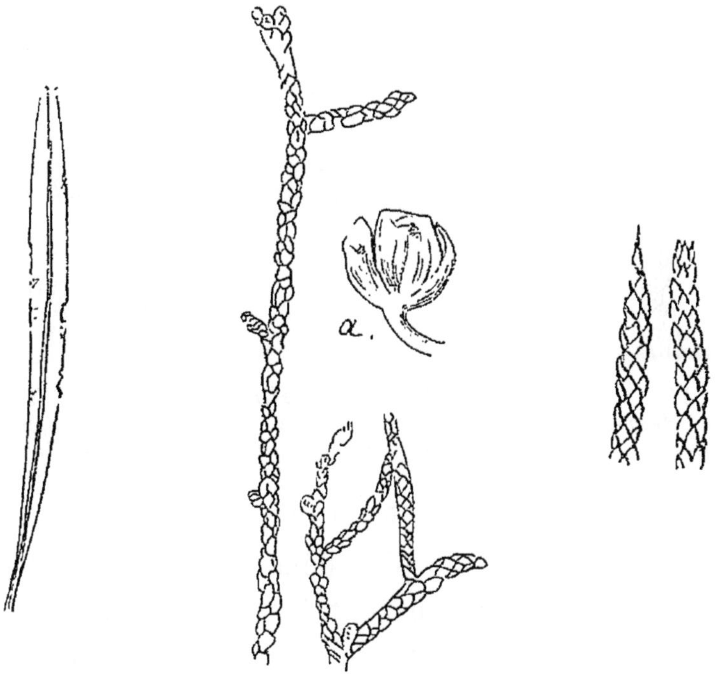

Fig. 211. *Podocarpus gypsorum*, Sap.

Fig. 212. — *Widdringtonia brachyphylla*, Sap. Rameaux et strobile (*a*).

Fig. 213. *Widdringtonia antiqua*, Sap. Rameaux grossis.

Widdringtonia antiqua, Sap. (fig. 213).

Se distingue du précédent par des ramules plus grêles encore, munis de feuilles beaucoup plus régulièrement disposées, aiguës au sommet, presque alternes, parfois opposées.

Gypses de *Saint-Jean-de-Garguier.*

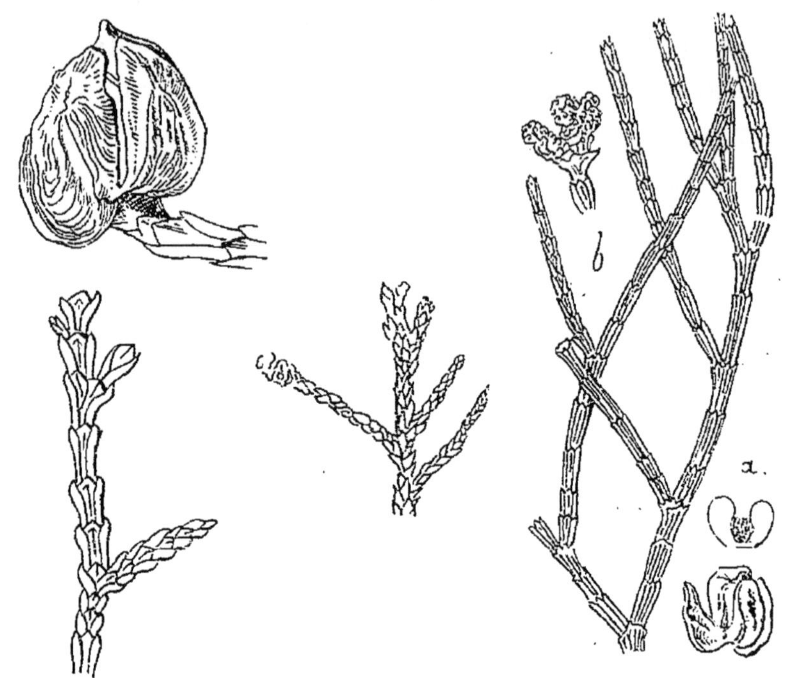

Fig. 214. — *Callitris Heeri*, Sap. Grossi.
Fig. 215. — *Juniperites ambiguus*, Sap.
Fig. 216. — *Callitris Brongniarti*, Endl.
Figures réduites de 1/3 (d'après de Saporta).

Callitris Brongniarti, Endll. (fig. 216).

Espèce assez polymorphe, déjà citée dans le calcaire grossier, et variant suivant les gisements où on la rencontre. Elle est voisine du *C. quadrivalvis*, actuel de l'Afrique (en *a*, strobile et semence; en *b*, chaton mâle).

Loc. : *Aix, Gargas, Saint-Jean-de-Garguier.*

Callitris Heeri, Sap. (fig. 214).

Diffère de l'espèce précédente, par des ramules plus petits et plus grêles, à feuilles faciales plus obtuses au sommet, les latérales plus aiguës, au contraire.

Fruits plus petits, moins arrondis au sommet. Les semences diffèrent aussi : le nucléus est elliptique, l'appendice ailé inéquilatéral.

Loc. : *Saint-Jean-de-Garguier*, *Saint-Zacharie*.

Juniperites ambiguus, Sap. (fig. 215).

Espèce, dit de Saporta, très voisine des Juniperus actuels, spécialement des *J. phœnicea* et *excelsa;* on distingue à Aix deux variétés:

α. *virgiania*, à feuilles lâchement imbriquées, lancéolées-aiguës.

β. *minima*, à ramules très réduits, grêles, à feuilles étroitement imbriquées.

Loc. : *Aix*.

Abiétinées.

Les Abiétinées sont représentées par des cônes de pin ou des feuilles appartenant au même genre ; il est souvent assez difficile de rapporter l'un et l'autre organe à l'espèce à laquelle il a appartenu, la connexion n'ayant lieu que dans des cas très rares.

1	Cônes à écailles plus hautes que larges............................ Feuilles par 5.	**P. palæostrobus**.
	Cônes à écailles plus larges que hautes............................ Feuilles par 2.	2.
2	Cônes *persistants*, à sommet des écailles *peu élevé*, déprimé, feuilles *acérées* au sommet..............	**P. Coquandi**.
	Cône *caduc*, sommet des écailles en *pyramide élevée*, feuilles *obtuses* au sommet..........................	**P. aquensis**.
3	Cônes inconnus, feuilles de très grande taille........	**P. megaphylla**.

Pinus palæostrobus, Etting. (fig. 216 *bis*).

Les feuilles sont fasciculées par cinq et mesurent

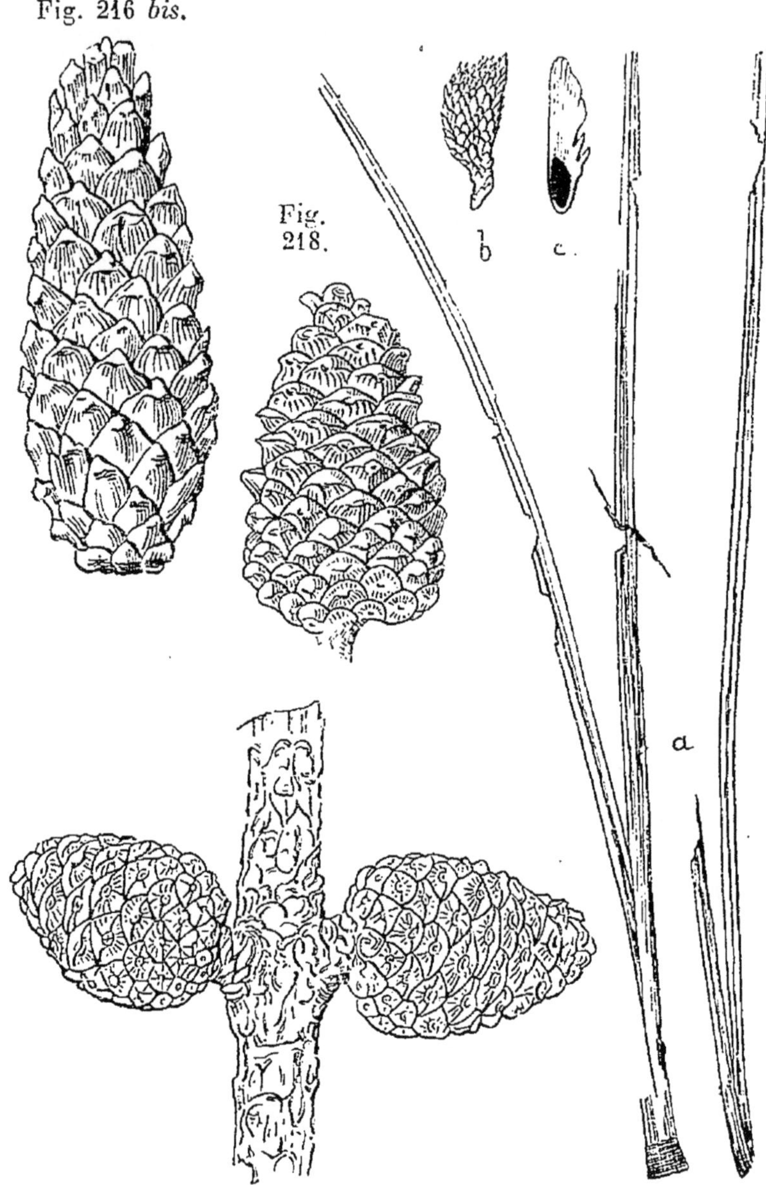

Fig. 216. *Pinus palæostrobus*, Ettings., cône. — Fig. 217. *Pinus Coquandi*, de Sap., cônes. — Fig. 218. *Pinus aquensis*, de Sap., cône. — Fig. 219. *Pinus megaphylla*, de Sap.; *a*, feuilles; *b*, chaton mâle; *c*, semence.

environ 10 centimètres de longueur. Le cône est oblong, composé d'écailles légèrement striées longitudinalement, un peu épaissies au sommet qui est obtus et présentant une carène aplatie.

Par l'ensemble de ses caractères ce pin se rapproche, dit de Saporta, du *P. excelsa* Wall. actuel du Népaul.

Loc. : *Aix-en-Provence.*

Pinus Coquandi, Sap. (fig. 217).

Feuilles disposées par paires, ainsi que les cônes qui étaient persistants; la carène transversale des écailles est aiguë, à sommet central un peu déprimé.

C'est l'une des espèces les plus répandues à Aix; elle offre quelques ressemblances avec le *P. Pallasiana*; les bourgeons qui ont aussi été rencontrés sont très voisins de ceux du *P. longifolia* actuel.

Loc. : *Aix.*

Pinus aquensis, Sap. (fig. 218).

Feuilles par paires; remarquables par leur sommet arrondi; les cônes, qui étaient naturellement caducs, se distinguent de ceux de l'espèce précédente par leur forme ovoïde plus allongée, par leur apophyse relevée en bec et marquée de stries rayonnantes.

Loc. : *Aix.*

Pinus megaphylla, de Sap. (fig. 219).

Feuilles disposées comme dans les deux espèces précédentes, mais différentes d'elles ainsi que de celles de toutes les espèces actuelles par leur grandeur excessive; leur longueur pouvait atteindre 0 m. 20.

Loc. : *Saint-Jean-de-Garguier.*

PHANÉROGAMES ANGIOSPERMES

Monocotylédones.

Graminées.

Rhizocaulon gypsorum, de Sap.

Les fragments de tiges se distinguent de ceux du *R. macrophyllum* (Voyez anté p. 108) par une plus grande largeur des cicatrices qui sont arrondies et déprimées au centre. Loc. : *Aix*.

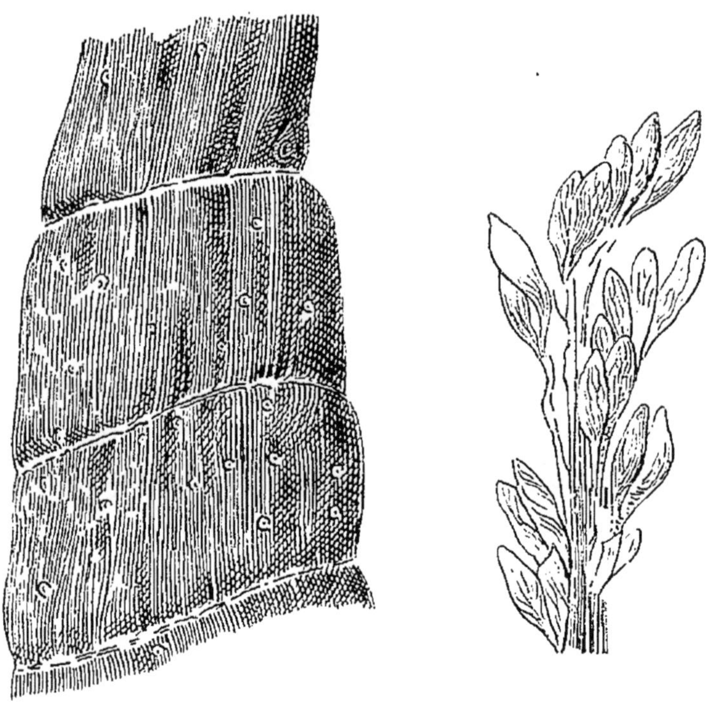

Fig. 220. — *Rhizocaulon polystachium*, Sap. Tige et inflorescence. Réd. de 1/3 (d'après de Saporta).

Rhizocaulon polystachium, de Sap. (fig. 220).

Feuilles peu différentes de celles des deux espèces précédentes. Les tiges, qui ont un diamètre considérable, indiquent des plantes de grande taille ; les cicatrices laissées par la chute des radicules parsèment les entre-nœuds, elles sont moins enfoncées et moins grandes que dans le *R. gypsorum*.

Loc. : *Saint-Zacharie*.

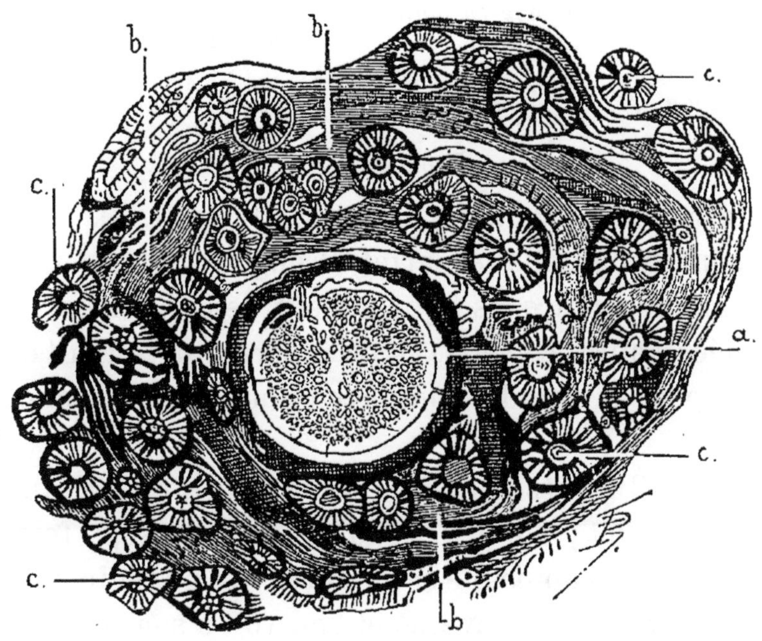

Fig. 221. — *Rhizocaulon Brongniarti*, de Sap. Section transversale d'un tronc, réduite de 1/3. — *a*, tige proprement dite. *b*, gaines foliaires ; *c*, racines adventives (d'après de Saporta).

Rhizocaulon Brongniarti, de Sap. (fig. 221).

Les tiges silicifiées de cette espèce abondent aux environs d'Apt ; elles étaient fasciculées, grêles, élevées.

Les cicatrices foliaires sont très espacées, les cicatrices radiculaires sont dispersées sans ordre et bien plus petites que dans le *R. gypsorum*.

Loc. : *Aix*.

Palmiers.

Représentés par des frondes ou des tiges.

1	Frondes *pennées*.............	Phœnicites (Palæophenix).
	Frondes *en éventail*.............	2.
2	à rachis *prolongé en pointe* dans la fronde.......	Sabalites (Sabal.).
	à rachis *non prolongé* dans la fronde..........................	Flabellaria.

Frondes.

Palæophœnix Aymardi, Sap. (Pl. 31, fig. 1, 2).

Phœnicites pumila (exparte), Brong.

Comme le montre les figures 1 et 2 de la planche 31, dessinées d'après celles de M. de Saporta, on connaît de cette espèce la fronde complète et une inflorescence mâle.

La figure 2 représente une fronde dont il ne manque que le sommet; elle est réduite environ sept fois, l'organe qui accompagne cette fronde est un régime de fleurs mâles, il est renversé et l'on voit à son sommet (base de la figure), de nombreux ramuscules chargés pour la plupart de débris de fleurs et d'écailles bractéales.

La figure 1 représente, réduite d'un tiers seulement, la sommité d'une autre fronde, qui complète la première et qui est celle pour laquelle Brongniart créa son *Phœnicites pumila ;* ce second échantillon appartient au Muséum de Paris. Loc. : *Arkoses de Brives.*

Sabalites major, Sap. (Pl. 32).

Magnifique espèce à frondes très grandes, dont le pétiole est long et fort; il s'atténue au sommet en une longue pointe qui divise la fronde en son milieu ; celle-ci est composée d'environ 50 segments très longs, larges, dressés, costulés, plissés.

Très commun dans l'Oligocène.

Sabalites microphyllus, Sap. (Pl. 31, fig. 3).

Cette espèce ne saurait être confondue avec aucune de celles que nous avons à signaler. La petitesse de ses frondes et la minceur de son rachis la distinguent à première vue. Elle a dû appartenir au même groupe que le *S. andegavensis* du Bartonien et *S. parisiensis* du Lutétien. Loc. : *Arkoses de Brives.*

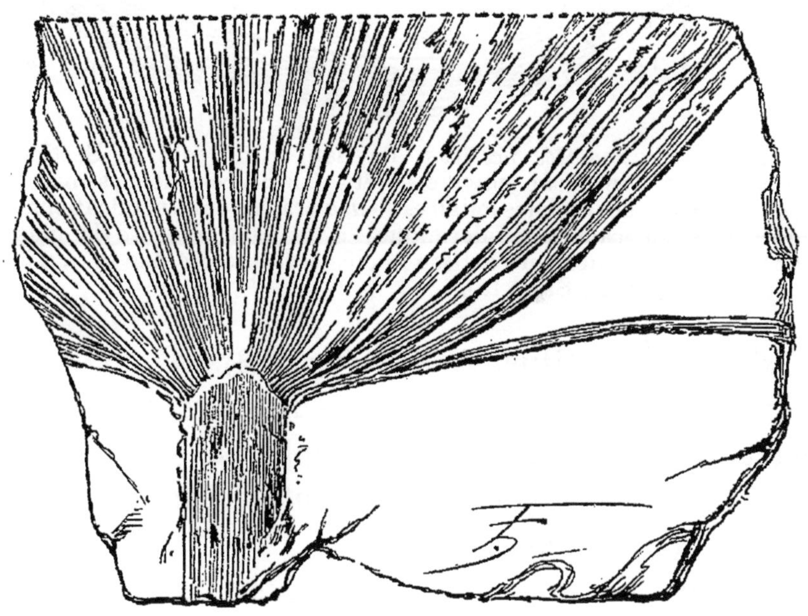

Fig. 222. — *Flabellaria Lamanonis*, A. B. Réd. de 1/4 (d'après de Saporta).

Flabellaria Lamanonis, Brong. (fig. 222).

Pétiole long de plus de 0 m. 30, large de 2,5 à 3 centimètres, lisse, sans épines ; l'extrémité supérieure est arrondie, un peu allongée; les lobes qui s'y insèrent au nombre de 55 à 61 environ paraissent unis à la base, plissés; ils se divisent à leur extrémité, ils ont à cet endroit 1 centimètre de large, ne présentant aucune nervure sensiblement plus forte que les autres.

Loc. : *Gypses d'Aix.*

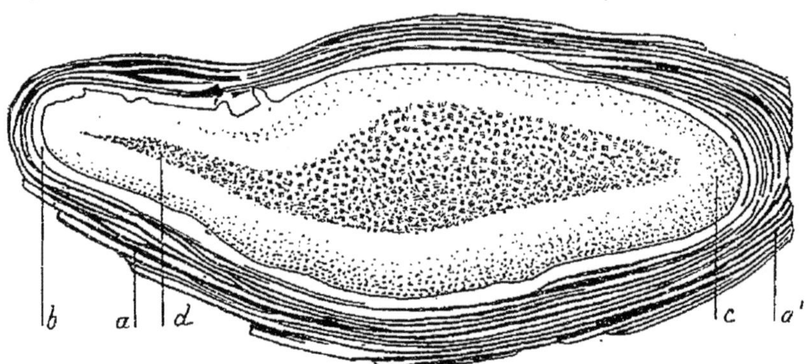

Fig. 223. — *Palmacites vestitus*, de Sap. Réd. de 1/3. Section transversale d'un tronc silicifié revêtu extérieurement des bases amplexicaules des pétioles foliaires.— *a*, *a'*, rachis des fructifications; *b*, couche corticale ou épidermique; *c*, couche ligneuse la plus dense; *d*, zone intérieure à tissu moins serré coloré par la fossilisation (d'après de Saporta).

Palmacites vestitus, de Sap. (fig. 223).

Tiges de 12 à 13 centimètres de diamètre, couvertes de feuilles pressées, à pétioles amplexicaules minces, lisses, appliqués les uns sur les autres, sans interposition de fibres ni filasse.

La figure 223 donne la coupe d'une tige silicifiée provenant des environs d'Apt.

Loc. : *Gargas.*

Typhacées.

Sparganium stygium, Heer. (fig. 224).

Représenté par des feuilles linéaires, présentant

12 à 20 nervures longitudinales, réunies par des cloisons transverses.

Loc. : *Aix-en-Provence.*

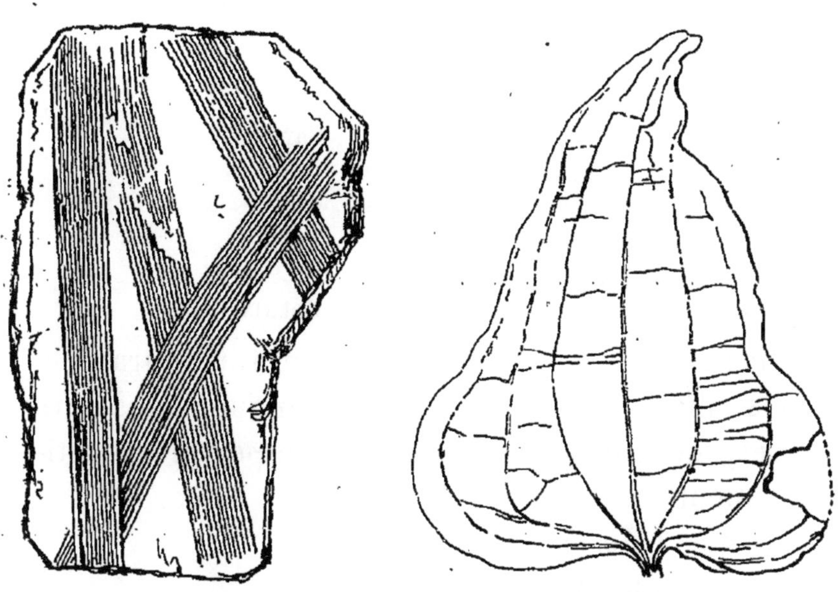

Fig. 224. *Sparganium stygium*, Heer. Fig. 225. *Smilax Garguieri*, Sap.
Figures réduites de 1/3 (d'après de Saporta).

Liliacées.

Smilax Garguieri, de Sap. (fig. 225).

Cette espèce, l'une des plus répandues dans l'oligocène, est assez voisine d'une espèce vivant aujourd'hui en Algérie et en Grèce; le *S. mauritanica*, Desf., dont les feuilles sont cependant moins prolongées au sommet. Elle est voisine aussi d'une espèce de Madère, le *S. pendulina*, Law.

Loc. : *Saint-Jean-de-Garguier.*

Dicotylédones apétales.

Cupulifères.

1	Feuilles à bords simples ou lobés.	Quercus.
	Feuilles à bords finement denticulés............................	2.
2	Bords dentelés sur toute leur longueur..........................	Carpinus.
	Bords non dentelés vers la base du limbe........................	3.
3	Feuille ovale, arrondie à la base.	Alnus.
	Feuille lancéolée, atténuée au coin à la base........................	Betula.

Quercus. — Les chênes sont nombreux durant la ériode oligocène; on peut y distinguer plusieurs roupes, dont deux doivent nous occuper plus partiulièrement.

1° Groupe : *Formes à bords simples.*

Quercus elæna, Ung. (fig. 226).

Feuille obtuse au sommet, atténuée à la base en un ourt pétiole, bords entiers. Nervures secondaires mises presque à angle droit, aréolées à leur extrémité.

Par sa nervation, cette espèce se rapproche beaucoup, uivant de Saporta, du *Q. Phellos* actuel.

Loc. : *Aix*, *Saint-Jean-de-Garguier*, *Saint-Zacharie.*

Quercus salicina, Sap. (fig. 227).

Cette espèce, qui reproduit exactement, d'après I. de Saporta, le type du *Q. imbricaria* Mchx. actuel, iffère du précédent par une forme plus régulièrement lliptique; le limbe, à bords entiers, est atténué à la ase et au sommet. Les nervures secondaires sont reourbées à leur extrémité. Le réseau veineux est très erré. Loc. : *Aix.*

Quercus elliptica, Sap. (fig. 228).

Ce chêne est très voisin du précédent, mais il s'en distingue cependant par des feuilles plus petites, plus courtes, et par un pétiole beaucoup plus court. Les détails de la nervation le rapproche beaucoup du *Q. virens* Ait. actuel. Loc.: *Aix*.

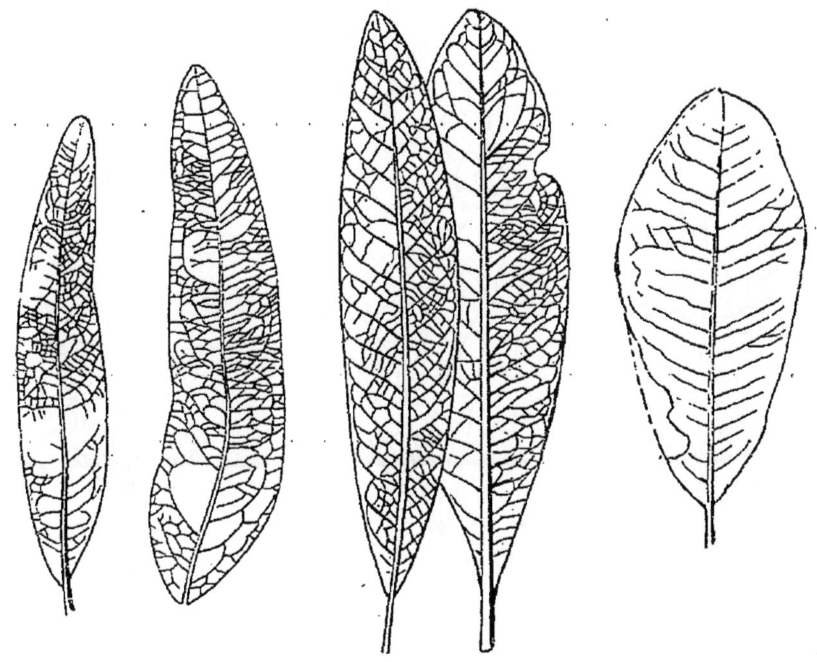

Fig. 226. *Quercus elæna*, Ung. Fig. 227. *Q. salicina*, Sap. Fig. 228. *Q. elliptica*, Sap.
Figures réduites de 1/3 (d'après de Saporta).

2° Groupe : *Formes à bords lobés ou dentés.*

Quercus affinis, Sap. (fig. 229).

Limbe à bords ondulés, obscurément sinués-dentés dans leur moitié supérieure, base atténuée en un court pétiole. Nervures secondaires alternes, grêles, les inférieures très obliques, fourchues au sommet.

Réseau veineux à mailles carrées, trapéziformes ou hexagones. Loc. : *Saint-Jean-de-Garguier.*

Quercus cuneifolia, Sap. (fig. 231).

Feuilles de petite taille, brièvement pétiolées, atté-

Fig. 230. — *Quercus antecedens*, Sap. Fig. 229. — *Quercus affinis*, Sap. Fig. 231. — *Q. cuneifolia*, Sap.
Feuilles réduites de 1/4 (d'après de Saporta).

nuées en coin à la base, présentant au-dessus 3-5 lobes aigus. Les nervures secondaires sont émises presque à angle droit, pénétrant jusqu'à l'extrémité des lobes ou recourbées en arc à leur extrémité, formant ainsi une marge près des bords. Loc. : *Gypses de Gargas.*

Quercus antecedens, Sap. (fig. 230).

Feuilles de petite taille, dentées-épineuses ; les dents sont fines, espacées, le sommet est obtus, la base atténuée en coin sur le pétiole, ce qui distingue cette espèce des *Q. ilex* et *coccifera*, actuels avec lesquels elle a d'ailleurs beaucoup de rapports.

Loc. : *Gypses d'Aix.*

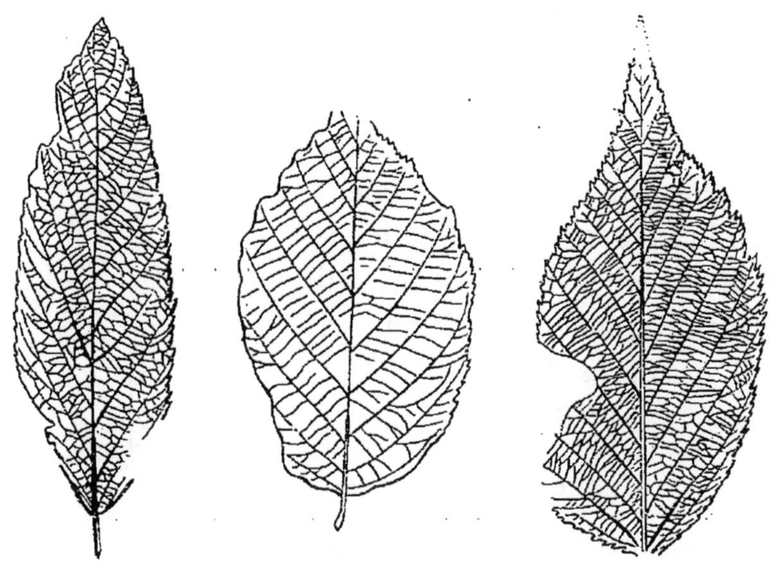

Fig. 232. — *Betula oblongata*, Sap. Fig. 233. *Alnus prisca*, Sap. Fig. 234. *Carpinus cuspidata*, Sap. Feuilles réduites de 1/3 (d'après de Saporta).

Betula oblongata, de Sap. (fig. 232).

Feuilles courtement pétiolées, membraneuses, ovales oblongues, atténuées à la base et au sommet, à bords doublement dentés, dents en scie aiguës. Nervure médiane droite, les secondaires également droites, parallèles un peu plus obliques d'un côté que de l'autre, rameuses à leur extrémité ; les tertiaires transversales.

Loc. : *Saint-Jean-de-Garguier.*

Alnus prisca, de Sap. (fig. 233).

Les feuilles de cette espèce étaient membraneuses, à bords doublement dentés, à pétiole plus court que dans les espèces actuelles. C'est de l'*A. glauca*, Mich., qui vit actuellement en Amérique, qu'il faut, selon de Saporta, rapprocher cette espèce.

Loc. : *Saint-Zacharie.*

Carpinus cuspidata, de Sap. (fig. 234).

C'est l'une des espèces les plus caractéristiques de *Saint-Zacharie*; ses feuilles, d'assez grandes dimensions, étaient membraneuses et presque identiques à celles d'une espèce qui vit aujourd'hui en Asie Mineure, le *C. orientalis*, Lam.

Loc. : *Saint-Zacharie.*

Juglandées.

Engelhardtia decora, de Sap. (fig. 235).

Représentée par des folioles détachées d'une feuille composée-pinnée de grande taille, et par des involucres.

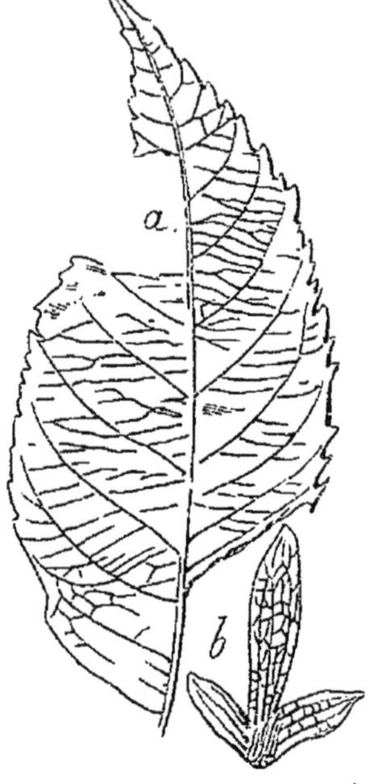

Fig. 235. — *Engelhardtia decora*, Sap. — *a*, feuille; *b*, semence. Réd. de 1/3 (d'après de Saporta).

Les folioles peuvent être comparées, dit de Saporta, à celles de l'*E. serrata*, Bl., qui vit actuellement à Java. Quant aux involucres, c'est avec ceux de l'*E. Roxburghiana* actuel de l'Inde, qu'ils ont le plus de ressemblance.

Loc. : *Saint-Zacharie.*

Myricées.

1	Feuilles allongées linéaires, en forme de rubans *incisés* sur les bords.	s.-g. **Comptonia** 2.
	Feuilles elliptiques plus ou moins allongées, *denticulées* sur les bords.	s.-g. **Myrica**. 4.
2	Lobes toujours *plus larges* que hauts..........................	**C. dryandræfolia.**
	Lobes aussi hauts ou *plus hauts* que larges..........................	3.
3	Limbe ayant au moins 0 m. 01 de large; lobes aussi larges que hauts.	**C. Vinayi.**
	Limbe n'ayant jamais plus de 0 m. 005 de large; lobes beaucoup plus hauts que larges.............	**C. Micheloti.**

Comptonia dryandræfolia, Brgnt. (fig. 236).

Cette espèce est connue par ses feuilles et ses fruits. Les feuilles sont brièvement pétiolées, pennipartites; les lobes sont nombreux, contigus, presque en faux, brièvement acuminés ou un peu obtus au sommet. Les chatons (*a*) sont petits, globuleux, formés de bractées imbriquées acuminés à leur sommet.

Loc. : *Arkoses de Brives.*

Comptonia Vinayi, de Sap. (Pl. 31, fig. 4).

Se distingue du précédent par des dimensions plus grandes, par ses lobes moins étroits, non falciformes et nettement séparés les uns des autres par des incisures qui atteignent jusqu'au rachis.

Loc. : *Arkoses de Brives.*

Comptonia Micheloti, Wat. (fig. 188, p. 174).

Cette espèce, que nous avons signalée précédemment dans le calcaire grossier (Lutétien), se distingue immédiatement par ses feuilles très longues, très étroites, à lobes étroits, très hauts, subtriangulaires.

Loc. : *Arkoses de Brives.*

Myrica sinuata, de Sap. (fig. 239).

Feuilles coriaces, lancéolées linéaires, atténuées en pétiole à la base, longuement acuminées au sommet, à bords sinués, denticulés, nervure primaire forte, les autres obliques, réticulées-rameuses.

Fig. 236. *Comptonia dryandræfolia*, Brg. Fig. 237. *M. zachariensis*, Sap. Fig. 238. — *M. zachariensis*, var. *minuta*, S. Fig. 239. *M. sinuata*, Sap. (d'après de Saporta).

Myrica zachariensis, de Sap. (fig. 237).

Feuilles assez régulièrement elliptiques pouvant

atteindre 55 millimètres de hauteur, atténuées en pointe au sommet et à la base en un pétiole court et droit; nervures secondaires assez serrées, recourbées-réticulées, les tertiaires flexueuses.

Loc. : *Saint-Zacharie.*

Myrica zachariensis, var. *minuta*, de Sap. (fig. 238).

Feuilles du type normal, mais beaucoup plus petites, plus longuement atténuées à la base en pétiole droit; dents un peu saillantes; face inférieure ponctuée de glandes résinifères.

Loc. : *Saint-Jean-de-Garguier, Saint-Zacharie*, etc.

Salicinées.

Populus Ligeri, de Sap. (fig. 240).

Feuilles ovales, arrondies à la base et atténuées en pointe, au sommet, à bords entiers, ce qui rapproche beaucoup cette espèce du *P. euphratica* actuel, auquel M. de Saporta la compare.

Loc. : *Arkoses de Brives.*

Artocarpées.

Ficus venusta, de Sap. (fig. 241).

Belles feuilles, ovales-cordées, longuement acuminées au sommet, incisées-sinuées sur les bords, presque palmatinerves. Les nervures basilaires sont plus longues que les autres, les secondaires alternes, recourbées, fourchues, réunies par camptodromie.

Loc. *Aix-en-Provence.*

Ulmacées.

Ulmus primæva, de Sap. (fig. 242).

Espèce assez variable, connue par ses feuilles et ses samares. Les feuilles, par leur dentelure simple,

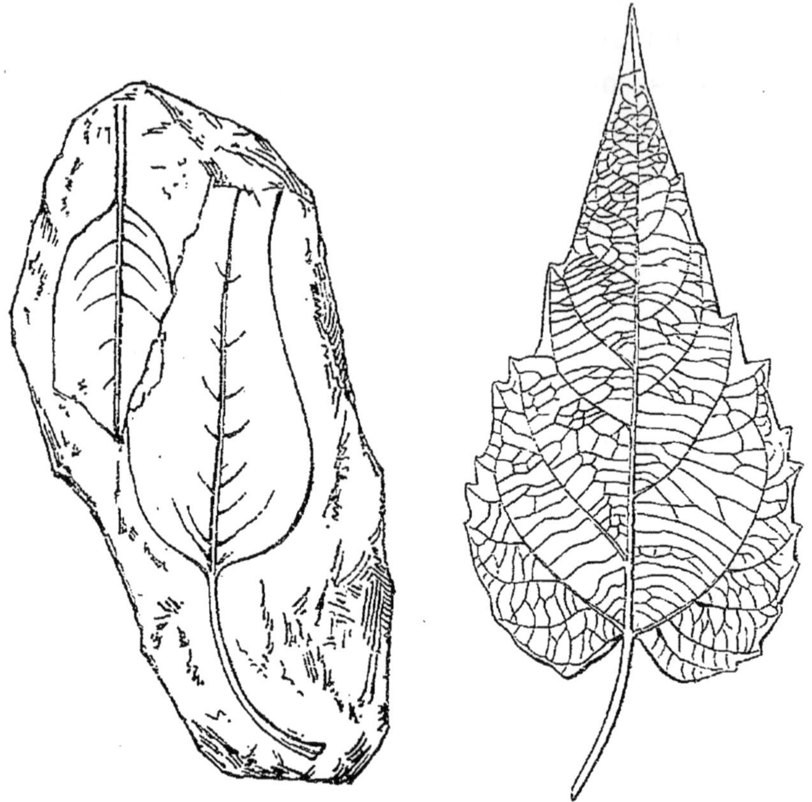

Fig. 240. — *Populus Ligeri*, Sap. Fig. 241. — *Ficus venusta*, Sap.
Figures réduites de 1/3 (d'après Saporta).

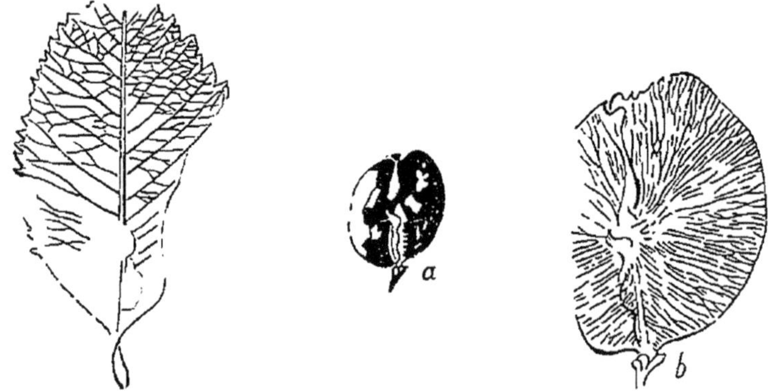

Fig. 242. — *Ulmus primæva*, Sap. — Feuille et *a*, *b*, samares.
Réd. de 1/3 et grossies (d'après de Saporta).

s'éloignent beaucoup de celles des *Ulmus* actuels ; mais paraissent pourtant voisines, dit de Saporta, de l'*U. montana*, Smith, d'Europe. Les samares sont voisines, comme forme, de celles du *U. pedunculata?* de l'Asie, mais elles sont sessiles.

Loc. : *Saint-Zacharie.*

Polygonacées.

Polygonites ulmaceus, de Sap. (fig. 243).

Fig. 243. — *Polygonites ulmaceus*, Sap. (d'après de Saporta).

Fruits à trois ailes arrondies sur les côtés, larges à la base qui est cordée-émarginée ; elles sont très finement réticulées par des nervures rayonnant du centre à la périphérie, fourchues, anastomosées. Ces fruits ressemblent à ceux de certaines Polygonées actuelles, à l'*Oxyria digyna* entre autres.

Loc. : *Saint-Jean-de-Garguier, Fenestrelle.*

Protéacées.

1	Feuilles presque linéaires à *bords denticulés*..........................	2.
	Feuilles lancéolées-ovales, à *bords simples*..........................	3.
2	Denticules marginaux, *espacés, peu nombreux*, pétiole nul............	**Lomatites aquensis.**
	Denticules marginaux, *serrés, nombreux*, pétiole distinct............	**Myricophyllum zachariense.**
3	Feuille *sessile*, de très petite taille.	**Grevillea myrtifolia.**
	Feuille *toujours pétiolée*, de taille moyenne..........................	**Palæodendron.**

Lomatites aquensis, de Sap. (fig. 244).

Feuilles coriaces, dressées, brièvement atténuées à

la base en un pétiole presque nul; à bords largement denticulés, dents finement épineuses. Nervure primaire forte, les autres éparses, obliquement réticulées.

Loc. : *Aix-en-Provence.*

Myricophyllum zachariense, de Sap. (fig. 246).

Fig. 244. — *Lomatites aquensis*, Sap. Fig. 245. — *Grevillea myrtifolia*, Sap. Fig. 246. — *Myricophyllum zachariense*, Sap.
Figures réduites de 1/3 (d'après Saporta).

Espèce très polymorphe, comme le montre notre figure, et qui présente beaucoup d'analogie, par les détails de la nervation et la forme des dents marginales, avec les *Banksia marcescens*, R. Br., et *littoralis*, actuels. Loc. : *Saint-Zacharie, Aix.*

Grevillea myrtifolia, de Sap. (fig. 245).

Feuille petite, coriace, sessile, elliptique, mucronée, enroulée sur les bords; à nervures secondaires peu obliques, réunies et arquées le long des bords. Loc. : *Aix-en-Provence.*

Palæodendron salicinum de Sap. (fig. 247).

Espèce la plus commune à Saint-Zacharie, qui se distingue de suite par sa forme toujours étroite et allongée, ses nervures très obliques et un réseau veineux très net. Loc. : *Saint-Zacharie.*

Fig. 247. — *Palæodendron salicinum*, Sap. Fig. 248. — *P. lanceolatum*, Sap. Fig. 249-250. *P. mucronatum*, Sap.
Figures réduites de 1/3 (d'après de Saporta).

Palæodendron lanceolatum, de Sap. (fig. 248).

Se distingue de la précédente par sa forme toujours lancéolée, par son sommet obtus, ses nervures moins obliques, son réseau veineux moins compliqué.

Loc. : *Saint-Zacharie.*

Palæodendron mucronatum, de Sap. (fig. 249, 250).

Généralement plus large que la précédente, cette

espèce s'en distingue aussi par son sommet mucroné et par ses nervures secondaires finement réticulées le long des bords du limbe.

Loc. : *Saint-Zacharie.*

Dicotylédones dialypétales.

Magnoliacées.

Magnolia Ligerina, de Sap. (fig. 251).

En comparant les feuilles de cette espèce avec celles du *M. grandiflora* L. actuel, on trouve que celles de Brives sont plus oblongues, moins ellipsoïdes, élancées, plus obtuses à la base et portées par un pétiole beaucoup plus court; cependant, par l'ensemble des caractères et par les détails de la nervation, ces deux espèces sont voisines.

Loc. : *Brives.*

Laurinées.

Feuilles à nervation penninerve...	**Laurus.**
— triplinerve....	**Cinnamomum.**

Laurus Forbesi, Heer, var. **angustior**, de Sap. (fig. 252).

Nous avons déjà cité cette espèce dans la flore des grès de la Sarthe. Ici nous avons une variété qui diffère peu du type, les feuilles sont un peu plus étroites et plus atténuées à la base. M. de Saporta compare ces feuilles à celles de certaines variétés du *L. canariensis* Webb. actuel.

Loc. : *Brives. Le Puy-en Velay.*

Laurus primigenia, Ung. (fig. 253).

Les feuilles de cette espèce sont très voisines, suivant de Saporta, de celles du *L. canariensis*, Web., sous des proportions plus étroites et plus allongées.

Loc. : *Gargas, Aix, Saint-Zacharie.*

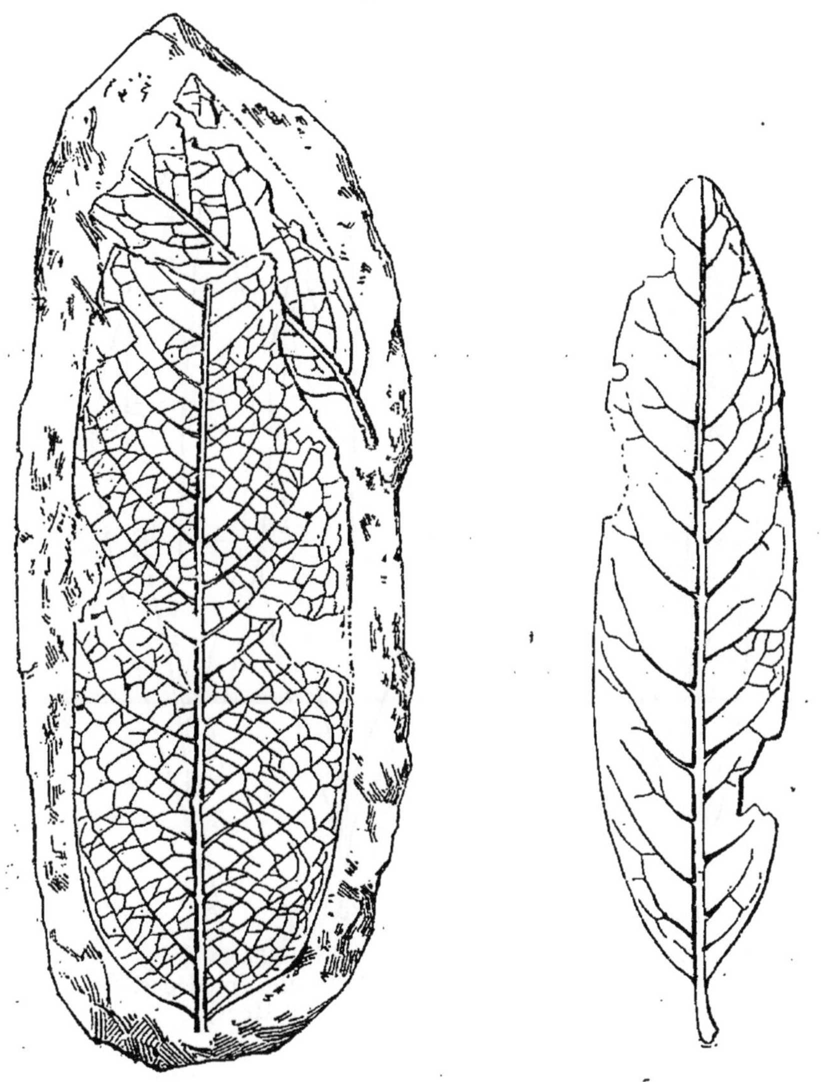

Fig. 251. *Magnolia Ligerina*, Sap. Fig. 252. *Laurus Forbesi*, Heer.
Feuilles réduites de 1/3 (d'après Saporta).

Cinnamomum lanceolatum, Heer (fig. 254).

Feuilles pétiolées, lancéolées, acuminées à la base et

au sommet, nervures latérales parallèles aux bords, rapprochées, acrodromes, n'atteignant pas le sommet.

Loc. : *Commun dans tout l'Oligocène.*

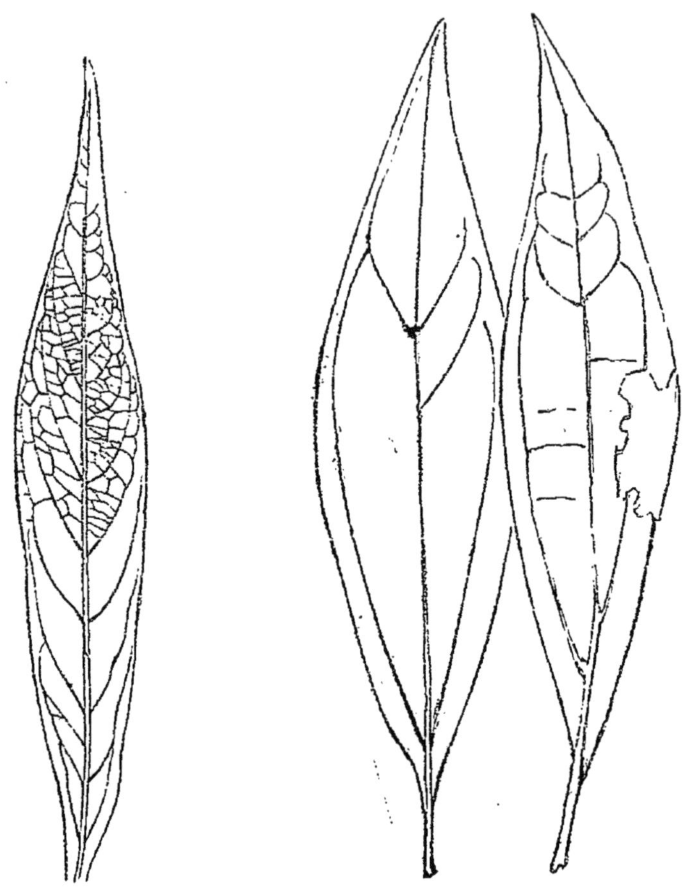

Fig. 253. — *Laurus primigenia*, Ung. (d'après Saporta).

Fig. 254. *Cinnamomum lanceolatum*, Heer. Gr. nat. (d'après Heer).

Cinnamomum spectandum, de Sap. (fig. 255).

Forme générale du précédent, mais plus large, moins acuminée aux extrémités, les nervures latérales moins parallèles aux bords.

Loc. : *Gargas, vallée du Sault.*

Cinnamomum camphoræfolium, de Sap. (fig. 256).

Espèce nettement distincte des deux précédentes par ses feuilles orbiculaires, à sommet en forme de mucron ; par certaines variétés, elle se place à côté du *C. polymorphum* et ressemble, comme lui, au *Camphora officinarum* Bauh. actuel.

Loc. : *Aix-en-Provence.*

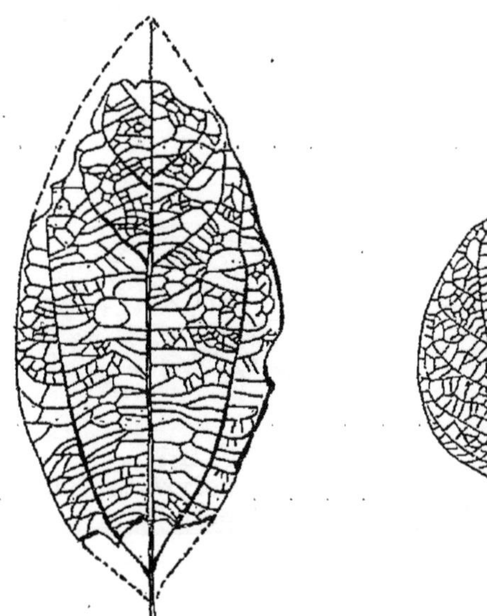

Fig. 255. — *Cinnamomum spectandum*, Sap. Fig. 256. — *Cinnamomum camphoræfolium*, Sap.
Feuilles réduites de 1/3 (d'après Saporta).

Nymphéacées.

Nymphæa gypsorum, de Sap. (fig. 257).

Cicatrices de la base du pétiole ou « coussinet » en disque suborbiculaire portant l'empreinte des canaux aérifères ainsi disposés : les 6 grands en deux rangées longitudinales parallèles, les plus petits disposés en cercle autour des premiers, au nombre de 5 à 6 de chaque côté. Au-dessous du coussinet, on voit les cicatrices radiculaires, 7 à 9 en série longitudinale et croissant à mesure que l'on s'éloigne du coussinet pétiolaire. Loc. : *Aix-en-Provence.*

Nymphæa polyrhiza, de Sap. (fig. 258).

Se distingue du *N. gypsorum*, dit de Saporta, par un nombre plus considérable de lacunes dans le pétiole et de radicules sur la déclivité des coussinets ; ces dernières sont d'ailleurs disposées d'une tout autre façon, comme le montrent les figures.

Loc. : *Saint-Zacharie.*

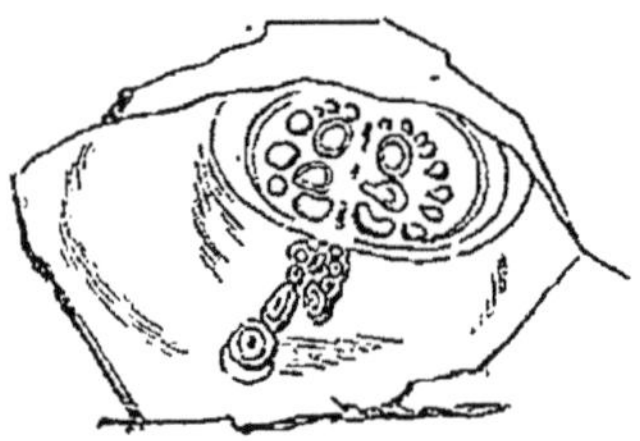

Fig. 257. *Nymphæa gypsorum*, Sap.

Fig. 258. *Nymphæa polyrhiza*, Sap.

Coussinets réd. de 1/4 (d'après Saporta).

Sterculiacées.

Bombax sepultiflorum, de Sap. (fig. 259).

Les fleurs de cette espèce sont extrêmement communes, certaines plaques en sont littéralement couvertes ; ces fleurs ne semblent différer en rien de celles des Bombax actuels et sont surtout voisines du *B. gossypium* L. des Indes orientales.

Loc. : *Aix-en-Provence.*

Anacardiacées.

Rhus palæophylla, de Sap. (fig. 260).

Les folioles de cette espèce, lancéolées, assez longuement acuminées au sommet, sont analogues, selon de Saporta, à celles du *R. heterophylla* Desf. actuel et aussi à celles de l'*Astronium fraxinifolium*, Schol, du Brésil. Loc. : *Aix-en-Provence.*

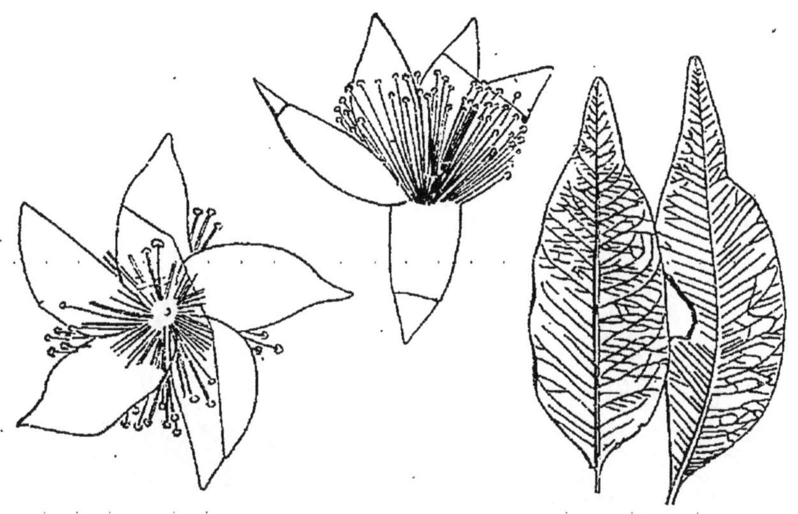

Fig. 259. *Bombax sepultiflorum*,, Sap. Fleurs réd. de 1/3 (d'après de Saporta).

Fig. 260. — *Rhus palæophylla*, Sap. Feuilles réd. de 1/3.

Sapindacées.

Acer primævum, de Sap. (fig. 261).

Feuilles se rapprochant beaucoup par leur forme du *A. trilobatum* A. Br. actuel. Elles en diffèrent cependant par un pétiole plus grêle, des proportions plus petites, un lobe médian plus étroit à la base, plus acuminé au sommet; les lobules des bords sont plus espacés, jamais dentés.

Loc. : *Saint-Zacharie et Saint-Jean-de-Garguier.*

Acer Garguieri, de Sap. (fig. 262).

Assez voisine de l'espèce précédente, celle-ci s'en

distingue cependant par la moins grande obliquité des nervures secondaires externes, émises par les primaires latérales; celles qui naissent de chaque côté de la médiane sont alternes ; enfin les lobules de la marge, au lieu d'être terminés en pointe obtuse, sont simplement sinueux.

Loc. : *Saint-Jean-de-Garguier* (rare).

Fig. 261. *Acer primævum*, Sap. Fig. 262. *Acer Garguieri*, Sap.
Feuilles réduites de 1/3 (d'après Saporta).

Légumineuses.

Feuilles ovales *allongées*..........	**Sophora brivesina.** **Leguminosites gastrolobianus.**
Feuilles *arrondies*................	**Cotoneaster protogea.** **Cercis antiqua.**

Sophora brivesina, de Sap. (fig. 263).

Ressemble entre autres, suivant de Saporta, au *Sophora heptaphylla* L. actuel.

Parmi les fossiles, il a aussi de grandes analogies

avec le *Calpurnia europæa* Sap. d'Armissan que nous citons plus loin.

Loc. : *Brives, le Puy-en-Velay.*

Leguminosites gastrolobianus, de Sap. (fig. 264).

Foliole coriace, grande et large, obovée, atténuée en

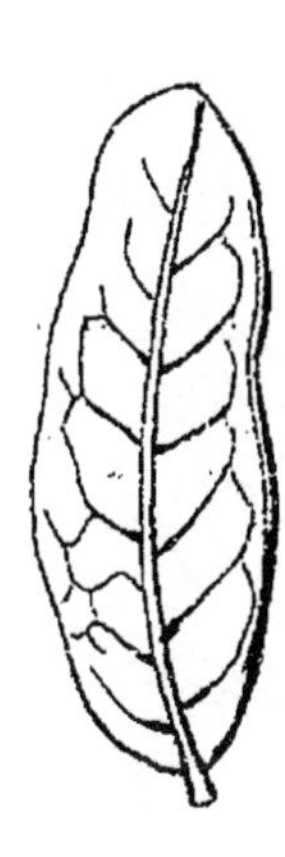

Fig. 263. — *Sophora brivesina*, Sap., gr. nat. (d'après de Saporta).

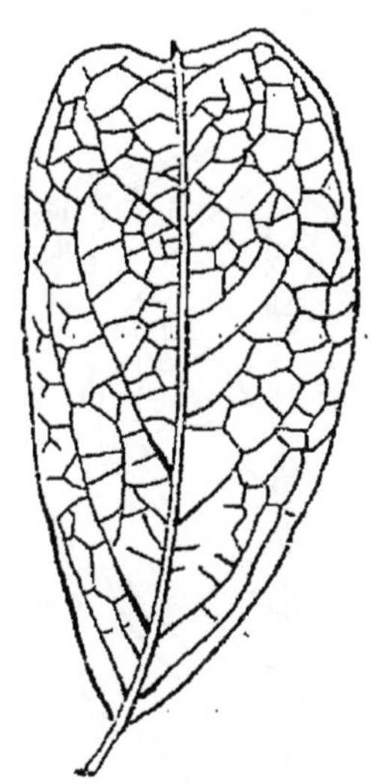

Fig. 264. — *Leguminosites gastrolobianus*, Sap. Réd. de 1/3 (d'après de Saporta).

coin à la base, terminée au sommet par une échancrure qui porte un mucron correspondant au point où vient aboutir la nervure médiane. Bords entiers, pétiole court. Loc. : *Brives*.

Cotoneaster protogea, Ung. (fig. 265).

Feuille membraneuse, arrondie, entière, à sommet très finement mucroné; nervures secondaires légèrement arquées, les tertiaires à peine visibles, transversalement sinueuses. Espèce dont les feuilles sont voisines de celles du *C. vulgaris* Lam. actuel.

Loc. : *Aix*.

Cercis antiqua, de Sap. (fig. 266).

Feuille longuement pétiolée, obovale, orbiculaire, entière, subpalmatinerve.

Légumes oblongs, plans, polyspermes, à veinules transversales, plus étroitement ailés que ceux du *C. siliquastrum* actuel. Loc. : *Aix*.

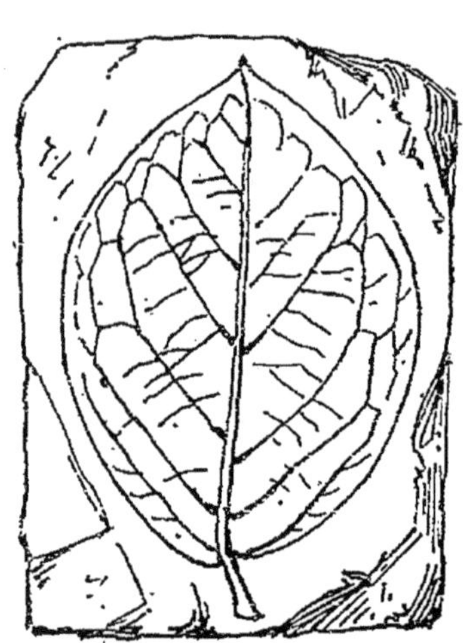

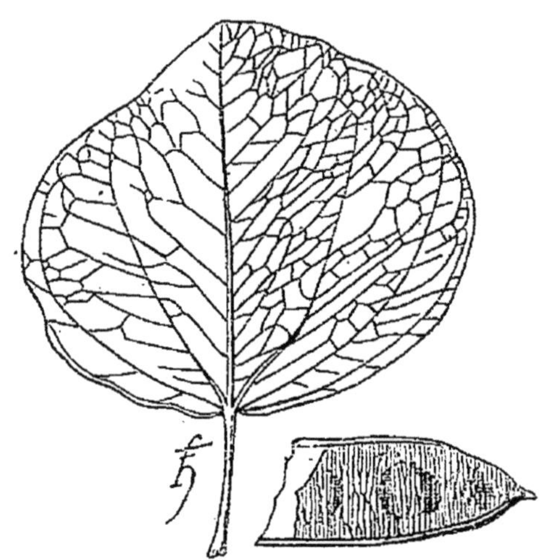

Fig. 265. *Cotoneaster protogea*, Ung.　　Fig. 266. *Cercis antiqua*, Sap.
Réd. de 1/3 (d'après Saporta).

Ilicacées.

Ilex celastrina, de Sap. (fig. 267).

Cette espèce semble s'éloigner de tous les Houx actuels, sauf de l'*I. maderiensis*, Lam., avec lequel de Saporta lui trouve quelques rapports. Elle est spécialisée par un pétiole presque nul, très épais, un sommet obtus, des dents marginées très fines et un par ses nervures secondaires, anastomosées près du bord, le long duquel elles forment plusieurs rangées d'aréoles.

Loc. : *Saint-Jean-de-Garguier*.

Rhamnées.

Zizyphus paradisiaca, Heer (fig. 268).

Cette espèce est l'une des plus communes et des plus caractéristiques de la flore d'Aix; ses feuilles sont voisines de celles d'un grand nombre de formes vivantes

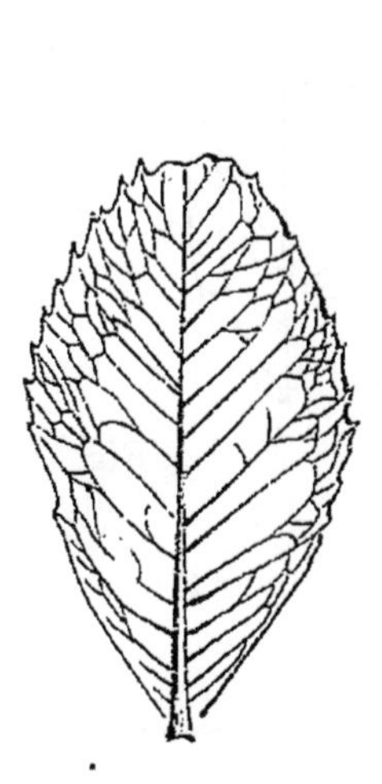

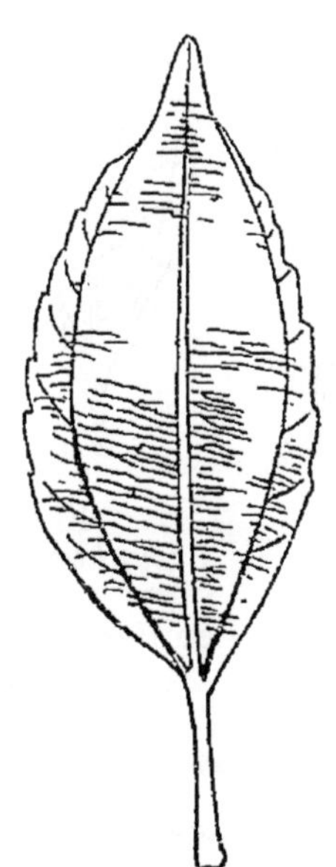

Fig. 267. *Ilex celastrina*, Sap.
Fig. 268. *Zizyphus paradisiaca*, Heer.
Réd. de 1/3 (d'après de Saporta).

de l'archipel Indien et surtout du *Z. venulosa*, Wall., dont elles ne diffèrent que par des dents plus espacées.

Loc. : *Aix-en-Provence.*

Zizyphus Ungeri, Heer (fig. 269).

Cette espèce est très polymorphe, comme l'on peut s'en rendre compte par l'examen des croquis que nous donnons d'elle. Parmi les espèces vivantes c'est près des *Z. timorensis*, Den., et *Z. sphærocarpa*, Tul., des Comores, qu'il faut la placer.

Loc. : *Gargas*, *Saint-Zacharie*.

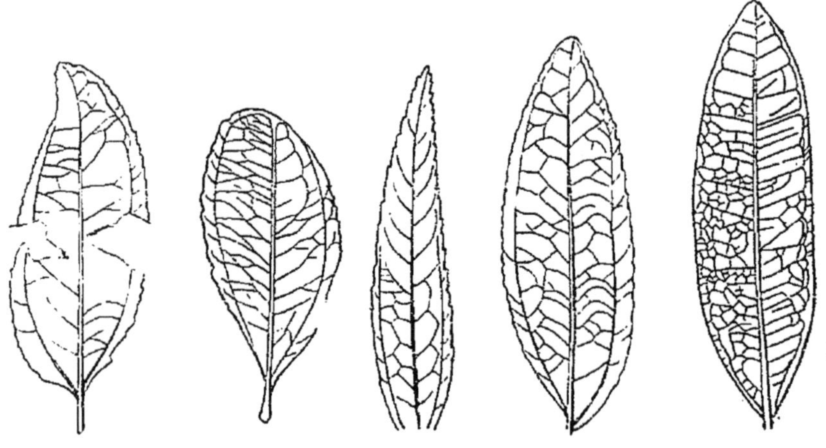

Fig. 269. *Zizyphus Ungeri*, Heer.

Fig. 270. — *Myrtus aptiensis*, Sap.

Feuilles réd. de 1/3 (d'après de Saporta).

Myrtacées.

Myrtus aptensis, de Sap. (fig. 270).

Feuilles coriaces, oblongues, lancéolées, entières, ponctuées; nervure primaire forte, les secondaires émises sous des angles plus ou moins obtus, réticulées et reliées entre elles par une nervure marginale continue. Peut être comparé aux *Eugenia australis* et *albinervis* actuels.

Loc. : *Gargas*, *environs d'Apt*.

Araliacées

1 { Feuilles *palmatilobées*.......... **Aralia multifida.**
Feuilles *digitées*, à folioles entières.............................. 2.

2	Feuilles *obtuses au sommet*, brièvement atténuées en un *court pétiole*.	A. Decaisnei.
	Feuilles *aiguës au sommet*, longuement atténuées à la base ; à *pétiole long*........................	A. Zacharieusis.

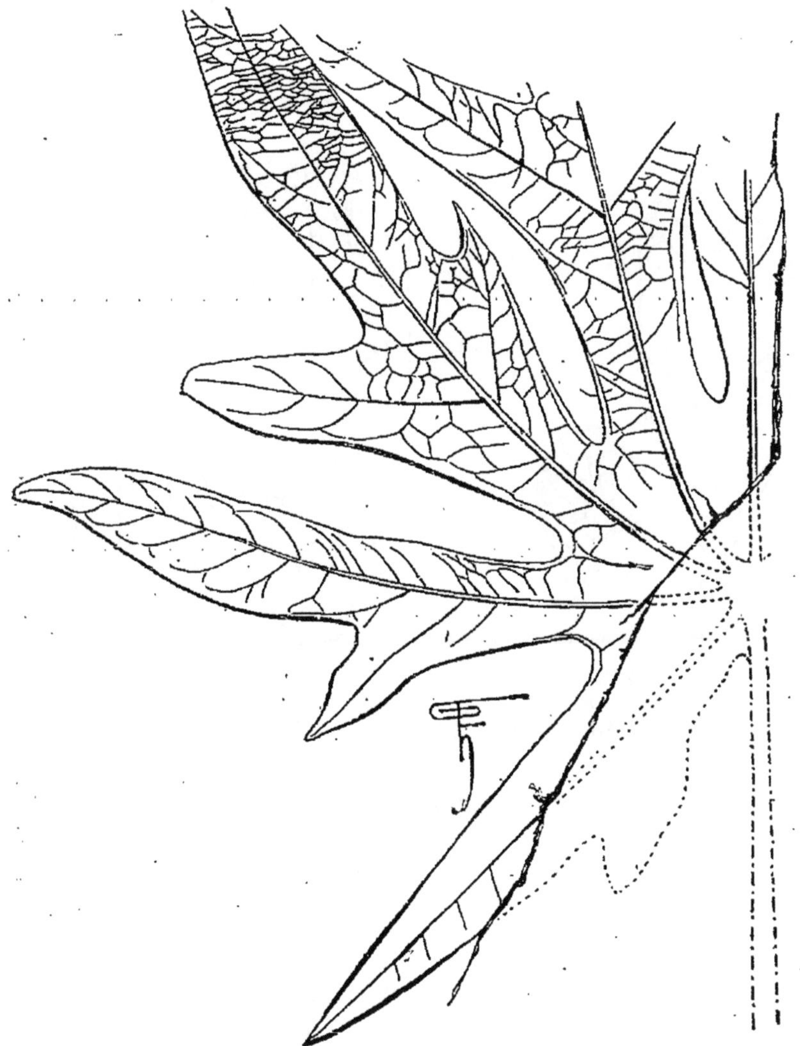

Fig. 271. — *Aralia multifida*, Sap. Moitié d'une feuille en partie restaurée. Réd. de 1/3 (d'après de Saporta).

Aralia multifida, de Sap. (fig. 271).

Belle feuille palmée, incisée-lobée, à sept lobes acuminés, pourvus latéralement d'un lobule du côté externe et de deux vers le milieu de la feuille. Cette espèce présente une très grande affinité avec l'*A. elegans* Hort. par. actuel de la Nouvelle-Grenade (de Saporta). Loc. : *Gypses d'Aix-en-Provence.*

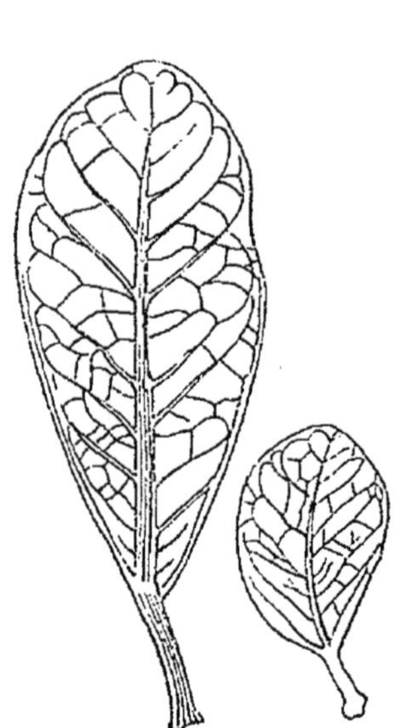

Fig. 272.
Aralia Decaisnei, Sap.

Fig. 273.
Aralia Zachariensis, Sap.

Feuilles réd. de 1/3 (d'après de Saporta).

Aralia (Paratropia) Decaisnei, de Sap. (fig. 272).

Belle espèce à folioles oblongues, obtuses et même arrondies au sommet, brièvement atténuées à la base; elles peuvent atteindre 0 m. 06 de hauteur, sans le pétiole et offrent de grandes analogies avec le *A. pachycephalus* Lindl. actuel de la Nouvelle-Grenade.

Loc. : *Saint-Zacharie.*

Aralia (Sciadophyllum) Zachariensis, de Sap. (fig. 273).

Espèce très commune qui se distingue facilement de

la précédente par ses folioles plus grandes, toujours longuement atténuées à la base et aiguës au sommet. De Saporta la considère comme très voisine de certains *Sciadophyllum* actuel de la Nouvelle-Grenade.

Loc. : *Saint-Zacharie.*

Dicotylédones gamopétales.

Éricacées.

Andromeda venulosa, Sap. (fig. 274).

Ressemble beaucoup à une espèce de l'aquitanien : *A. narbonensis*, de Sap. d'Armissan, et dans la flore actuelle se rapproche des Andromèdes (*Leucothoe*) du Brésil et surtout, dit de Saporta, du *L. salicifolia* Benth. de Bourbon.

Loc. : *Saint-Jean-de-Garguier.*

Andromeda lauriforma, de Sap. (fig. 275).

Feuilles grandes, largement lancéolées-linéaires, munies d'un fort pétiole, parfaitement entières, avec la marge cernée d'une mince bordure cartilagineuse. Cette espèce est voisine des *A. narbonensis* et *A. latior*, de Sap. d'Armissan, que nous citons plus loin (voyez p. 280 et 281).

Loc. : *Brives.*

Andromeda neglecta, de Sap. (fig. 276).

Espèce dont les feuilles sont très variables, par leurs dimensions et par leur forme, comme on peut le voir par nos figures; sous ce dernier rapport, comme le fait remarquer de Saporta, elles ne sont pas sans analogie soit avec les Banksia à feuilles entières, soit avec le *Q. elæna*, Ung. ; mais l'étude de leur nervation les en éloigne et les fait rapprocher du *Leucothoe buxifolia*,

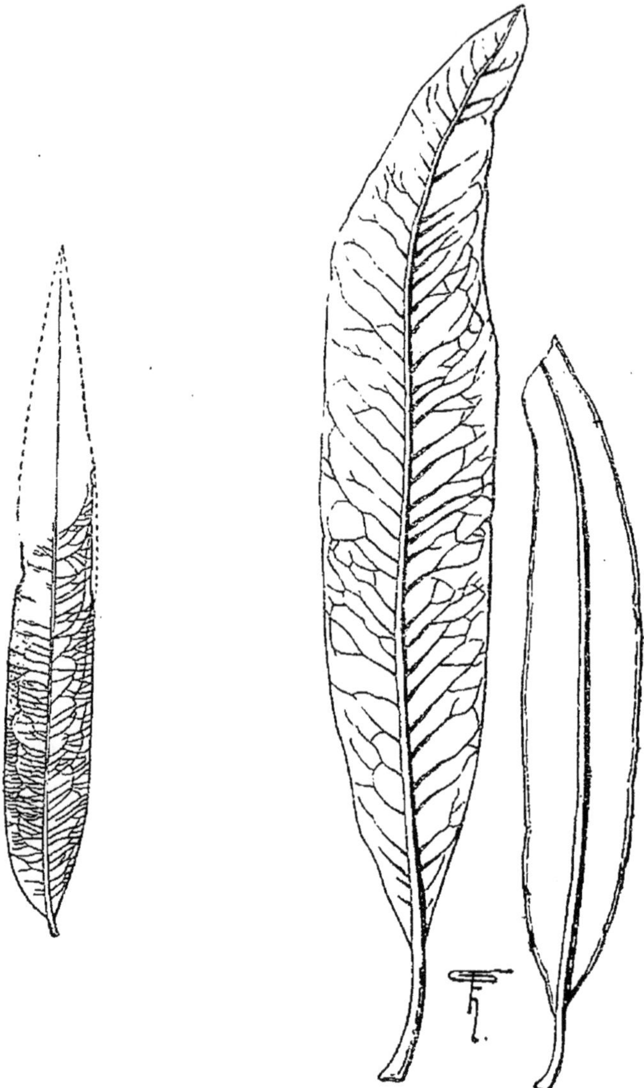

Fig. 274. — *Andromeda venulosa*, Sap. Fig. 275. *Andromeda lauriforma*, Sap.
Figures réd. de 1/3 (d'après de Saporta).

Benth., qui vit aujourd'hui à l'île de la Réunion.

Loc. : *Saint-Jean-de-Garguier, Fénestrelle.*

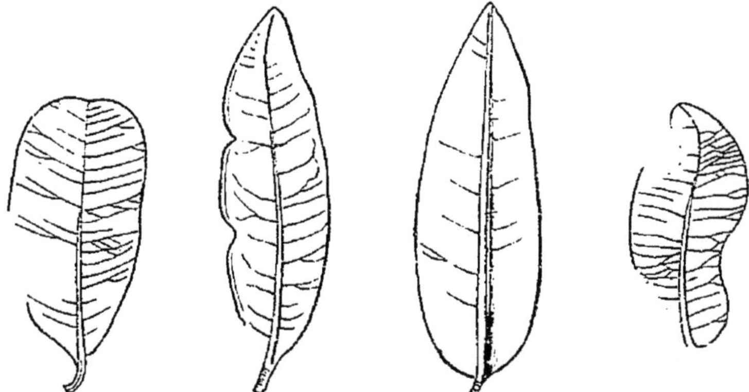

Fig. 276. — *Andromeda neglecta*, Sap. Réd. de 1/3 (d'après de Saporta).

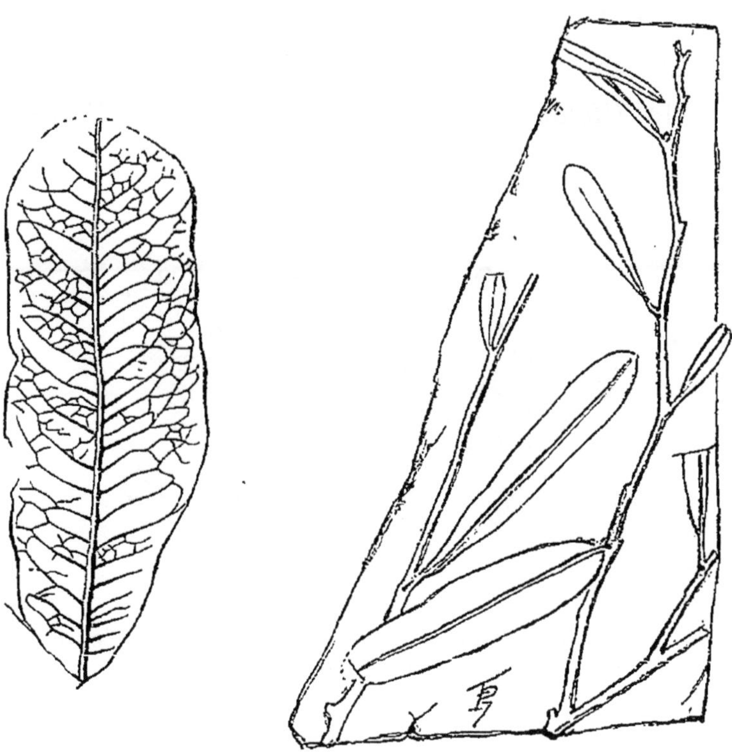

Fig. 278. *Myrsine Vinayana*, Sap.

Fig. 277. *Andromeda ramulosa*, Sap.

Réd. de 1/3 (d'après Saporta).

Andromeda ramulosa, de Sap. (fig. 277).

Espèce représentée par des rameaux encore munis de leurs feuilles. Ces rameaux sont grêles, élancés, portant des feuilles alternes, linéaires-lancéolées, obtuses au sommet, et ne laissant rien voir de la nervation, hors la nervure médiane. Loc. : *Brives*.

Myrsinées.

Myrsine Vinayana, de Sap. (fig. 278).

Feuilles coriaces, à limbe large, allongé, parfaitement entier sur les bords qui sont cernés par une marge cartilagineuse. Les caractères de la nervation ainsi que la forme générale, rapprochent beaucoup cette espèce de deux Myrsinées actuelles des îles Canaries : le *Pleiomeris canariensis*, Dec., et l'*Herbetenia excelsa*, Banks.

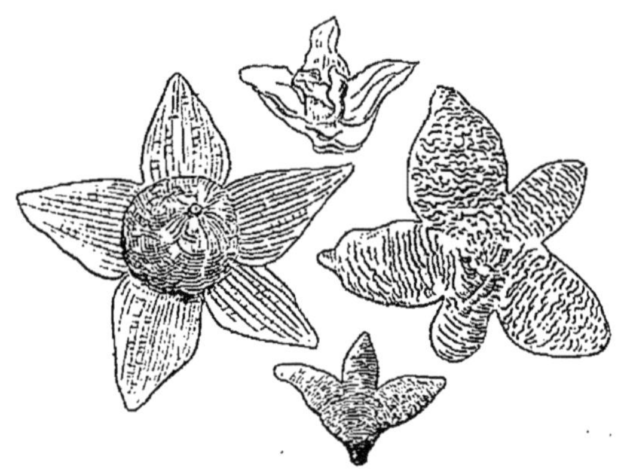

Fig. 279. — *Diospyros rugosa*, Sap. Fleurs grossies. Fleurs mâles et fruit adulte avec calice persistant.

Ébénacées.

Diospyros rugosa, de Sap. (fig. 279).

Feuilles ovales, pétiolées, entières, à nervures secondaires courbées, les tertiaires réticulées, sinueuses transversales.

Fleurs unisexuelles, à calice sessile ou à peine pédonculé quinquépartité, à segments inégaux, rugueux en dehors, lisses en dedans; le fruit est une baie globuleuse. La fleur mâle présentait un calice à segments subdressés supportant une corolle tubuleuse à lobes peu distincts. Loc. : *Gypses d'Aix*.

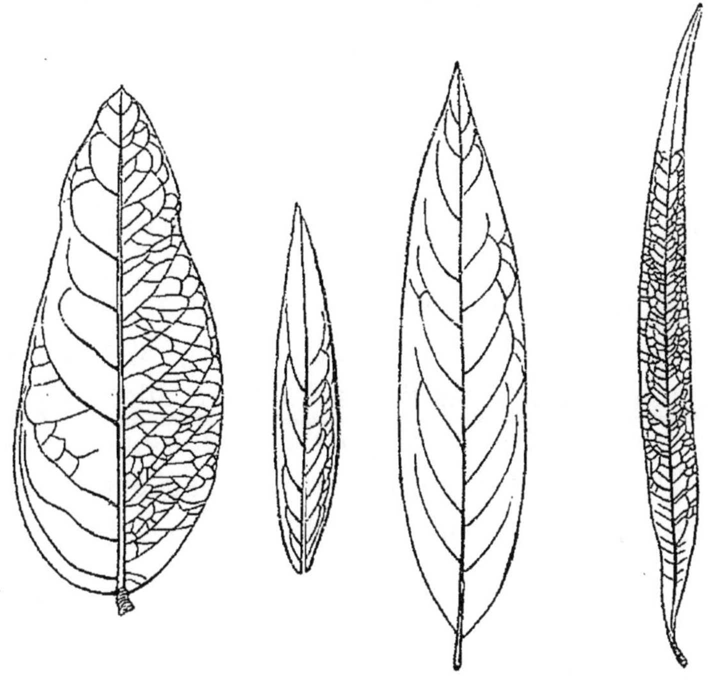

Fig. 280. *Diospyros varians*, Sap. Fig. 281. — *Echitonium cuspidatum*, Heer.
Figures réduites de 1/3 (d'après de Saporta).

Diospyros varians, de Sap. (fig. 280).

Feuilles très variables de forme, comme le montre notre figure, à pétiole ridé transversalement, nervure primaire fortement exprimée, les secondaires fines, réticulées-rameuses, réseau veineux très fin, à branches flexueuses.

Loc. : Gypses de *Saint-Jean-de-Garguier*.

Apocynées.

Echitonium cuspidatum, Heer (fig. 281).

Feuilles linéaires, entières, atténuées en pétiole à la base, longuement acuminées au sommet; nervures secondaires recourbées en arcs le long des bords et se changeant en nervules qui forment un réseau à mailles très serrées.

Loc. : *Gargas*.

§ 2. — Étages Stampien et Aquitanien.

Nous réunirons dans un même chapitre l'énumération des espèces qui constituent les flores stampienne et aquitanienne, car ces flores ont entre elles les plus grands rapports; c'est ainsi que dans la flore de Céreste (Basses-Alpes), qui se place tout à fait au sommet de l'étage Stampien, on rencontre déjà un grand nombre d'espèces que l'on retrouve un peu plus haut dans la série stratigraphique, c'est-à-dire dans les flores franchement aquitaniennes de Manosque, d'Armissan et de Brognon. Les quelques espèces spéciales au gisement de Céreste sont distinguées par le signe (*).

CRYPTOGAMES

Mousses.

Muscites Tournali, Brong. (fig. 282).

Cette espèce, dit de Saporta, couvre des plaques

entières de ses tiges amoncelées. Elle rappelle, selon M. Brongniart, qui l'a décrite le premier, l'*Hypnum riparium*, L. Elle devait être aquatique.

Loc. : *Armissan* près Narbonne (Aude).

Fig. 282.

Fig. 283.

Fig. 282. *Muscites Tournali*, Brg. Grand. nature. — Fig. 283. *Osmunda lignitum*, Ung. Réd. de 1/2 (d'après de Saporta).

Fougères.

Osmunda lignitum, Ung. (fig. 283).

Belle espèce qui s'écarte beaucoup du type de notre Osmonde indigène, mais que l'on est porté à confondre, dit de Saporta, avec l'*O. presliana*, J. Sm., qui vit aujourd'hui dans les régions boisées à Ceylan, à Java et dans les Philippines.

Loc. : *Manosque*.

Lastræa styriaca, Ung. (fig. 284).

Cette espèce, probablement arborescente, présente des frondes pinnées, à pennes en ruban, fortement dentées sur les bords. Les nervures tertiaires sont toutes, ou plusieurs seulement, conniventes entre elles.

Loc. : *Manosque*.

Lygodium Gaudini, Heer (fig. 285).

L'analogie de cette espèce avec le *L. circinnatum* Sw. actuel des îles de la Sonde et des Philippines est surprenante, dit de Saporta. Les empreintes de Manosque

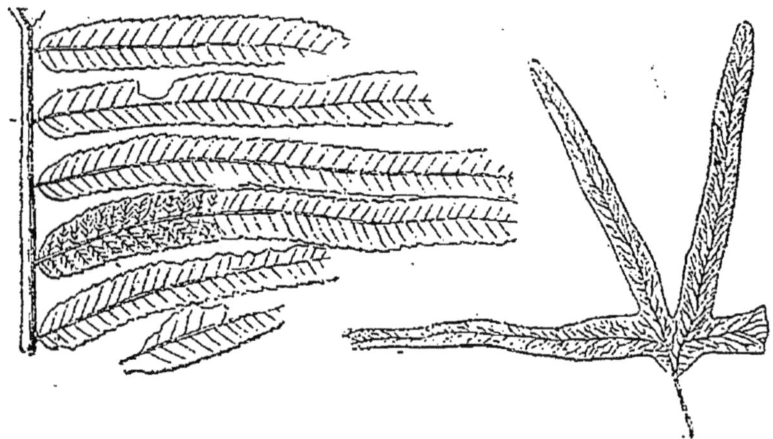

Fig. 284. *Lastræa styriaca*, Ung. Fig. 285. *Lygodium Gaudini*, Heer.
Figures réduites de 1/2 (d'après de Saporta).

appartiennent à la variété α à feuilles digitées quadripartites. Loc. : *Céreste*, *Manosque*, *Ménat*.

Pecopteris (Aspidium) Lucani, Sap. (fig. 286).

Espèce très voisine, par les caractères de sa nervation, des *Aspidium gonyloides*, Schkuhr. du Brésil et *A. Eckloni*, Kunze, du Cap ; mais l'espèce fossile diffère de la première par des pinnules moins acuminées ; de plus, l'on constate, dans les deux espèces actuelles précitées, une anastomose des veines inférieures des pinnules plus complète et plus prononcée que dans le *Pecopteris Lucani*.

Loc. : *Brognon* (Côte-d'Or).

* **Aspidium obtusilobum**, Sap. (fig. 287).

Cette espèce est très voisine de la précédente; elle ne s'en distingue guère que par ses lobes plus obtus à leur sommet. Elle est particulière au gisement de Céreste.

Loc. : *Céreste.*

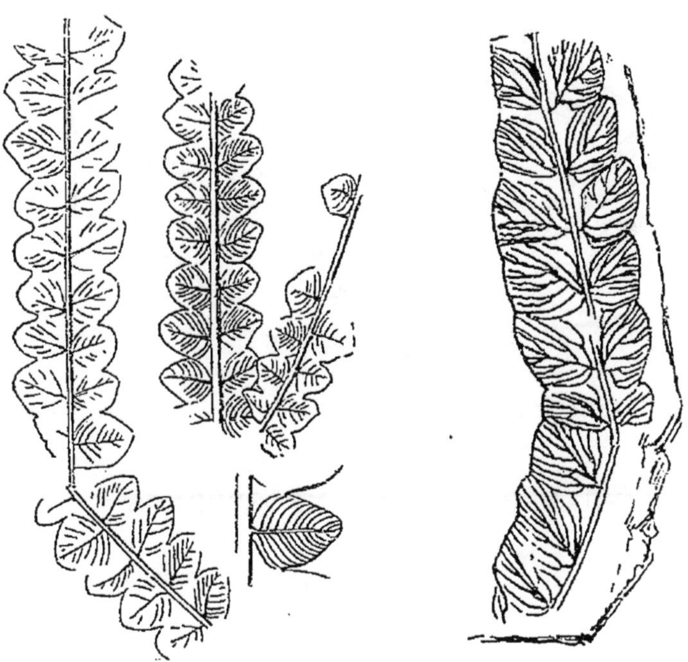

Fig. 286. *Aspidium Lucani*, Sap. Fig. 287. — *Aspidium obtusilobum*, Sap.
Figures réduites de 1/3 (d'après de Saporta).

* **Pteris urophylla**, Unger. (fig. 288).

Fronde bipinnatipartitée, à lobes coriaces, distants linéaires, entiers aigus au sommet ou un peu obtus; les nervures secondaires sont simples ou fourchues. Pour M. de Saporta, cette espèce se rapproche à la fois des *Pt. aquilina* L. et *Pt. caudata* qui vivent actuellement et rentrent dans le groupe des *Allosorus*, de Presl.

Loc. : *Céreste.*

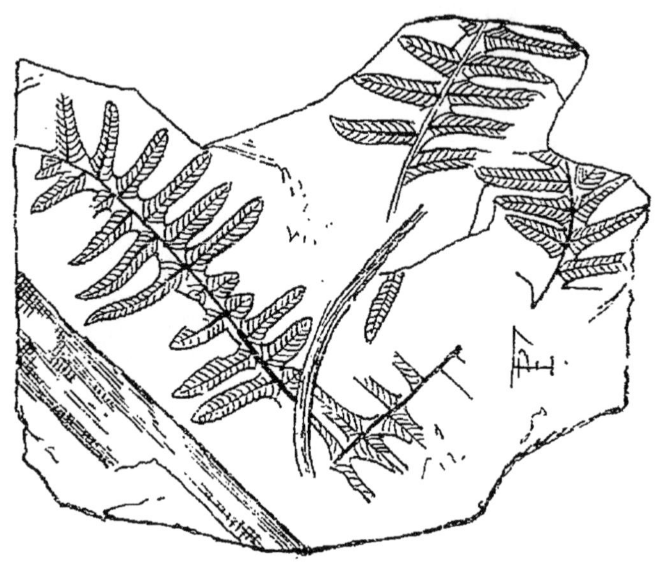

Fig. 288. — *Pteris urophylla*, Ung. Réd. de 1/3 (d'après Heer).

PHANÉROGAMES GYMNOSPERMES

Conifères.

Cupressinées.

Callitris Brongniarti, Endl. (fig. 216, p. 193).

Nous avons déjà signalé cette espèce dans l'Oligocène et l'Éocène (voir page 193); elle se retrouve à *Céreste*, *Armissan*, *Manosque*, etc.

Libocedrus salicornioides, Heer (fig. 289).

Les rameaux de cette espèce se distinguent facilement de ceux des Callitris par leurs ramifications opposées, monopodiques, et leurs dimensions plus fortes. Les articles des tiges sont plus larges, les feuilles faciales plus élargies. D'après de Saporta, il se pourrait que ces prétendus Libocédrites fussent rapprochés de certaines Loranthacées aphylles, du genre Viscum, par exemple.

Loc. : *Céreste, Manosque, Ménat.*

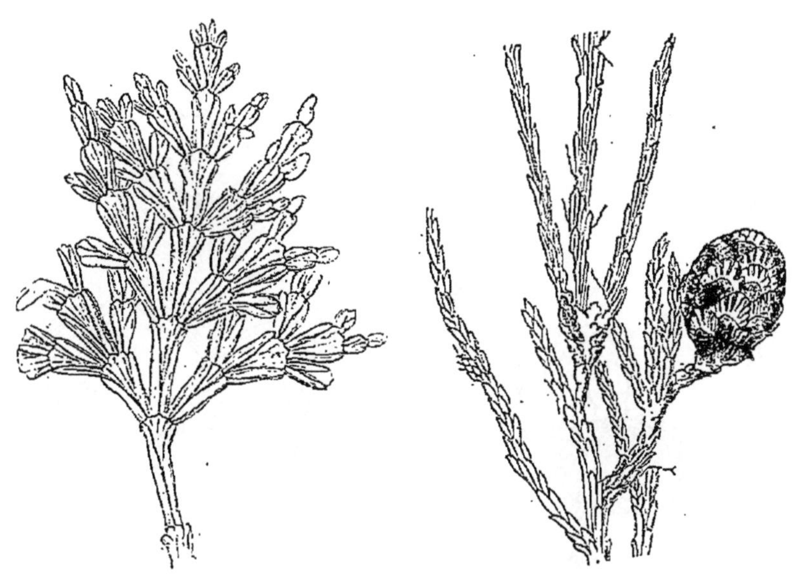

Fig. 289. *Libocedrus salicornioides*, Hr. Fig. 290. *Glyptostrobus europæus*, Hr.
Figures réduites de 1/3 (d'après Zittel).

Taxodinées.

Glyptostrobus europæus, Heer (fig. 290).

Feuilles de deux sortes, les unes courtes, ovales, pointues, squamiformes; les autres linéaires, et dressées sur les branches verticales. Cône ovale, ligneux, à écailles cunéiformes, imbriquées, à bord supérieur arrondi, découpé par 3-7 fentes qui le festonnent. Fleurs mâles à l'extrémité des rameaux, entourées, à leur base, par des feuilles courtes, ovales, acuminées au sommet.

Très répandu dans l'Oligocène.

Loc. : *Céreste, Manosque, Ménat.*

Sequoia Couttsiæ, Heer (fig. 291).

Cette espèce est remarquablement voisine du célèbre

Fig. 291. *Sequoia Couttsiæ*, Heer. Fig. 292. *Sequoia Tournali*, Sap.
Rameaux et fructifications. Réd. de 1/3 (d'après de Saporta).

Sequioa gigantea Endl. actuel de la Californie. Les débris que l'on rencontre aux environs de Narbonne doivent se rapporter, selon de Saporta, à une variété *polymorpha*, remarquable par la diversité de son feuillage, suivant que l'on considère les rameaux, les ramules, ou l'extrémité des tiges. Loc. : *Armissan.*

Sequoia Tournali, de Sap. (fig. 292).

Diffère du *Seq. Langsdorfii*, Heer, avec lequel il est d'ailleurs facile à confondre, par ses rameaux plus robustes, ses feuilles moins longues, plus raides, moins linéaires et surtout plus régulièrement décroissantes vers la base et le sommet des ramules. Parmi les espèces vivantes, c'est du *S. sempervirens* qu'il se rapproche le plus.

Loc. : *Armissan*, *Céreste*, *Manosque*, etc.

Sequoia Langsdorfii, Heer.

Se distingue de l'espèce précédente par ses feuilles plus étroites, plus allongées, plus étalées, plus acuminées au sommet. Ses fruits sont très petits, ses ramules plus flexibles et plus divisées.

Loc. : *Ménat*.

Entomolepis cynarocephala, de Sap. (fig. 293).

Fruit curieux qui ressemble à première vue à un involucre de cynarocéphale; c'est un cône muni d'écailles minces, coriaces non épaissies au sommet, mais terminées par un prolongement fimbrié, épineux sur les bords et ornées de stries ou nervures, fines et serrées qui les parcourent longitudinalement. Ce fruit, pour de Saporta, vient assez naturellement se ranger à côté de ceux des *Cunninghamia* et des *Sciadopitys* actuels.

Loc. : *Armissan*.

Abiétinées.

1	Feuilles fasciculées par *trois*; écailles des cônes à protubérance centrale.	**P. trichophylla**. Sap.
	Feuilles fasciculées par *plus* ou par *moins* de trois........................	2.

2	Feuilles fasciculées par *cinq*.....	3.
	Feuilles fasciculées par *deux*....	4.
3	Ecailles à protubérance *terminale*.	**P. echinostrobus.** Sap.
	Ecailles à protubérance *centrale*.	**P. gompholepis.** Sap.

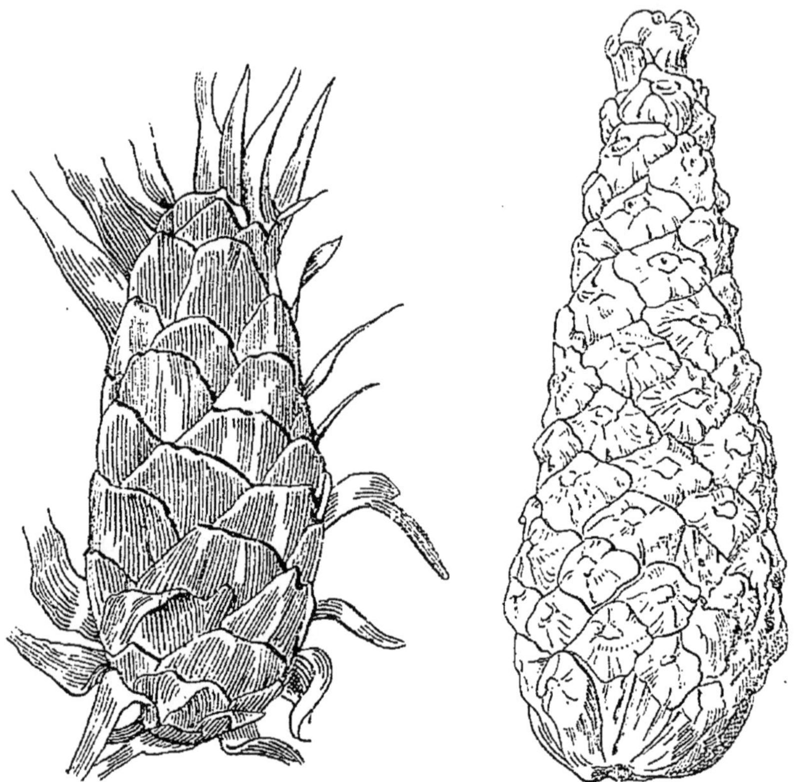

Fig. 293. *Entomolepsis cynarocephala*, de Sap. Fig. 294. — *Pinus gompholepis*, de Sap.
Cônes réd. de 1/3 (d'après Saporta).

4	Caractères des *feuilles*, voir 5...	
	Caractères des *cônes*, voir 7.....	
5	Feuilles de *taille moyenne*.......	**P. leptophylla.**
	Feuilles de *très grande taille*....	6.
6	Feuilles *raides*..................	**P. carterophylla.**
	Feuilles *flexueuses*..............	**P. macroptera.**

16

7	Cônes de taille ordinaire, à écailles à sommet aigu................	**P. palæodrymos.**
	Cônes de petite taille ; écailles à sommet arrondi..................	**P. tenuis.**
	Espèce connue seulement par ses semences.......................	**P. platyptera.**

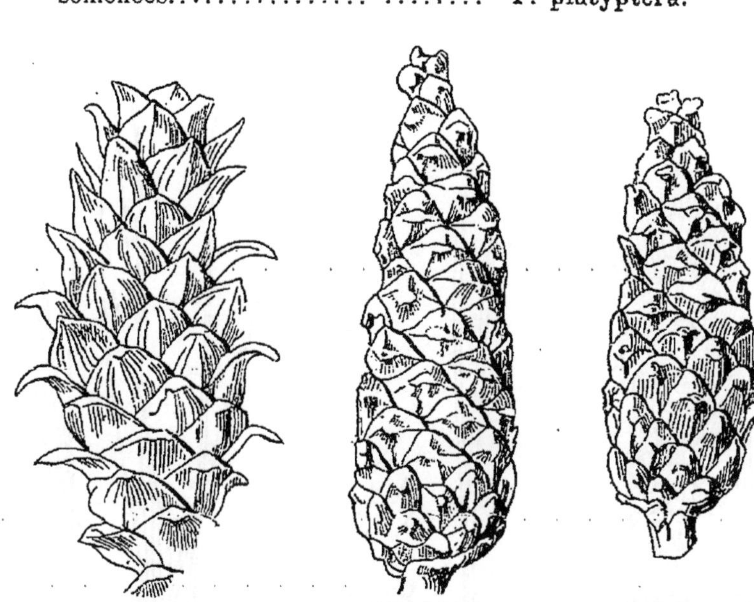

Fig. 295. *Pinus echinostrobus*, Sap. Fig. 296. — *Pinus palæodrymos*, Sap. Fig. 297. — *Pinus tenuis*, Sap.
Cônes réd. de 1/3 (d'après de Saporta).

Pinus trichophylla, de Sap. (fig. 298).

Espèce très répandue, qui se rapproche beaucoup du *P. longifolia* Roxb. des Indes, tant par les caractères des feuilles que par ceux des cônes.

Loc. : *Armissan*.

Pinus echinostrobus, de Sap. (fig. 295 et 301).

Ce pin, par la physionomie de ses feuilles et de ses cônes, se rapproche beaucoup d'une espèce actuelle, originaire du Mexique. Toutefois les cônes fossiles sont plus petits de moitié, les apophyses des écailles sont plus prolongées et terminées par une pointe bien plus aiguë, ce qui rapproche ces cônes de ceux du *P. Sabiniana*, Dougl.

Loc. : *Armissan*.

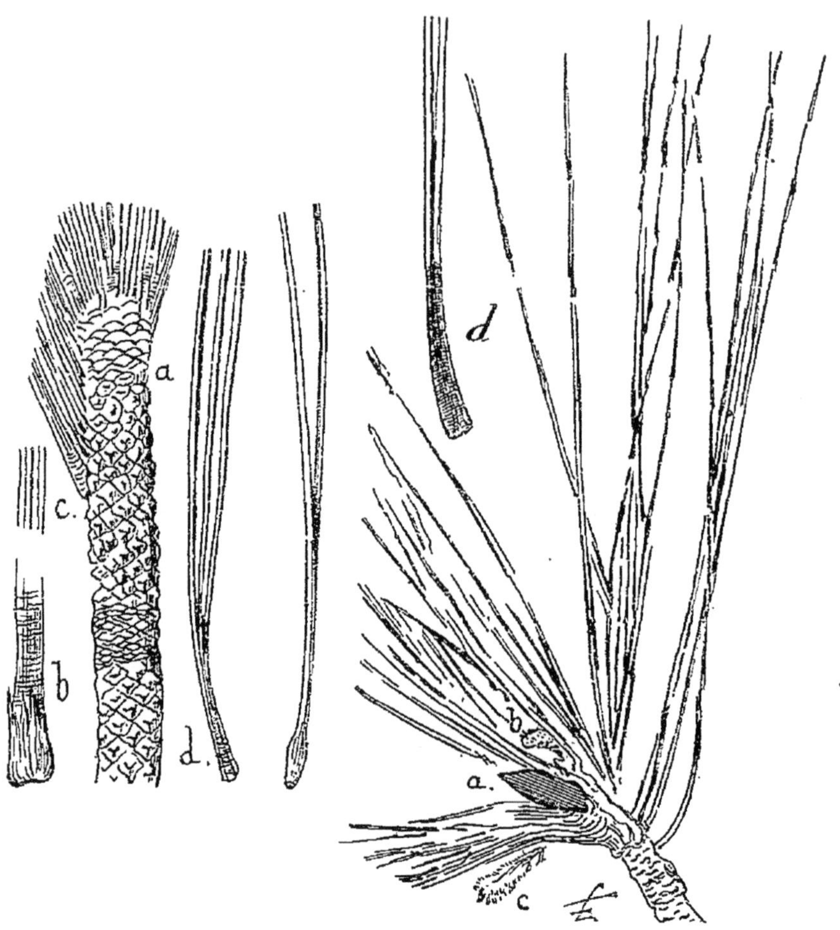

Fig. 298. Fig. 299. Fig. 300.

Fig. 298. *Pinus tricophylla*, Sap. — Fig. 299. *Pinus leptophylla*, Sap. — Fig. 300. *Pinus carterophylla*, Sap. — Feuilles et rameaux réd. de 1/3 (d'après de Saporta).

Pinus gompholepis, de Sap. (fig. 294).

Très beau cône, de grande taille, pouvant atteindre 16 centimètres de longueur, sa forme régulière et longuement atténuée le fera toujours reconnaître, la surface des écailles est lisse, nullement carénée. Ce cône peut être comparé à ceux du *P. Gordoniana* Hort. actuel de l'Amérique. Loc. : *Armissan*.

Pinus leptophylla, de Sap. (fig. 299).

Cette espèce se distingue facilement des autres pins d'Armissan par ses feuilles minces, flexibles, divariquées et dont la gaine basilaire est courte, scarieuse, lacérée. Ces feuilles, dit de Saporta, ressemblent à celles de notre *P. halepensis*, Mill.

Loc. : *Armissan*.

Fig. 301. — *Pinus echinostrobus*, Sap. Feuilles réd. de 1/3.

Pinus carterophylla, de Sap. (fig. 300).

Facile à distinguer entre toutes, cette espèce présente des feuilles de 0 m. 30 de long, très raides. La gaine qui les réunit à la base est rugueuse transversalement. Elles ressemblent beaucoup à celles du *P. megaphylla*, de Saint-Jean-de-Garguier (voyez *ante*, p. 196).

Loc. : *Armissan*.

Pinus macroptera, de Sap.

Comme l'espèce précédente, celle-ci est remarquable par la longueur inusitée de ses feuilles qui atteignent de 27 à 32 centimètres; mais, au lieu d'être raides, elles sont flexueuses. Elles étaient fasciculées en forme de panaches et rappellent en beaucoup plus grand celles du *P. Massoniana* Lam. actuel du Japon.

Loc. : *Armissan*.

Pinus palæodrymos, de Sap. (fig. 296).

Par la forme de ses cônes, par les caractères de leurs écailles, marquées en leur centre d'une protubérance tuberculeuse, obtuse, cette espèce est voisine du *P. sylvestris* L. actuel, qui vit en France ; le *P. Massoniana*, du Japon, lui ressemble aussi sous une forme plus réduite.

Loc. : *Armissan*.

Pinus tenuis, de Sap. (fig. 297).

Cônes variables, réduits à de très faibles proportions. La figure que nous donnons, d'après de Saporta, montre la forme la plus commune. La protubérance centrale des écailles est petite, losangique, tuberculeuse, obtuse. Cette espèce, comme la précédente, peut être rapprochée du Pin sylvestre actuel.

Loc. : *Armissan*.

Semences.

Pinus platyptera, de Sap. (fig. 302).

De cette espèce on ne connaît que les semences qui sont très abondamment répandues sur certaines dalles. M. de Saporta est porté à les rapprocher de celles des *Pinus halepensis* et *taurica*, plus que de tout autre.

Fig. 302. *Pinus platyptera*, semence. Réd. de 1/3.

Loc. : *Armissan*.

PHANÉROGAMES ANGIOSPERMES

Monocotylédones.

Cypéracées.

Typha latissima, Al. Braun (fig. 303).

Les feuilles largement rubanées de cette espèce couvrent entièrement certaines plaques; elles sont très voisines de celles du *T. latifolia* qui habite aujourd'hui l'Europe, l'Asie et l'Amérique.

Loc. : *Céreste, Manosque.*

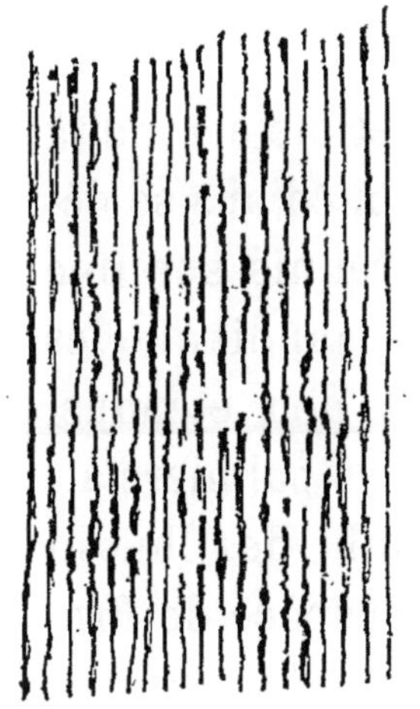

Fig. 303. — *Typha latissima*, A. Br. Réd. de 1/5 (d'après Heer).

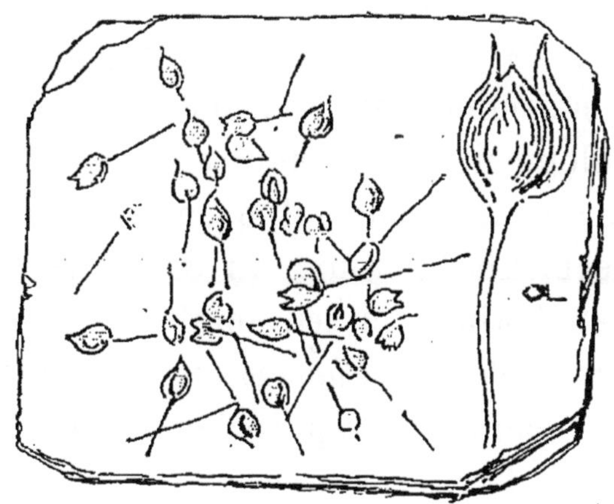

Fig. 304. — *Panicum pedicellatum*, Sap. Épillets grand. nat. et en *a* grossi (d'après de Saporta).

Panicum pediçellatum, Sap. (fig. 304).

Sous ce nom, de Saporta cite des épillets répandus à profusion dans certaines plaques du schiste de Manosque; ils se rapprochent, selon cet auteur, du *P. miliaceum* L. qui vit aujourd'hui dans l'Inde. Pour M. Marion, ces organes doivent être rapportés au genre

Podostachys. M. Schenk les interprète comme des pédoncules spicifères d'une plante voisine du *Centrolepis*, sans préciser davantage, vu l'état insuffisant de conservation de ces fossiles.

Loc. : *Manosque.*

Palmiers.

Sabalites major, de Sap. (pl. 32).

Ce Palmier est très répandu dans tout le système Oligocène, nous avons donné ses principaux caractères en décrivant les espèces de la flore sannoisienne des environs de Marseille (voir *ante*, p. 199).

Loc. : *Céreste, Manosque*, etc., etc.

Flabellaria latiloba, Heer (fig. 305).

Cette espèce se distingue par son pétiole arrondi à son sommet, par sa fronde à segments médians se développant rapidement en largeur et réunis sur une longueur considérable (environ 0 m. 30), tandis que les segments latéraux, au contraire, sont peu étendus, peu distincts et peu nombreux. Parmi les palmiers actuels, c'est le *Chamærops excelsa.* Thunb. de Chusan qui semble se rapprocher le plus de l'espèce de Brognon. Loc. : *Brognon; commun dans la molasse suisse.*

Dicotylédones apétales.

Myricées.

Myrica dryandræfolia, Brong. (fig. 236, p. 209).

Cette espèce a déjà été citée dans la flore sannoisienne de Saint-Jean-de-Garguier, voyez page 208. Les feuilles en sont assez communes dans toutes les couches à *Armissan.*

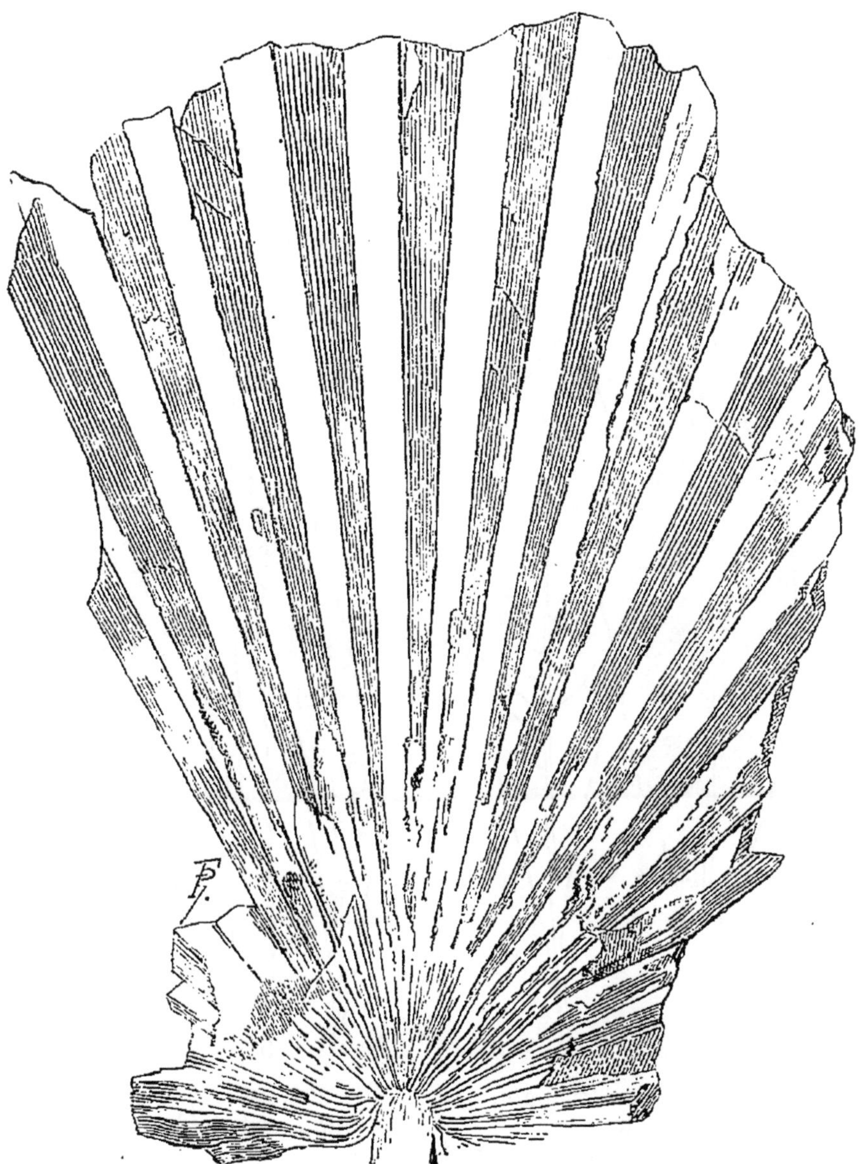

Fig. 305. — *Flabellaria latiloba*, Heer. Fronde presque entière avec terminaison du pétiole. Réduite de plus de moitié (d'après de Saporta).

Myrica lævigata, Heer (fig. 306).

Les feuilles de cette espèce dépassent en dimension celles de toutes les espèces actuelles, mais par leur forme et les détails de leur nervation, elles se rapprochent du *M. cerifera* qui vit aujourd'hui.

Loc. : *Armissan*, *Brognon*, *Manosque*.

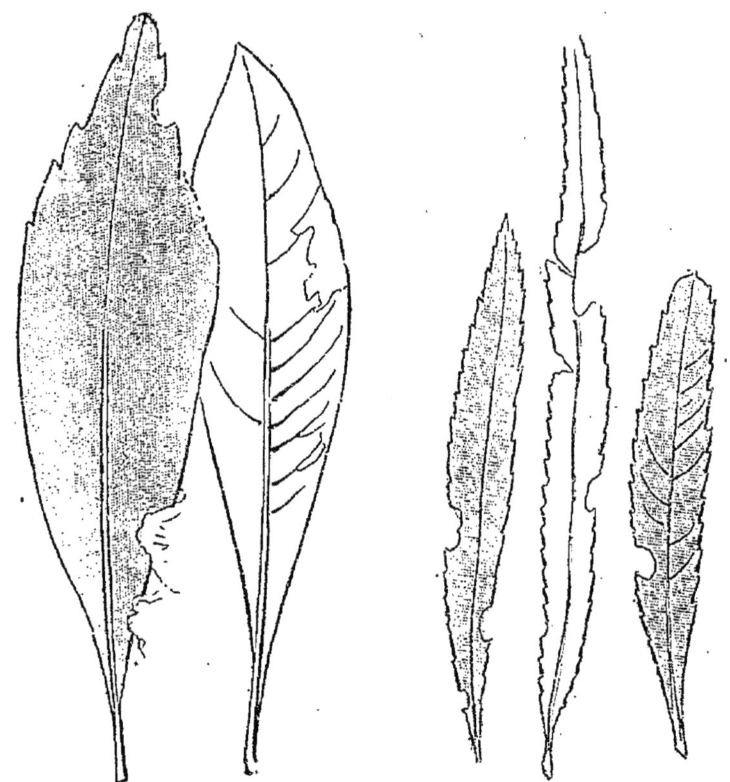

Fig. 306. — *Myrica lævigata*, Heer. Réd. de 1/4. Fig. 307. — *Myrica hæringiana*, Ett. Réd. de 1/3.
Ces figures d'après Heer.

* **Myrica hæringiana**, Etting. (fig. 307).

Feuilles linéaires ou linéaires lancéolées, entières, sessiles ou atténuées à la base en court pétiole, aiguës au sommet; nervure primaire forte, les secondaires très fines, simples ou bifurquées et émises sous des angles très aigus.

Loc. : *Céreste.*

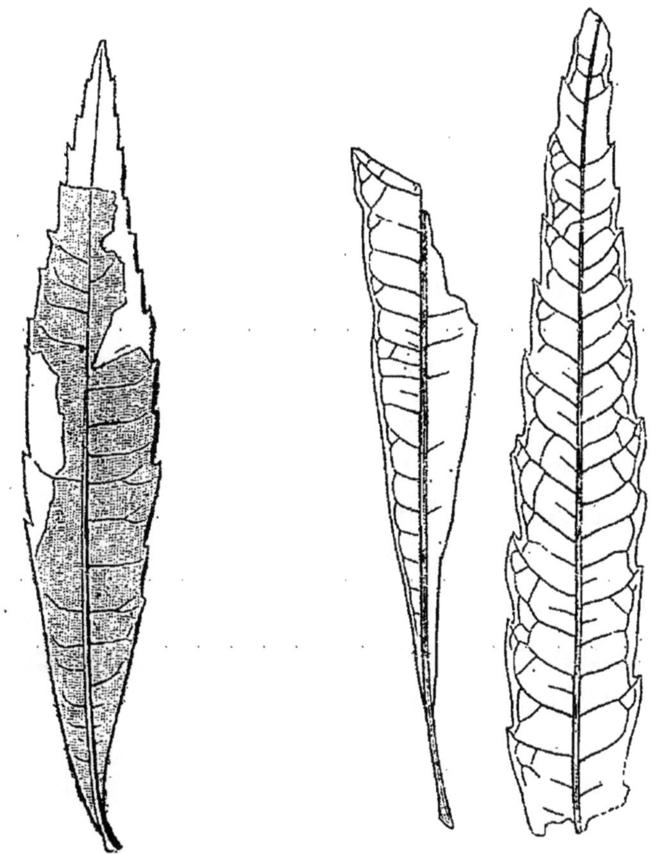

Fig. 308. *Myrica hakeæfolia*, Heer.

Fig. 309. *Myrica lignitum*, Sap.

Figures réduites de 1/3 et grand. nat. (d'après Heer).

Myrica hakeæfolia, Heer (fig. 308).

Quoique voisines de celles du *M. lævigata*, les feuilles de cette espèce s'en distinguent par leur forme plus étroite, à dents plus aiguës et à sommet acuminé; le pétiole est aussi plus court. La nervation est presque invisible. Parmi les espèces actuelles, la plus voisine de l'espèce fossile est le *M. macrocarpa* H. B., originaire du Pérou.

Loc. : *Céreste, Armissan, Manosque.*

Myrica lignitum, de Sap. (fig. 309).

Espèce très polymorphe dont les feuilles pourraient être confondues avec celles de l'espèce précédente si la nervation ne formait pas un réseau plus saillant, et qui la rend beaucoup plus visible que dans l'espèce précitée.

Loc. : *Céreste, Armissan, Manosque*, etc.

Cupulifères.

Cette famille est représentée par des organes floraux et des feuilles.

Ostrya Atlantidis, Ung. (fig. 310).

Des restes, involucres ou fragments de feuilles, de cette espèce ont été signalés à Céreste, mais ils sont beaucoup plus répandus à Armissan. Les involucres, comme l'a constaté Unger, ne se distinguent en rien de ceux de l'*O. virginica* actuel de l'Amérique septentrionale.

Loc. : *Armissan*, *Céreste*, *Manosque*, etc.

Fig. 310. — *Ostrya Atlantidis*, Ung. Involucres. Gr.nat. (d'après Saporta).

Carpinus Heeri, Etting. (fig. 311).

Les feuilles de cette espèce sont très variables. Les bractées que l'on rencontre assez fréquemment éloignent, par leurs caractères, cette espèce du *C. Betulus* actuel. D'après de Saporta, ce charme touche de près au *C. americana* Michx., mais présente des feuilles plus grandes.

Loc. : *Céreste, Manosque.*

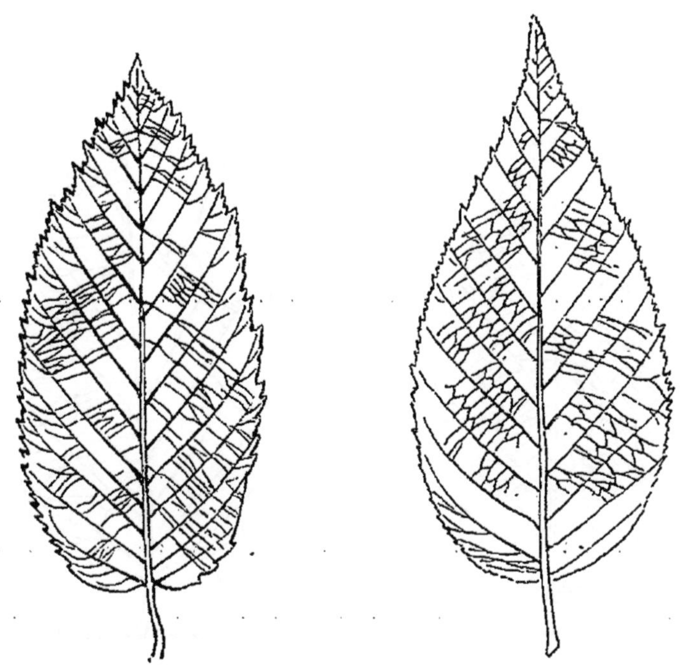

Fig. 311. — *Carpinis Heeri*, Etting. Fig. 312. — *Betula confusa.* Feuilles réd. de 1/3 (d'après Saporta).

Betula confusa (fig. 312).

Par leurs caractères généraux, les feuilles de cette espèce sont voisines de celles du *Carpinus Heeri*, Ett., mais elles s'en distinguent cependant par leur terminaison supérieure plus acuminée, leur base plus arrondie, cordée, enfin par les denticules des bords qui sont plus fins et presque égaux entre eux.

Loc. : *Manosque.*

Betula oxydonta (fig. 313).

Cette espèce, quoique voisine de la précédente, s'en

distingue par ses feuilles à contour plus largement ovalaire et se rapproche beaucoup du *B. cylindrostachya* Michx. actuel des Indes Orientales.

Loc. : *Céreste, Manosque.*

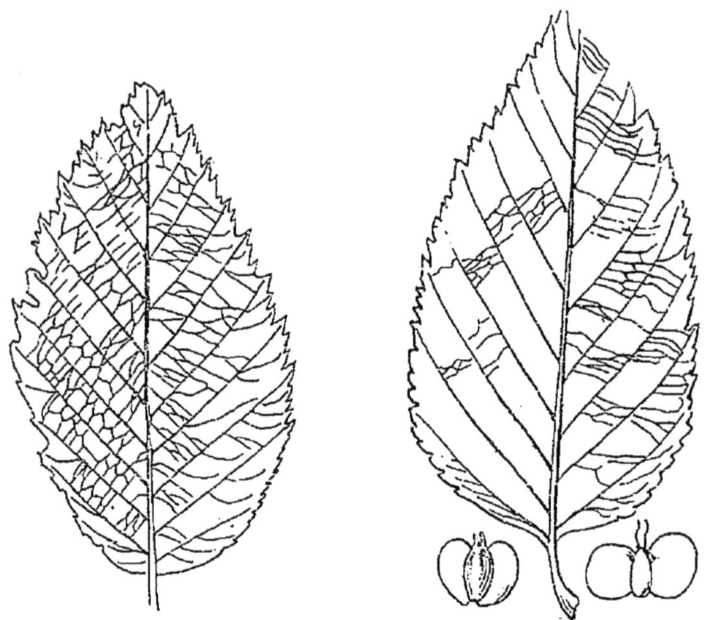

Fig. 313 — *Betula oxydonta.* Feuille. Réd. de 1/3

Fig. 314. — *Betula dryadum*, Brg. Feuilles et fruits. Réd. de 1/3 (d'après Saporta).

Betula dryadum, Brong. (fig. 314).

Les samares de cette espèce sont plus communes que les feuilles et se rapprochent beaucoup, par leurs caractères, des fruits du *B. excelsa* Ait. actuel. Quant aux feuilles, c'est de celles des *B. lenta* L. et *B. carpinifolia* Mich. qu'il faut les rapprocher, suivant M. de Saporta. Loc. : *Armissan*.

Corylus grosse-dentata Heer (fig. 315).

Les feuilles de cette espèce sont assez régulièrement

ovales, les bords sont découpés, comme le montre notre figure, par des dents très fortes accompagnées par d'autres plus faibles au nombre de 2 à 3 entre chacune des grosses.

Ces feuilles sont communes dans le gisement de Ménat.

Loc. : *lignites de Ménat.*

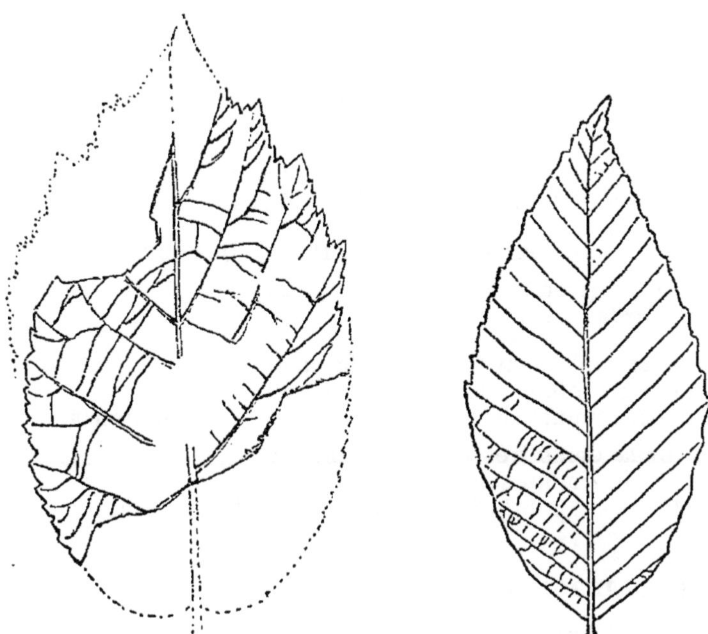

Fig. 315. *Corylus grosse-dentata*, Heer. Fig. 316. *Fagus pristina*, Sap.
Feuilles réduites d'après Heer et de Saporta.

Fagus pristina, Sap. (fig. 316).

Feuilles identiques à celles du *F. ferruginea* Ait. actuel d'Amérique; la seule différence que de Saporta signale dans l'espèce fossile, c'est l'existence d'un ou deux denticules de plus.

Loc. : *Manosque.*

Quercus. Ce genre est représenté dans la flore aquitanienne par des formes variées, dont les principales sont indiquées dans le tableau suivant :

1	Feuilles à *bords simples*...	2.
	Feuilles à *bords* plus ou moins *découpés*..........................	4.
2	Feuilles largement *ovales*........	**Q. magnoliæformis.**
	Feuilles longuement *lancéolées*..	3.
3	Feuilles *atténuées en coin* à la base.	**Q. provectifolia.**
	Feuilles *arrondies* à la base.....	**Q. divionensis.**
4	Bords du limbe *finement denticulés*..........................	**Q. lonchitis.**
	Bords du limbe *largement dentés*.	5.
5	Dents nombreuses, *peu saillantes*.	**Q. Charpentieri.**
	Dents (1 ou 2 de chaque côté) *très saillantes*......................	6.
6	*Une* seule dent très large formant un angle obtus de chaque côté du limbe, sommet de la feuille *obtus*...	**Q. oligodonta.**
	Deux dents très aiguës de chaque côté du limbe, sommet de la feuille atténué *en pointe très aiguë*.......	**Q. armata.**

Quercus magnoliæformis, de Sap. (fig. 317).

Grande et belle feuille, dit de Saporta, dont tous les caractères de forme et de nervation se rapportent à un chêne très voisin du *Q. imbricaria* Will. et du *Q. undulata* Benth., et plus du second que du premier.

Loc. : *Armissan*.

Quercus provectifolia, de Sap. (fig. 318).

Ce chêne peut être rangé dans le même groupe que le *Q. elæna*, Ung. Par les détails de sa nervation et par la terminaison longuement acuminée de son sommet, cette espèce se rapproche beaucoup du *Q. longifolia*

Liebm. actuel du Guatémala, l'une des espèces les plus reculées vers le Sud aujourd'hui.

Loc. : *Brognon.*

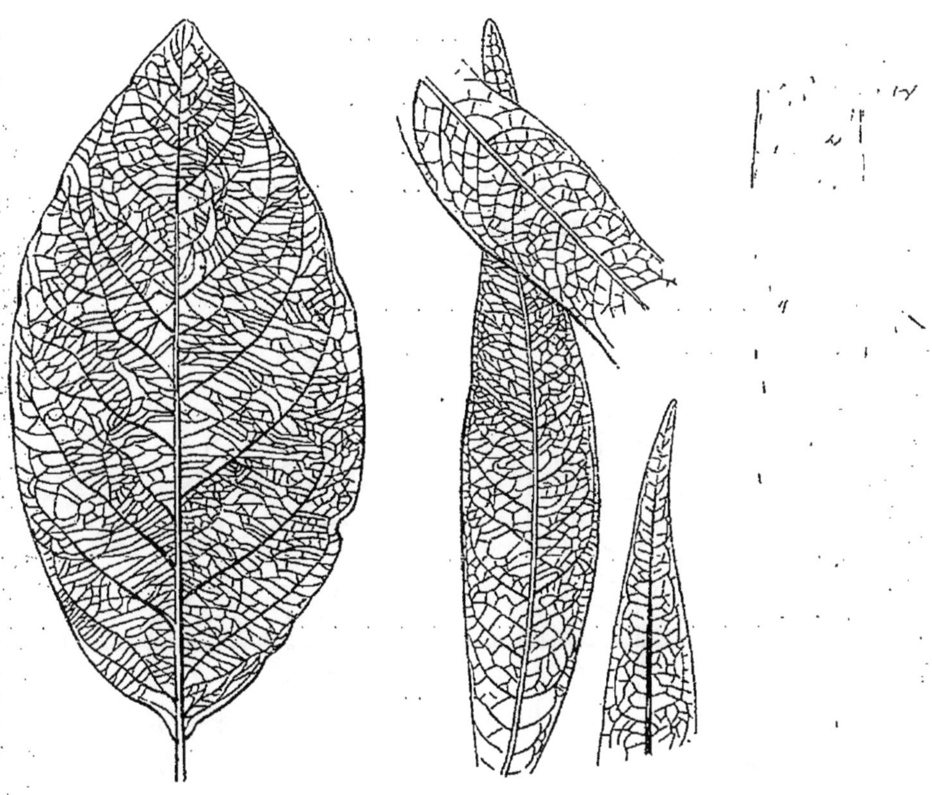

Fig. 317. — *Quercus magnoliæformis*, Sap.

Fig. 318. *Q. provectifolia*, Sap.

Fig. 319. — *Q. divionensis*, Sap.

Quercus divionensis, de Sap. (fig. 319).

Les feuilles de cette espèce, soit par la forme de leur contour, soit par les détails de la nervation, se rapprochent d'un grand nombre d'espèces actuelles qui vivent dans le Texas et le Mexique. Mais celle avec laquelle le *Q. divionensis* a le plus de rapports est le *Q. cinerea* Michx. ; les dimensions seules, l'espèce fossile étant plus grande, différencient ces deux chênes.

Loc. : *Brognon.*

Quercus lonchitis, Ung. (fig. 320).

Les feuilles de cette espèce sont coriaces, acuminées aux deux extrémités, finement denticulées sur les bords, les nervures secondaires sont rapprochées, simples, parallèles, craspédodromes.

Espèce voisine, d'après Heer, du *Q. lancifolia* Schleh. actuel du Mexique. Loc. : *Ménat.*

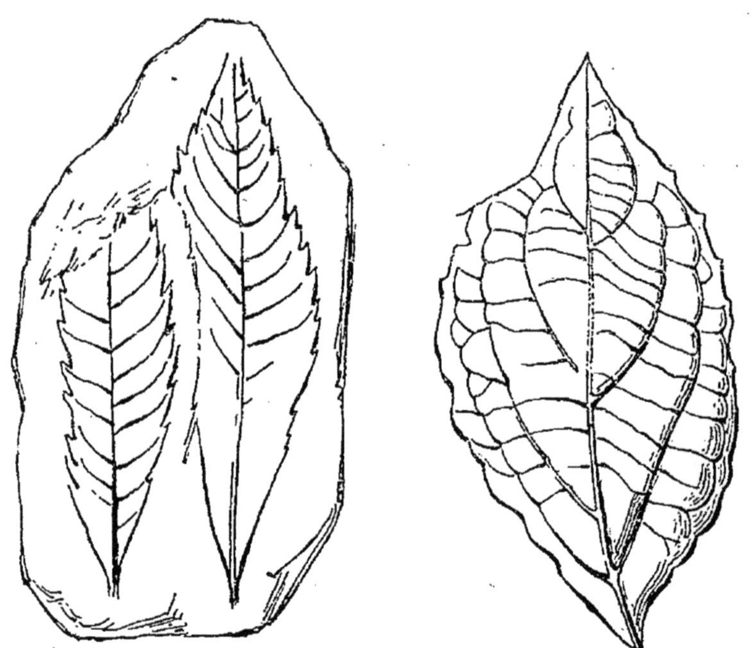

Fig. 320. — *Quercus lonchitis*, Ung. Grand. nature. Feuilles. Fig. 321. — *Quercus Charpentieri*, Heer. Réd. de 1/3. (d'après Heer).

Quercus Charpentieri, Heer (fig. 321).

Feuilles coriaces, elliptiques, subondulées à la base, à denticules éparses vers le sommet, 3 ou 4 paires de nervures secondaires, émises à angle aigu de chaque côté de la médiane, recourbées le long des bords dont elles sont assez éloignées.

Loc. : *Ménat*.

Quercus oligodonta, de Sap. (fig. 322).

Espèce voisine du *Q. cuneifolia* que nous avons décrit dans le Sannoisien de Gargas. Elle est également voisine de l'espèce suivante quoique plus simple et moins coriace; parmi les chênes actuels, ce sont les *Q. triloba* et *Q. aquatica* Michx. du Mexique et de la Louisiane qui se rapprochent le plus de l'espèce fossile. Loc. : *Armissan*.

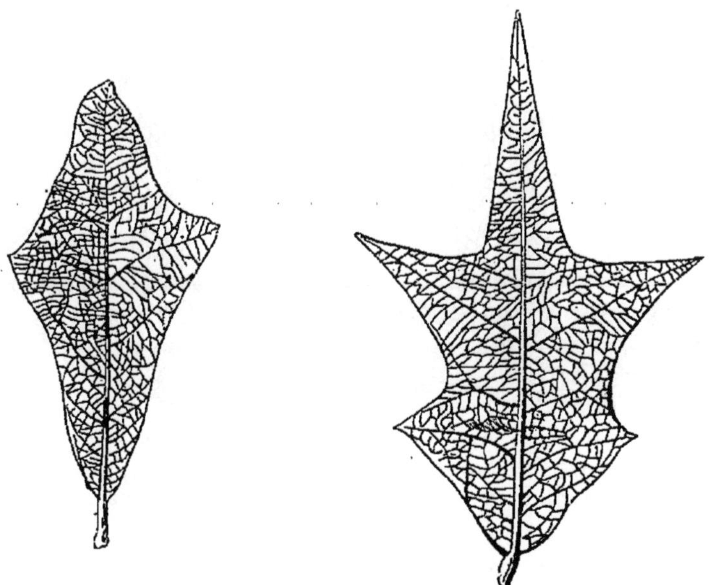

Fig. 322. *Quercus oligodonta*, Sap. — Fig. 323. *Quercus armata*, Sap.
Feuilles réd. de 1/3 (d'après de Saporta).

Quercus armata, de Sap. (fig. 323).

Feuille très voisine de celles de certains chênes américains actuels à feuilles caduques et particulièrement des *Q. falcata*, Mich. et *Q. ilicifolia*, Wang., mais elle en diffère par sa texture qui était coriace.

Loc. : *Armissan*.

Juglandées.

Engelhardtia Brongniarti, Sap. (fig. 324).

Les involucres de cette espèce, signalés dans la flore de Céreste, sont surtout très répandus à Armissan ; ils s'écartent beaucoup de ceux des espèces actuelles et se distinguent de ceux de l'espèce suivante par la terminaison toujours obtuse des lobes.

Loc. : *Céreste, Armissan*.

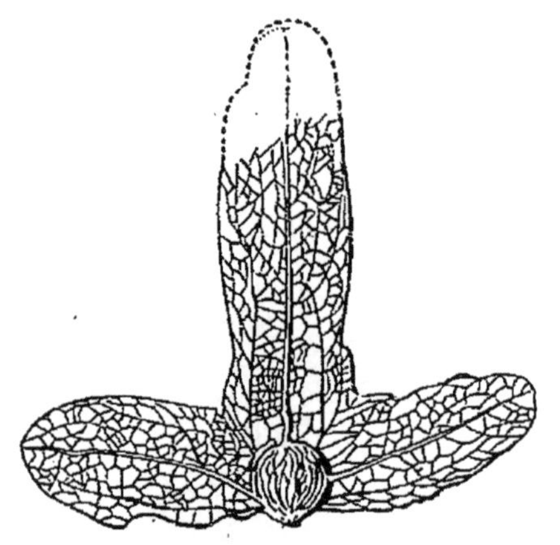

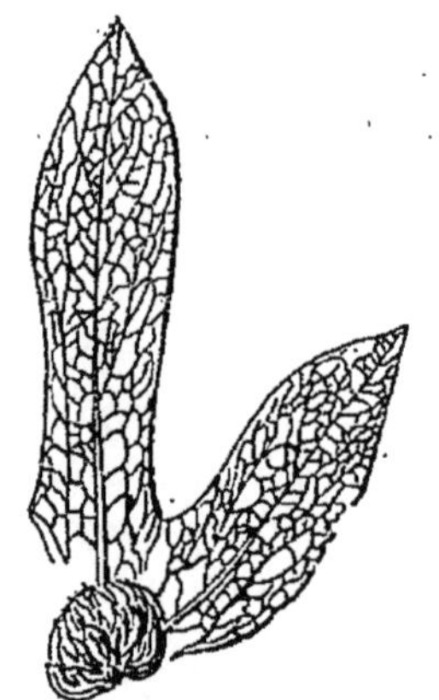

Fig. 324. *Engelhardtia Brongniarti*, Sap. Fig. 325. *Engel. oxyptera*, de Sap.
Involucres réd. de 1/3 (d'après de Saporta).

Engelhardtia oxyptera, Sap. (fig. 325).

Les fruits de cette seconde espèce sont plus petits que les précédents, les lobes sont plus étroits et pointus au sommet, le médian est beaucoup plus long que les latéraux. Voisine d'une espèce actuelle de Manille, elle est moins répandue que la précédente.

Loc. : *Armissan*.

* **Carya Heeri**, Ettingsh. (fig. 326).

Folioles linéaires lancéolées, pétiolées, denticulées sur les bords. Nervure médiane forte, les secondaires

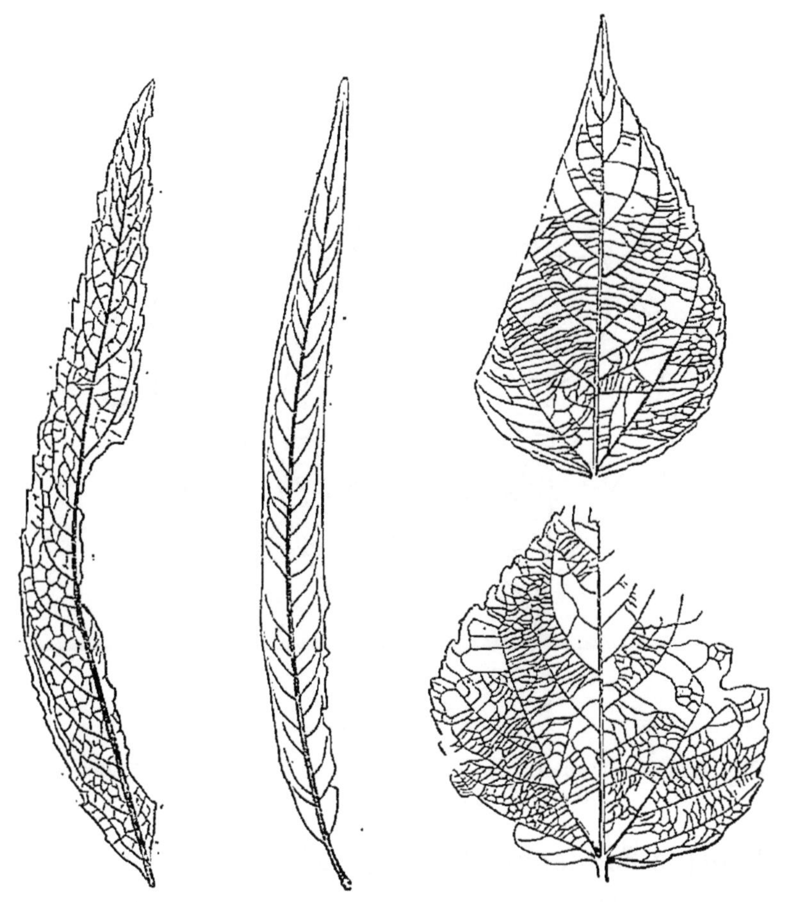

Fig. 326. — *Carya Heeri*, Ettings. Fig. 327. — *Salix angusta*, A.Br. Fig. 328. — *Populus Zaddachi* Heer.
Réd. de 1/3 (d'après Heer et de Saporta).

fortement camptodromes, rameuses. Cette espèce pour M. Heer est voisine du *C. aquatica*, Mx. sp. qui croît actuellement dans la Caroline et la Nouvelle-Géorgie.

Loc. : *Céreste*.

Salicinées.

* **Salix angusta**, A. Braun (fig. 327).

Feuille lancéolée-linéaire, longuement acuminée au sommet et présentant par l'ensemble de ses caractères une grande analogie avec le *S. viminalis*, L. qui vit actuellement en France. Loc. : *Céreste.*

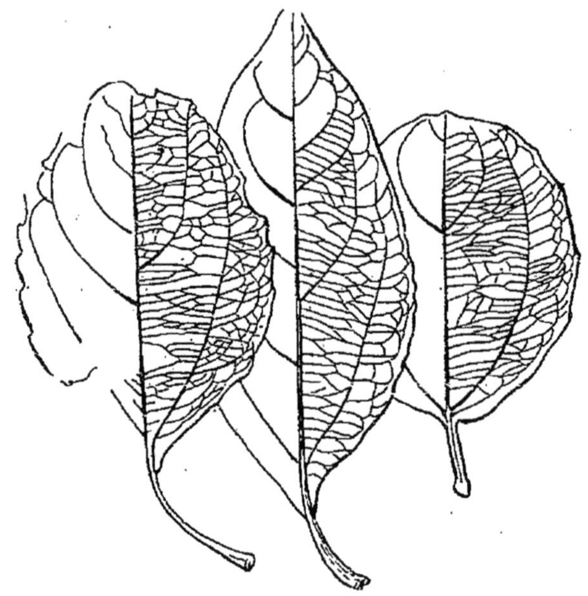

Fig. 329. — *Populus sclerophylla*, de Sap. Type et variétés. Réd. de 1/3 (d'après de Saporta).

Populus Zaddachi, Heer (fig. 328).

Cette espèce, qui fait double emploi avec le *P. palæomelas*, de Sap., se rencontre peu communément, ses feuilles assez grandes, variables, sont voisines de celles du *P. balsamifera*, L. actuel de l'Amérique et de l'Asie centrale.

Il existe aussi quelques rapports, de l'avis de Saporta, entre l'espèce fossile et le *P. candicans*, du Canada. Loc. : *Armissan*, *Manosque*, etc.

Populus sclerophylla, de Sap. (fig. 329).

Espèce très polymorphe, comme le montre notre figure, qui par ses principaux caractères vient se placer dans la même section que le *P. euphratica* L. actuel. Notre figure montre également une variété du même (var. *cinnamomea*), dont la feuille présente une nervation triplinerve à la base. Loc. : *Armissan*.

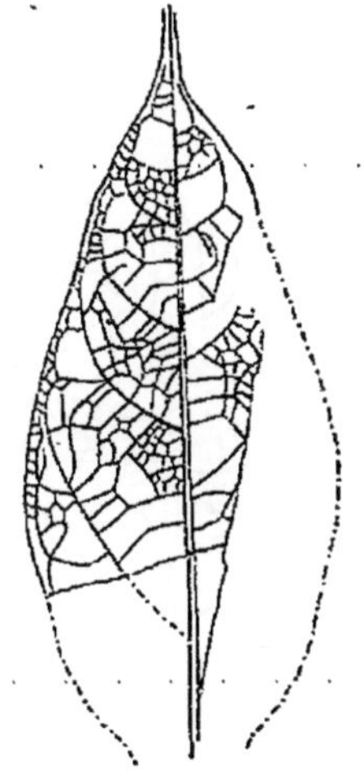

Fig. 330.
Ficus Armissanensis, de Sap.
Réd. de 1/2

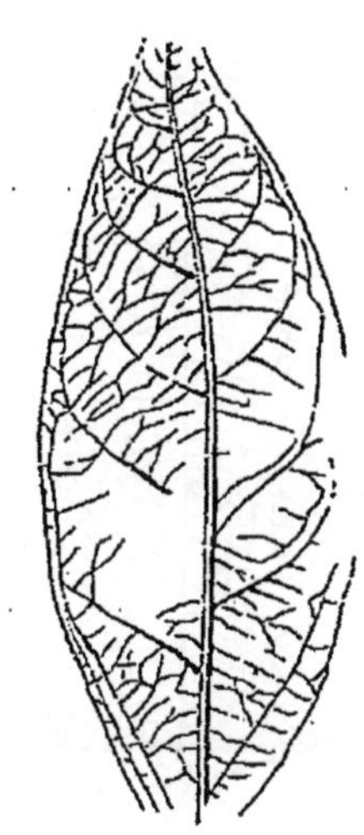

Fig. 331.
Ficus recondita, de Sap.
Réd. de 1/3

(d'après de Saporta).

Artocarpées.

Ficus Armissanensis, de Sap. (fig. 330).

Feuille à bords entiers, courtement acuminée au sommet. Les nervures secondaires forment de larges aréoles dans lesquelles les veinules, en se ramifiant, constituent un réseau capricieux. Par l'ensemble de ces caractères cette espèce se rapproche du *F. saxatilis*, Blum. actuel. Loc. : *Armissan*.

Ficus recondita, de Sap. (fig. 331).

Par les détails de sa nervation et par ses bords à peine sinués, les feuilles de cette espèce ont les plus grands rapports, dit de Saporta, avec celles du *Ficus foveolata*, Wall. actuel des Indes orientales et du

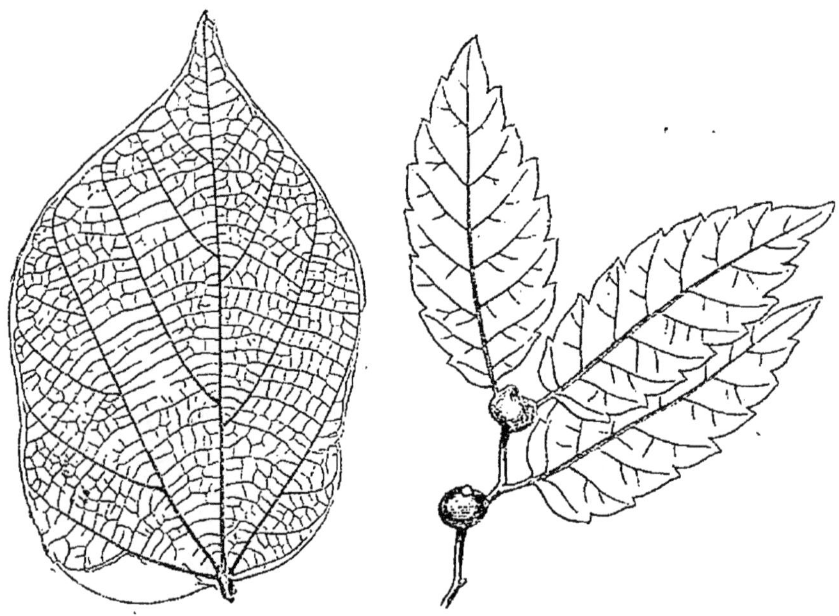

Fig. 332. *Ficus tiliæfolia*, Heer. Fig. 333. *Planera Ungeri*, Kov.
Réd. de 1/4 (d'après Zittel et de Saporta).

F. furfuracea, Bl. de Java qui ont leurs bords sinués, mais toujours entiers. Loc. : *Brognon*.

Ficus tiliæfolia, Heer (fig. 332).

Feuilles amples, entières, inégales à la base où elles sont cordées subarrondies et à peine émarginées ; elles sont également arrondies au sommet qui est d'ailleurs apiculé. Cette espèce vient se placer près des *F. macrophylla*, Desf. et *F. nymphæfolia*, Lin. actuels du Sud de l'Amérique. Loc. : *Ménat*.

Ulmacées.

Planera (Zelkova) Ungeri. Kovatz (fig. 333).

Cette espèce semble très répandue à l'époque tertiaire, elle se montre depuis l'Oligocène inférieur jusque dans les sables pliocènes de Durfort. Elle se trouve même encore dans le Quaternaire de Toscane.

Heer la considère comme absolument identique avec le *Z. crenata*, Sp. qui vit aujourd'hui en Crète dans le Caucase et la Perse septentrionale, la seule différence que l'on puisse constater c'est que les feuilles fossiles sont, en général plus petites et plus courtes.

Loc. : *Céreste*, *Manosque*, etc.

Dicotylédones dialypétales

Laurinées.

1	Feuilles à nervation *penninerve*..	2.
	Feuilles à nervation *triplinerve*..	3.
2	Nervures secondaires *toutes alternes*...........................	Laurus.
	Nervures secondaires, *les inférieures opposées*.................	Persea.
3	Feuilles très allongées au sommet, arrondies à la base................	Daphnogene.
	Feuilles atténuées en pointe aux deux extrémités....................	Cinnamomum.

Laurus superba, de Sap. (Pl. 33, fig. 6).

Belle espèce dont la feuille peut atteindre 0 m. 14 de longueur, par tous ses caractères cette espèce semble très voisine soit des feuilles les plus allongées du *P. gratissima*, Gært., soit en plus grand de celles du *M. odoratissima* Ner. de l'Inde.

Loc. : *Armissan*, rare.

Laurus (Persea) typica, de Sap. (Pl. 33, fig. 7).

Feuilles grandes, pouvant atteindre 0,20 de longueur avec le pétiole, elles sont très variables quant à la forme, mais on les reconnaîtra toujours à leurs nervures principales très saillantes et émises, presque à angle droit sur la médiane en suivant une courbe peu relevée et restant parallèles entre elles jusque près du bord. Ressemble beaucoup au *Persea indica* Spreng actuel des îles Canaries.

Loc. : *Armissan.*

Laurus (Agathophyllum) Tournali, de Sap. (Pl. 33, fig. 5).

Espèce très facile à distinguer des précédentes par la forme largement ovale de ses feuilles qui sont obtuses au sommet et terminées par une pointe courtement apiculée. Pétiole court, épais, strié transversalement.

Loc. : *Armissan.*

Daphnogene Ungeri, Heer (Pl. 33, fig. 1,2,3).

Les feuilles de cette espèce sont remarquables par leur étroitesse et par leur sommet très longuement acuminé, par leurs autres caractères elles se rapprochent beaucoup de celles de l'*Oreodaphne fœtens* L. de Madère et des Canaries, mais les feuilles du Til actuel sont toujours beaucoup plus larges.

Loc. : *Céreste, Manosque.*

Cinnamomum lanceolatum, Heer (fig. 254, p. 217).

Nous avons déjà signalé cette espèce dans la flore sannoisienne, elle semble d'ailleurs très répandue dans tout l'Oligocène.

Elle se distingue des deux suivantes par ses feuilles

très étroites longuement atténuées en pointe au sommet. Loc. : *Armissan*, *Manosque*, *Ménat*.

Cinnamomum polymorphum, Heer (fig. 334).

Espèce assez variable, comme l'indique le nom

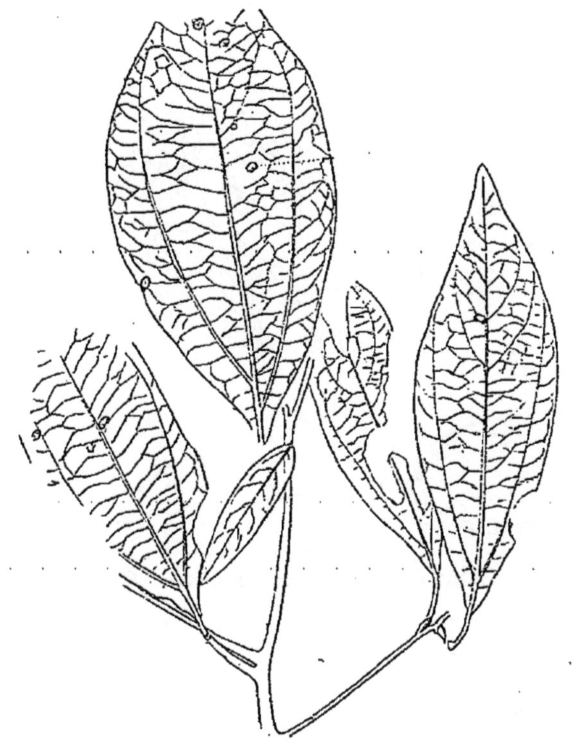

Fig. 334. — *Cinnamomum polymorphum*, Heer. Rameau réd. de 1/3 (d'après de Saporta).

d'ailleurs, qui est très voisine du *C. camphoræfolium* d'Aix (voyez p. 218), mais s'en distingue cependant par une moindre largeur, une pointe plus robuste au sommet du limbe. Les feuilles de cette espèce ressemblent également, à s'y méprendre, à celles du *Camphora officinarum* Bauh. qui vit aujourd'hui.

Loc. : *Armissan*, *Peyriac*, *Mënat*, *Manosque*.

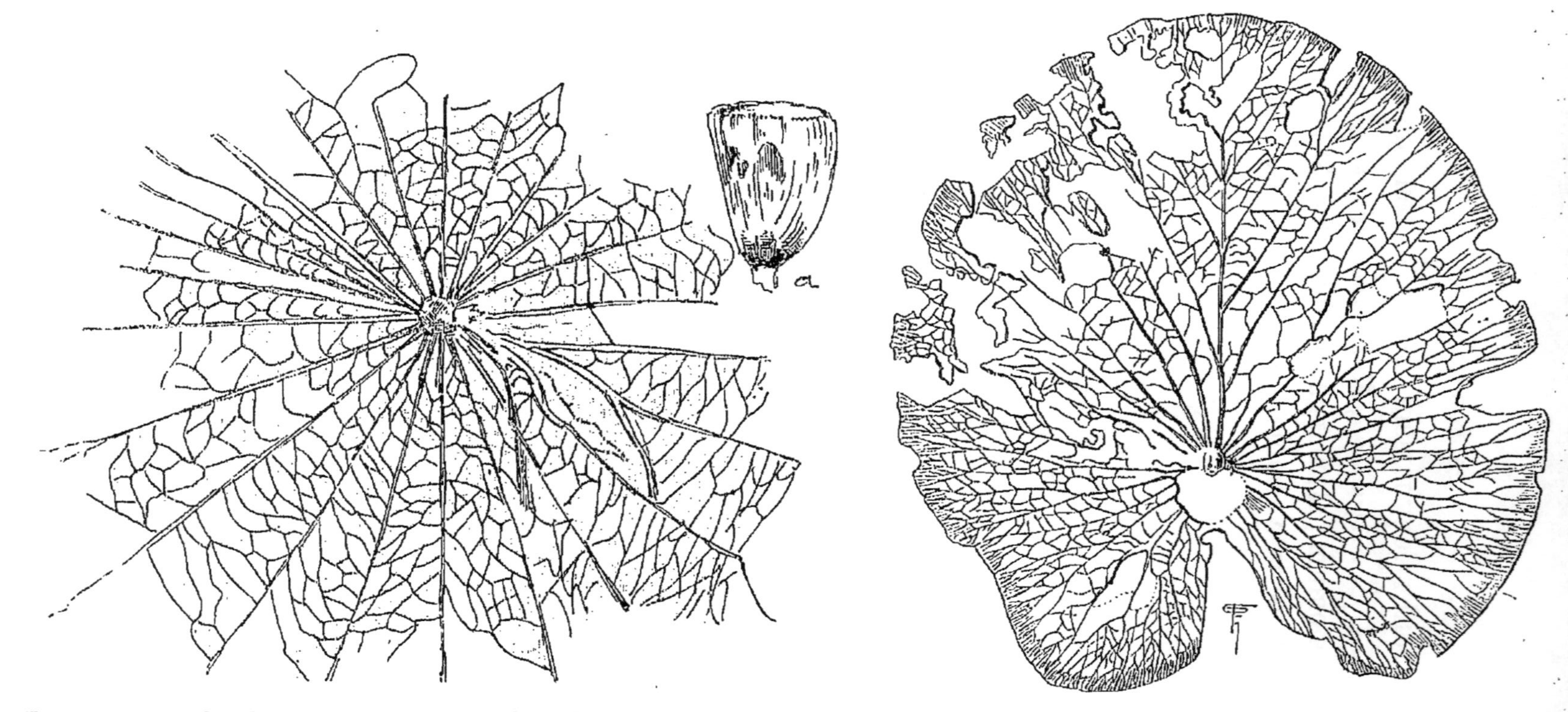

Fig. 335. — *Nelumbium protospeciosum*, Sap. Fragment de feuille en *a*, base d'une fleur. Réd. de plus de moitié.

Fig. 336. — *Anœctomeria Brongniarti*, Sap. Feuille réduite de moitié (d'après de Saporta).

Cinnamomum Scheuchzeri, Heer (Pl. 33, fig. 4).

Cette espèce diffère assez peu de la précédente, cependant les auteurs ont cru devoir la distinguer. Parmi les espèces vivantes, c'est à côté du *C. pedunculatum* ou *japonicum* Sieb. qu'elle vient se placer.

Loc. : *Céreste, Manosque.*

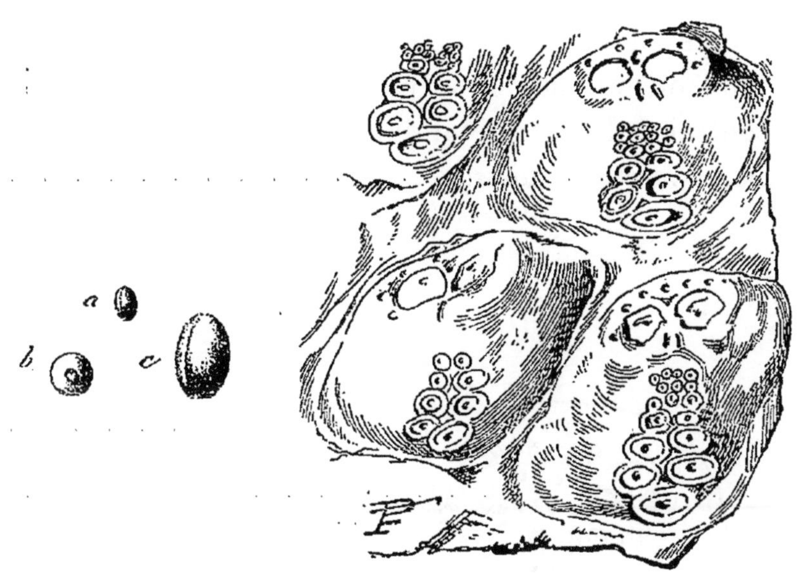

Fig. 337. — *Anectomeria Brongniarti*, de Sap. *a, b, c*, graines: *d*, fragment de rhizome.

Nymphéacées.

Anœctomeria Brongniarti, de Sap. (fig. 336 et 337).

Cette espèce, décrite depuis fort longtemps par Brongniart, comme *Nymphæa*, a été séparée par M. de Saporta, qui en fait le genre *Anœctomeria;* elle est caractérisée par la présence, dans les cicatrices foliaires du rhizome, de deux lacunes aérifères beaucoup plus larges que leurs voisines; les graines se rencontrent fréquemment.

Loc. : *Armissan*. Meulières de Beauce, *Massy*, *Longjumeau*.

Nelumbium protospeciosum, Sap. (fig. 335).

Cette espèce semble être le précurseur direct du *N. speciosum*, Wild., de la Perse et des bords du Volga, la seule différence que de Saporta constate entre les feuilles de l'espèce vivante et les fossiles est que ces dernières affectent un contour plus transversalement ovalaire ou ellipsoïde, le plus grand diamètre étant, au contraire, longitudinal dans l'espèce actuelle.

Loc. : *Céreste*, *Manosque*.

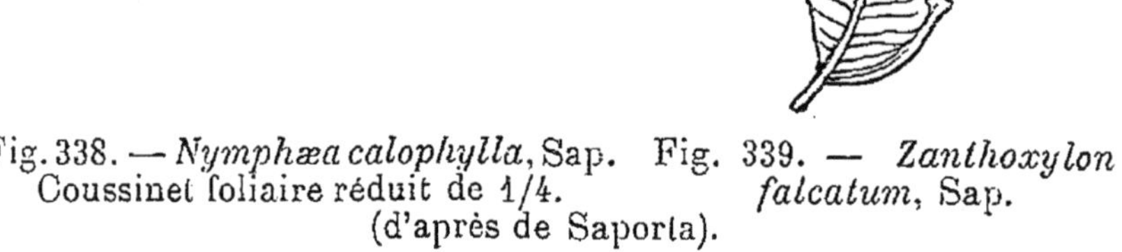

Fig. 338. — *Nymphæa calophylla*, Sap. Coussinet foliaire réduit de 1/4.

Fig. 339. — *Zanthoxylon falcatum*, Sap.

(d'après de Saporta).

Nymphæa calophylla, Sap. (fig. 338).

Les feuilles mesurent de 25 à 30 centimètres de diamètre et se rapprochent, suivant de Saporta, du *N. rufescens* Gill et Perr. actuel de l'Afrique tropicale, mais cette affinité est encore assez éloignée. Les coussinets foliaires ressemblent à ceux du *N. gyp-*

sorum, d'Aix, mais ils sont de dimensions plus fortes.

Loc. : *Céreste*, *Manosque*.

Rutacées.

Zanthoxylon falcatum, Sap. (fig. 339).

Feuille composée-pinnée. Folioles coriaces, pétiolées très inégales à la base, presque en faulx, obtusément dentées. Cette espèce est voisine du *Z. carolinianum* L. actuel de l'Amérique du Nord.

Loc. : *Armissan*, *Brognon*.

Anacardiacées.

Rhus palæocotinus, Sap. (fig. 340).

Les feuilles de cette espèce concordent par tous leurs caractères avec celles de l'espèce actuellement vivante en Europe : *Rhus cotinus*, L. qui ne diffère peut-être de l'espèce fossile que par le sommet arrondi des feuilles.

Loc. : *Armissan*.

Rhus juglandogene, Ettings. (fig. 341).

Feuilles pinnées portant 7 à 8 paires de folioles dont les inférieures et les supérieures sont plus petites que les intermédiaires. M. d'Ettingshausen compare cette espèce au *R. javanicus* actuel.

Loc. : *Armissan*, *Manosque*.

Sapindacées.

Acer trilobatum, Al. Braun (fig. 342).

Espèce remarquablement polymorphe et qui a donné lieu à la création d'un grand nombre de variétés; les feuilles recueillies en Provence se rapprochent, par leur forme, de celle décrites par A. Braun sous le nom d'*A. productum* et aussi de celles de l'*A. tricuspidatum*, de Heer, mais surtout de la première.

Loc. : *Céreste, Manosque*, etc.

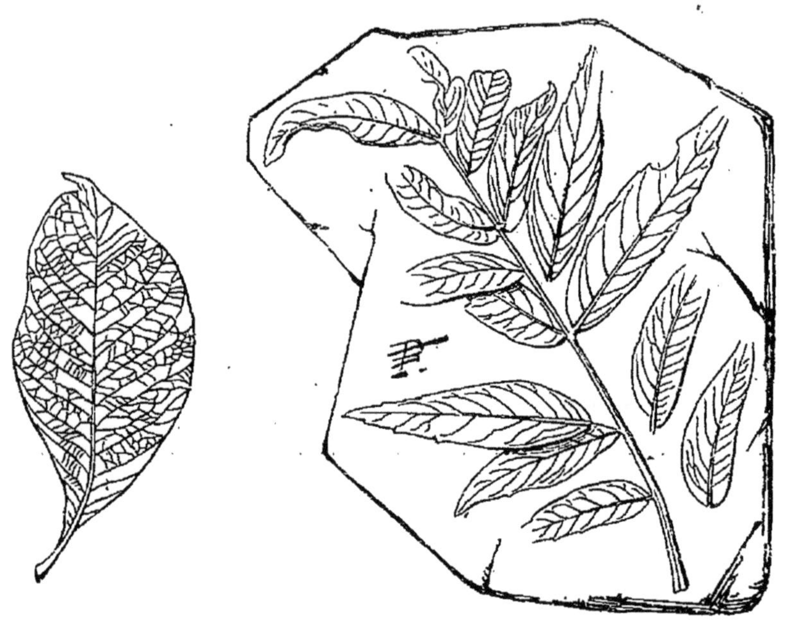

Fig. 340. — *Rhus palæocotinus*, de Sap. Fig. 341. *Rhus juglandogene*, Ettings. Feuille et rameau. Réd. de 1/3 (d'après de Saporta).

Acer narbonense, de Sap. (fig. 344).

Espèce des plus caractéristique de la flore d'Armissan et qui vient se placer entre les *A. primævum* et *A. Garguieri* que nous avons signalé dans le Sannoisien. Elle est également voisine de l'*A. trilobatum*, mais s'en distingue par la forme de ses lobes qui sont presque égaux, brièvement acuminés au sommet qui sont quelquefois brusquement rétrécis en une pointe régulière.

Loc. : *Armissan*.

Acer inæquilaterale, Sap. (fig. 343).

Les feuilles de cet érable sont très variables mais sont toujours caractérisées par le développement très faible et inégal des lobes latéraux; cette particularité rapproche beaucoup l'espèce fossile d'une espèce qui

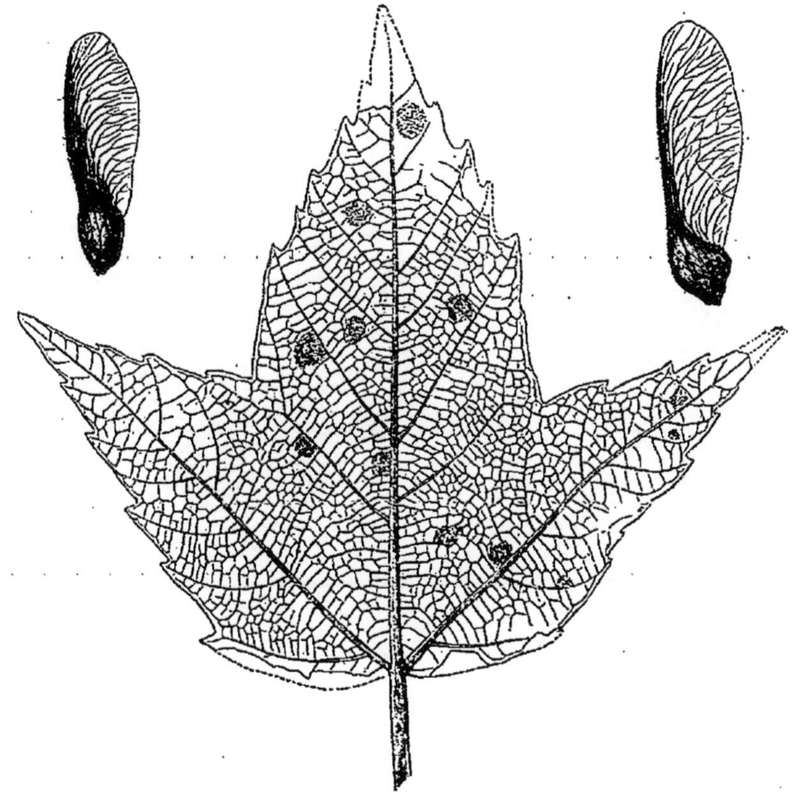

Fig. 342. — *Acer trilobatum*, Al. Braun. Feuille et samares. Grand. nature (d'après Zittel et Heer).

vit aujourd'hui en Crète : l'*A. creticum*, L. dont les feuilles présentent les mêmes contours mais sont de dimensions plus restreintes.

Loc. : *Brognon.*

Dodonæites Decaisnei, Sap. (fig. 345).

Représenté par ses samares qui sont divisées de la

base au sommet par une ligne suturale fort nette qui fait croire à l'existence de deux loges accolées et contiguës à l'axe médian. Ces organes sont très communs.

Loc. : *Armissan.*

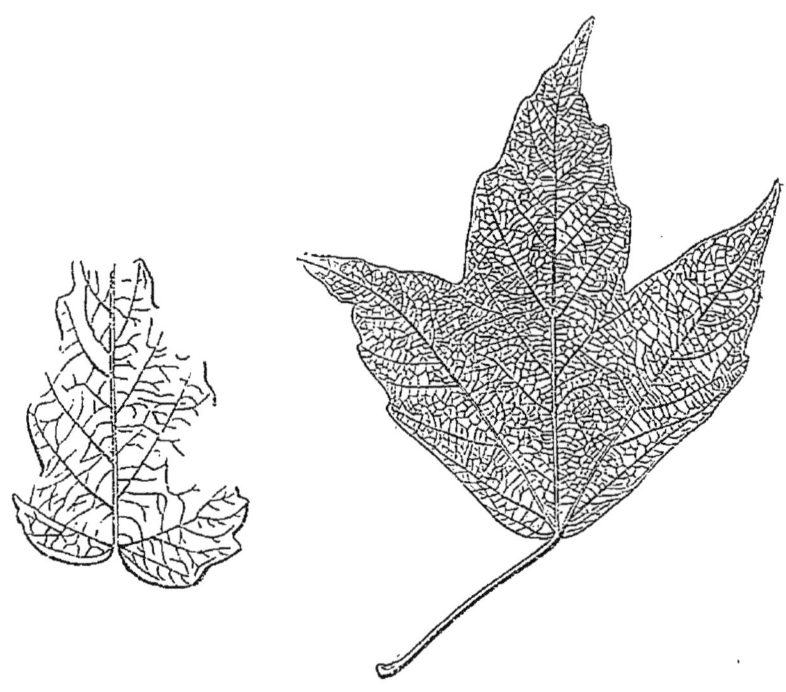

Fig. 343. — *Acer inæquilaterale*, Sap. Fig. 344. *Acer narbonense*, Sap.
Feuilles un peu réduites (d'après de Saporta).

Légumineuses.

a. *Sophorées.*

Calpurina europæa (fig. 346).

Cette espèce est très commune dans l'Oligocène; la feuille, composée pinnée, quand elle est entière, mesure 0,10 de longueur, avec 5 paires de folioles latérales et une foliole terminale impaire. Les folioles sont très serrées et se recouvrent mutuellement; les supérieures et la terminale sont plus développées que les inférieures tant par les caractères des feuilles, que par ceux du légume, cette espèce, selon M. de Saporta, se distingue à peine du *C. aurea* Lmk. qui vit actuellement en Abyssinie.

Loc. : *Céreste*, *Armissan*, *Manosque*.

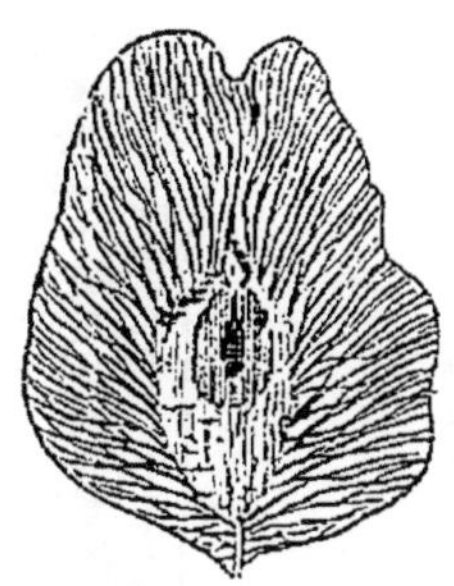
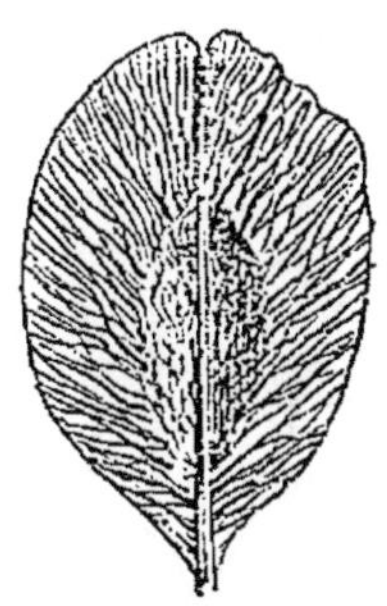

Fig. 345. — *Dodonæites Decaisnei*, de Sap. Samares, grand. nature (d'après de Saporta).

b. *Cæsalpiniées*.

Cassia berenices, Ung. (fig. 347).

La forme des folioles largement ovales, arrondies inférieurement et plus ou moins acuminées au sommet fait facilement reconnaître cette espèce qui se place, pour de Saporta, à côté du *C. fistula* L. actuel des Antilles, dont les folioles dépassent un peu en grandeur celles de l'espèce fossile et qui sont aussi un peu plus ovales à la base.

Loc. : *Armissan*, *Manosque*, *Ménat*.

c. *Mimosées*.

Acacia parschungiana, Ung. (fig. 348).

Folioles remarquables par leur petite taille, lancéolées ou oblongues linéaires. Légumes allongés, linéaires, peu larges, comprimés, subtoruleux, atténués en pédicule à la base, arrondis au sommet, couronnés par le style et renfermant de 4 à 6 semences

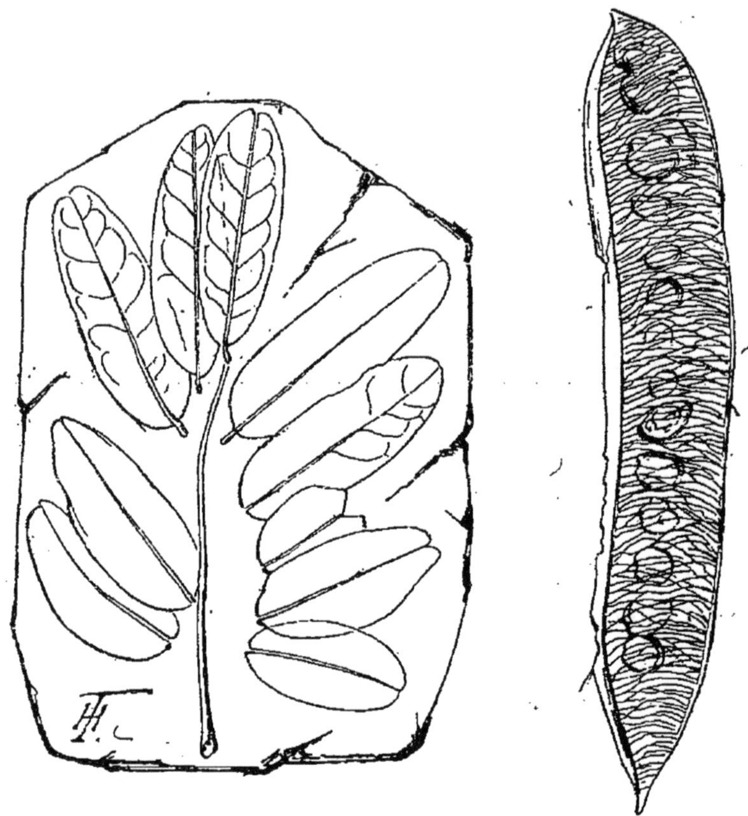

Fig. 346. — *Calpurnia europæa*. Feuille entière et légume. Réd. de 1/3 (d'après de Saporta).

ovales. Cette espèce semble voisine des *A. dealbata* Lmk et *A. lophanta* W. actuels.

Loc. : *Ménat*.

Cercis Tournoueri, de Sap. (fig. 349 *a*, *b*).

Espèce voisine du *C. antiqua* que nous avons cité

dans la flore d'Aix; il s'en distingue cependant par sa forme cordée à la base du limbe, ce qui le rapproche

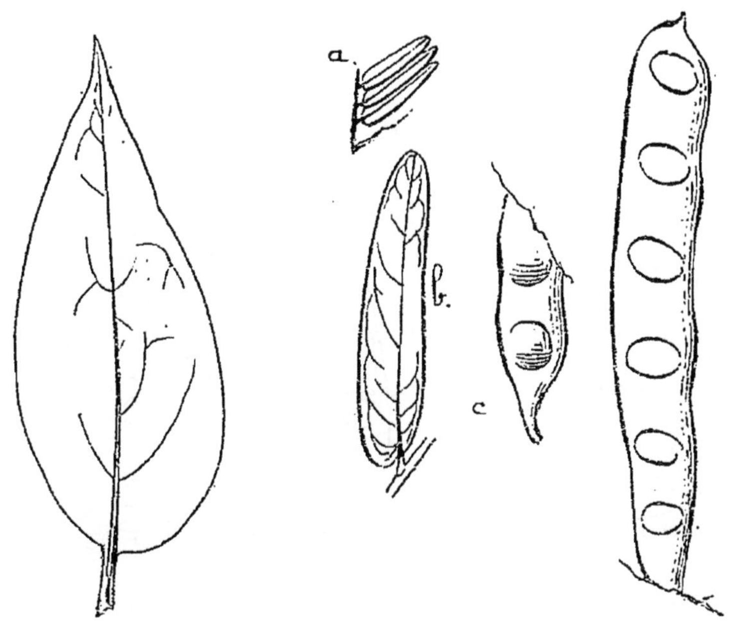

Fig. 347. — *Cassia berenices*, Ung. Fig. 348. — *Acacia parschungiana*, Ung. *a*, *b*, feuilles : *c*, légumes.
Figures réduites de 1/4, *b* grossie (d'après Heer).

du *C. Siliquastrum* actuel (arbre de Judée), mais ses feuilles devaient avoir une consistance plus ferme, ayant en cela de grands rapports avec le *C. japonica*, Sieb., qui croît au Japon.

Loc. : *Brognon*.

Rhamnées.

Zizyphus protolotus, Ung. (fig. 351).

Feuilles très reconnaissables à leur petite taille, elles sont membraneuses, orbiculaires, entières ou à peine crénelées sur les bords. Nervures latérales, subasilaires, très fines, acrodromes, rameuses extérieurement. Cette espèce semble très voisine du *Z. Lotus*, L., qui vit aujourd'hui en Sicile et dans le nord de l'Afrique.

Loc. : *Céreste, Manosque.*

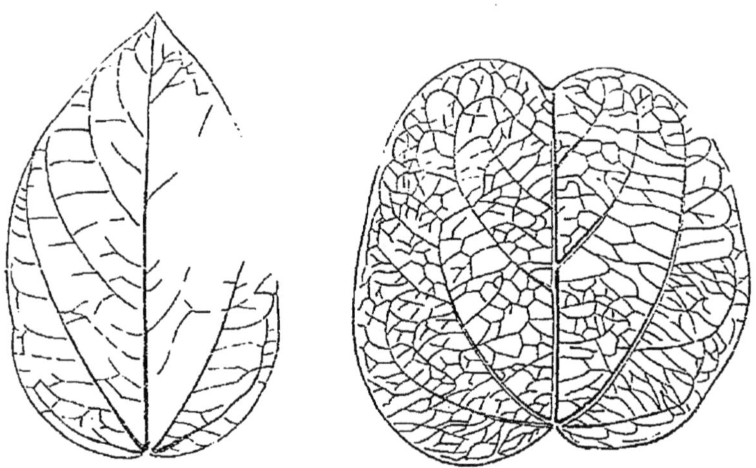

Fig. 349. — *Cercis Tournoueri*, de Sap. Type et variété. Réd. de 1/3 (d'après de Saporta).

Ilicacées.

1	Feuilles irrégulières, à bords *profondément échancrés*............	Ilex horrida.
	Feuilles ovales, à bords *peu échancrés*.......................	2.
2	Largeur du limbe comprise de 4 *à* 5 *fois* dans la longueur..........	Ilex acuminata.
	Largeur du limbe comprise de 2 *à* 2 *fois et demie* dans la longueur...	Ilex spinescens.

Ilex horrida, de Sap. (fig. 353).

Feuilles très polymorphes, comme le montre notre figure et de dimensions très variables. M. de Saporta les trouvent très voisines, par l'ensemble de leurs caractères de certaines espèces actuelles de l'Inde et du Paraguay. Loc. *Armissan.*

Ilex acuminata, Sap. (fig. 350).

Belle espèce dont on retrouve des rameaux feuillés, ce qui a permis une étude attentive à la suite de laquelle, malgré quelques divergences constatées, il a semblé rationnel de rapprocher l'espèce fossile de l'*I. latifolia* du Japon.

Loc. : *Armissan*. Répandu.

Ilex spinescens, Sap. (fig. 352).

Diffère de la précédente par sa forme plus large, moins lancéolée, des dentelures plus courtes, des nervures secondaires moins obliques. Se rapproche beaucoup des *I. Cassine* Ait., et *caroliniana* Mill. actuels de l'Amérique. Loc. : *Armissan*, *Brognon*.

Holaragées.

Ceratophyllum aquaticum, Sap.

Cette espèce est très voisine du *C. submersum*, L. de notre pays, mais ses dimensions sont de moitié plus petites ; celui-ci a les feuilles à peine dentelées.

Loc. : *Manosque*.

Araliacées.

Aralia (Oreopanax) Hercules, de Sap. (fig. 354).

Remarquable espèce, très répandue à Armissan où elle est représentée par plusieurs variétés, dont les trois principales sont les suivantes :

Var. α **amplissima**. — Pétiole long. Feuilles très larges à 5 lobes principaux et 2 ou 3 supplémentaires.

Var. β **sterculiacea**. —La plus commune à Armissan, (fig. 354). Pétiole plus court, lobes latéraux inégaux, les médians quelquefois très obtus.

Fig. 350.
Ilex acuminata, Sap.

Fig. 351. — *Zizyphus protolotus*, Ung.

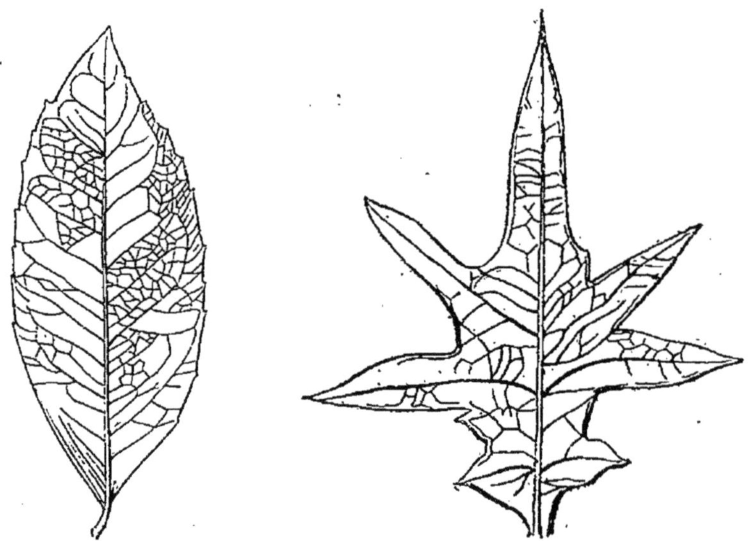

Fig. 352.
Ilex spinescens., Sap.

Fig. 353.
Ilex horrida, Sap.

Toutes ces figures réduites de 1/3 (d'après de Saporta et Unger).

Var. γ **oxyphylla.** — Trois lobes seulement, les autres rudimentaires; feuilles plus étroite et allongée; les lobes sont dentés et longuement acuminés.

Cette espèce est presque indistincte de l'*A. sterculiæfolium* Dc. et Pl. actuel du Brésil.

Loc. : *Armissan*.

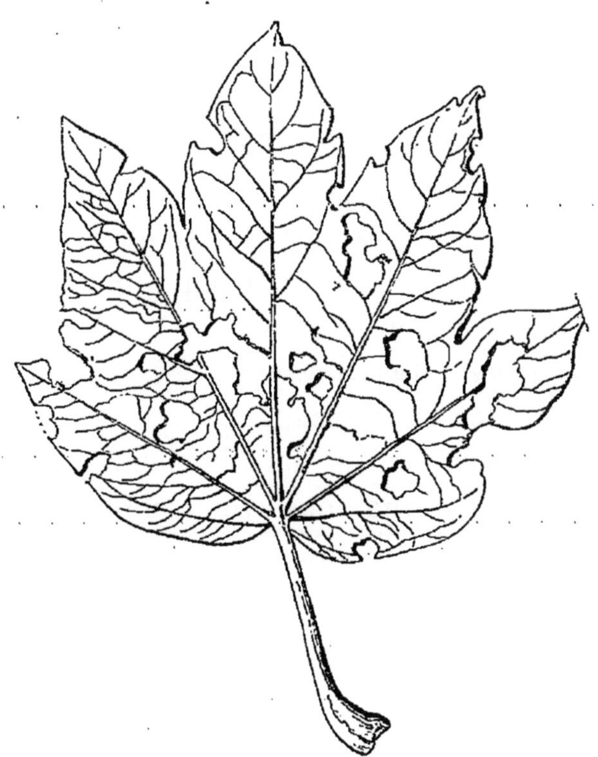

Fig. 354. — *Aralia Hercules*, de Sap. Feuille réduite 4 fois (d'après de Saporta).

Dicotylédones gamopétales.

Ericacées.

Andromeda narbonensis, Sap. (fig. 355).

Cette espèce, très fréquente dans les dalles d'Armissan, est bien connue par ses feuilles et par ses fruits, on a trouvé des rameaux entiers encore garnis de ces organes. Les feuilles ressemblent à celles d'une espèce que nous avons signalée dans l'Oligocène de Saint-Jean-de-Garguier l'*A. venulosa* (voir p. 228). Dans la flore actuelle, ce sont des espèces habitant les îles Maurice et Bourbon ainsi que l'Amérique tropicale qui offrent le plus d'analogies avec la plante fossile; nous citerons, avec M. de Saporta, les *A. salicifolia*, Benth., et *A. multiflora*, Dc. Loc. : *Armissan, Peyriac.*

Andromeda latior, Sap. (fig. 356).

Les feuilles de cette espèce se distinguent de celles de l'espèce précédente par leur forme plus largement lancéolée, et par un pétiole beaucoup plus long.

La nervation est peu visible.

Loc. : *Armissan, Manosque.*

Andromeda secernenda, Sap.

Cette espèce peut rentrer dans le même groupe que l'*A. venulosa*, Sap., que nous avons signalé dans le Sannoisien, c'est-à-dire qu'elle se rapproche du groupe actuel des *Leucothoe* du Brésil et de Maurice, et en particulier du *L. salicifolia*, Benth. qui vit à l'île Bourbon.

Loc. : *Armissan, Brognon.*

Ebénacées.

Diospyros varians, Sap. (fig. 357).

Espèce déjà signalée dans le Sannoisien, elle se retrouve ici très fréquente avec ses variétés.

Loc. : *Manosque.*

Diospyros brachysepala, A. Braun (fig. 358).

Feuille entière de consistance membraneuse ou sub-

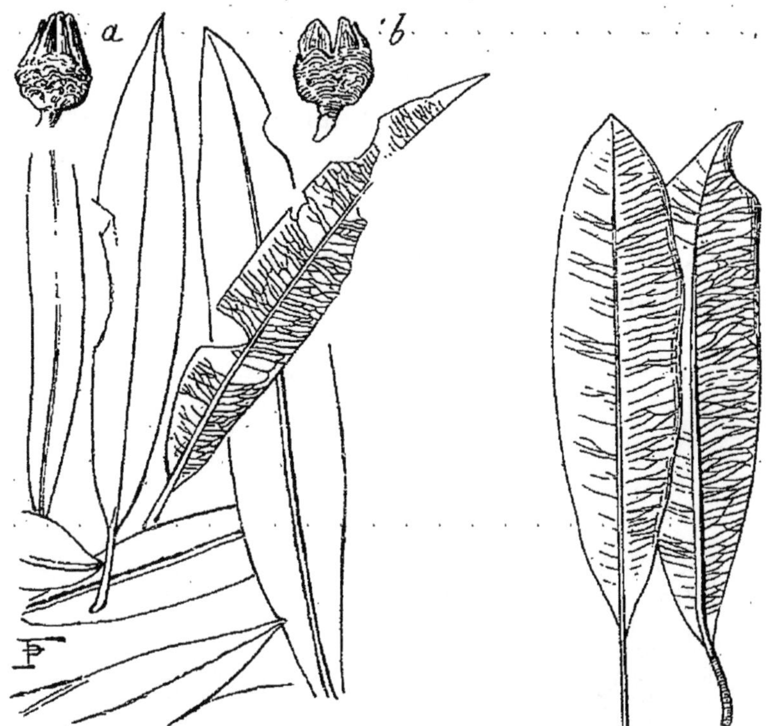

Fig. 355. *Andromeda narbonensis*, Sap. — Fig. 356. — *Andromeda latior*, Sap.
Réd. de 1/3 (d'après de Saporta).

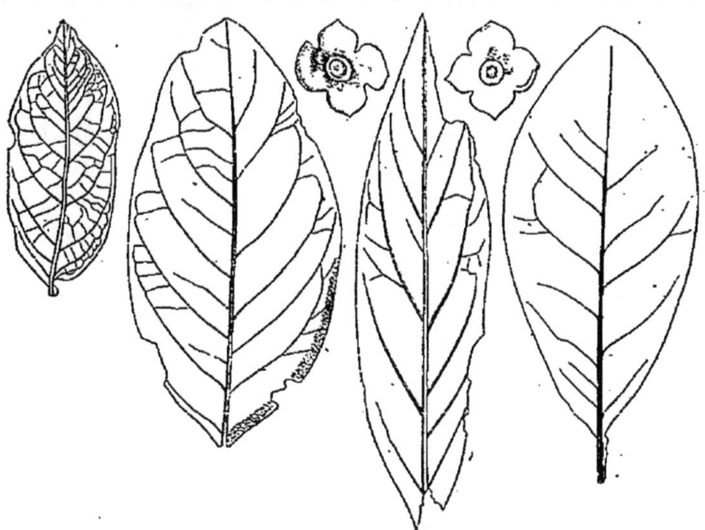

Fig. 357-358. — *Diospyros* Sap. et *D. varians*, *brachysepala*, A. Br.
Réd. de 1/3 (d'après Heer).

coriace, pétiolée, elliptique, atténuée aux deux extrémités. Nervures secondaires alternes, assez écartées, émises sous des angles plus ou moins aigus, recourbées, rameuses à leur extrémité.

Voisin du *D. Lous* L. actuel de la région méditerranéenne. Loc. : *Ménat.*

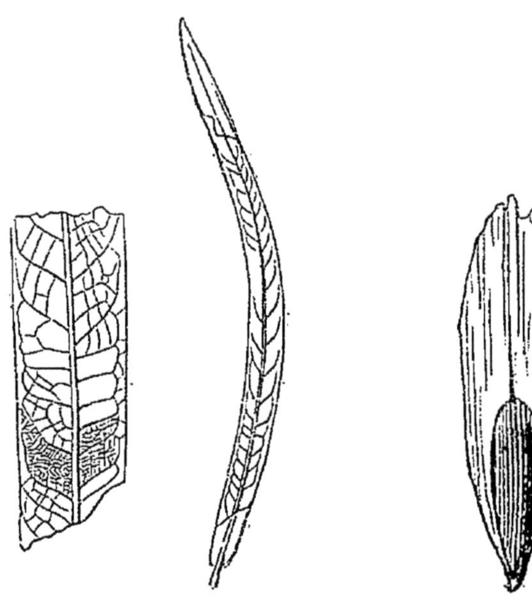

Fig. 359. — *Echitonium Sophiæ*, Heer. Feuille gr. nat. et grossie.

Fig. 360. — *Fraxinus ulmifolia.* Samare grand. nat.

(d'après Heer).

Echitonium Sophiæ, Heer (fig. 359).

Les feuilles de cette espèce sont de petite taille, subcoriaces, linéaires ou linéaires lancéolées, un peu courbées; les nervures secondaires, émises sous un angle assez aigu, sont reliées entre elles par un réseau veineux à mailles très serrées.

Loc. : *Ménat.*

Oléacées.

Fraxinus ulmifolia (fig. 360).

Les folioles de cette espèce se rapprochent de celles du *F. ornus*, Lin. dont elles ont la dimension et la forme ; comme ces dernières, elles sont inégalement développées à la base, mais elles présentent sur leurs bords des dentelures beaucoup plus aiguës que celles de l'espèce actuelle.

Loc. : *Manosque.*

CHAPITRE III

SYSTÈME MIOCÈNE

§ 1. — Étage Burdigalien.

Cet étage a fourni une flore assez variée, mais qui offre une grande ressemblance avec les précédentes, avec celles de Manosque et d'Armissan en particulier. Les plantes qui constituent cette flore se rencontrent dans un calcaire marneux qui, à Gergovie et à Merdogne, se trouve intercalé entre deux coulées de basaltes.

Parmi les espèces les plus fréquentes, nous citerons.

Dicotylédones apétales.

Myricées.

On retrouve ici, trois des espèces les plus communes dans l'Oligocène, indiquant ainsi la transition insensible qui se fait d'une flore à l'autre. Ces espèces sont :

Myrica lignitum, Ung. (*fig.* 361).

Myrica lævigata, Heer (Voir p. 249).

Myrica hæringiana, Ung. (Voir p. 249).

Cupulifères.

Quercus elæna, Ung. (fig. 226, p. 204).

Cette espèce, que nous avons déjà signalée dans le Sannoisien, se retrouve ici, avec les même caractères de forme et de nervation.

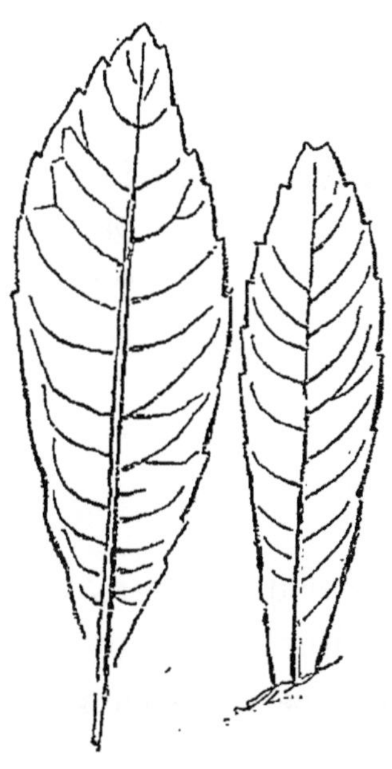

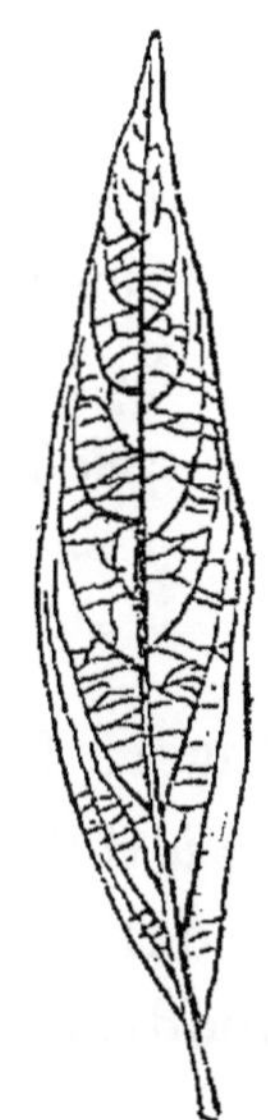

Fig. 361. *Myrica lignitum*, Ung. Fig. 362. *Laurus primigenia*, Ung. (d'après Heer et de Saporta).

Protéacées.

Lomatites aquensis, Sap. (fig. 244, p. 213).

La même observation s'applique à cette espèce que nous avons vue très répandue dans tout l'Oligocène.

Dicotylédones dialypétales.

Laurinées.

Laurus primigenia, Ung. (fig. 253 et 362).

Cette espèce, que nous citons déjà dans le Sannoisien se retrouve ici, un peu modifiée d'ailleurs, ses feuilles étant plus larges que celles d'Aix et de Saint-Jean-de-Garguier.

Ce que nous venons de dire pour les Myricées peut s'appliquer également aux *Cinnamons;* on retrouve en effet, à Gergovie, les espèces les plus fréquentes de l'Oligocène :

Cinnamomum	*lanceolatum*, Heer,	voir page	217
—	*polymorphum*, Heer,	—	266
—	*Scheuchzeri*, Heer,	—	268
—	*spectabile*, Ung,	—	—

Rhamnées.

Zizyphus Ungeri, Ett.

On retrouve à Gergovie ce jujubier que nous avons déjà rencontré dans différentes localités de l'Oligocène; nous ne reviendrons donc pas sur cette espèce très variable.

Hamamélidées.

Liquidambar europæum, A. Brong. (fig. 363).

Cette espèce qui présente la même polymorphie que les espèces actuelles, est très répandue, ses feuilles sont tantôt à trois lobes, tantôt à cinq; ces lobes sont entiers, très aigus à leur sommet, et présentent des bords très finement et également dentés sur toute leur longueur.

Cette espèce se poursuit jusque dans le Pliocène. M. Schenk la considère comme le précurseur direct du *L. imberbe* Mill. qui vit aujourd'hui en Asie Mineure.

Dicotylédones gamopétales.

Ebénacées.

Diospyros varians, Sap.

Nous voyons cette espèce, ainsi que la suivante, persister jusqu'ici alors que leur plus grand développement a lieu dans l'Oligocène, où elles rentrent dans la composition des différentes flores locales.

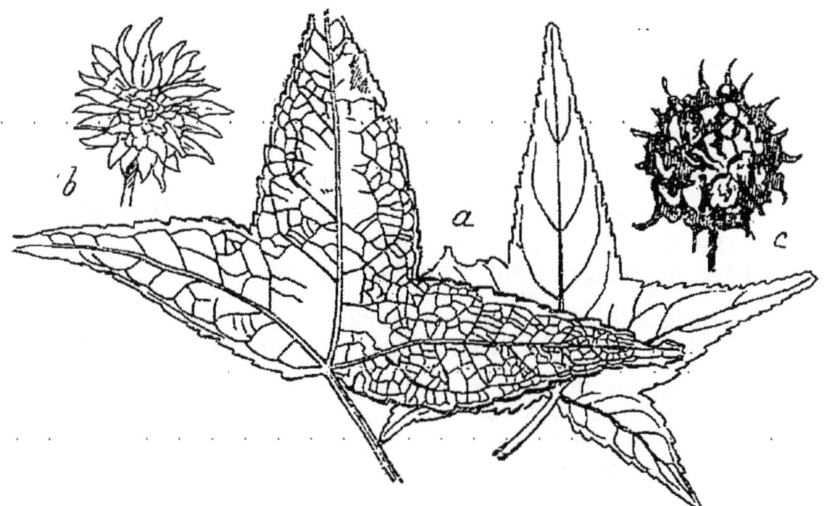

Fig. 363. — *Liquidambar europæum*, A. Br. *a*, feuilles; *b*, fleur; *c*, fruit. Réd. de 1/3 (d'après Herr).

Diospyros rugosa, Sap.

Nous avons figuré page 231 les fruits de cet ébénier, qui se trouvent à profusion dans certaines couches à Armissan.

Des feuilles, que l'on présume appartenir à la même espèce se trouvent quelquefois dans le gisement de Gergovie.

§ 2. — Etage Tortonien.

Dans cet étage viennent se ranger les deux florules

du Mont Charray et de Rochessauve (Ardèche), qui donnent une bonne idée de la végétation forestière pendant le Miocène supérieur.

Les espèces reconnues les plus fréquentes sont :

PHANÉROGAMES ANGIOSPERMES

Dicotylédones apétales.

Cupulifères.

1	Feuilles *très finement* denticulées sur les bords.....................	**Ostrya.**
	Feuilles lobées ou lâchement denticulées sur les bords..............	2.
2	Feuille *élargie* et *arrondie* à la base, bords lâchement denticulées..	**Quercus præilex.**
	Feuilles *rétrécies* et en pointe à la base, bords fortement crénelés.....	3.
3	Sinus des découpures marginales *profonds*, très *aigus*..............	**Quercus palæocerris.**
	Sinus des découpures marginales *peu profonds*, très *obtus*..........	**Quercus subcrenata.**

Ostrya carpinifolia, Sap.

Les feuilles de cette espèce, dit de Saporta, se confondent avec celles de l'*O. italica*, Scop., qui, de nos jours encore, habite les pentes fraîches et le bord des ruisseaux ombreux dans les Alpes-Maritimes, aux environs de Nice et de Vence.

Loc. : *Mont Charray*.

Quercus præilex, de Sap. (fig. 364).

Les feuilles de ce chêne présentent les plus grandes analogies avec notre *Q. ilex* L. actuel de Provence ; elles sont peut-être un peu plus lancéolées, aiguës au sommet et à denticules marginaux moins accusés.

Loc. : *Mont Charray*.

Quercus palæocerris, Sap. (fig. 365).

Ce chêne, ainsi que le suivant, se rapproche beaucoup des formes actuelles : *Q. cerris* L. et *Q. pseudosuber* San. Ses feuilles sont assez longuement pétiolées,

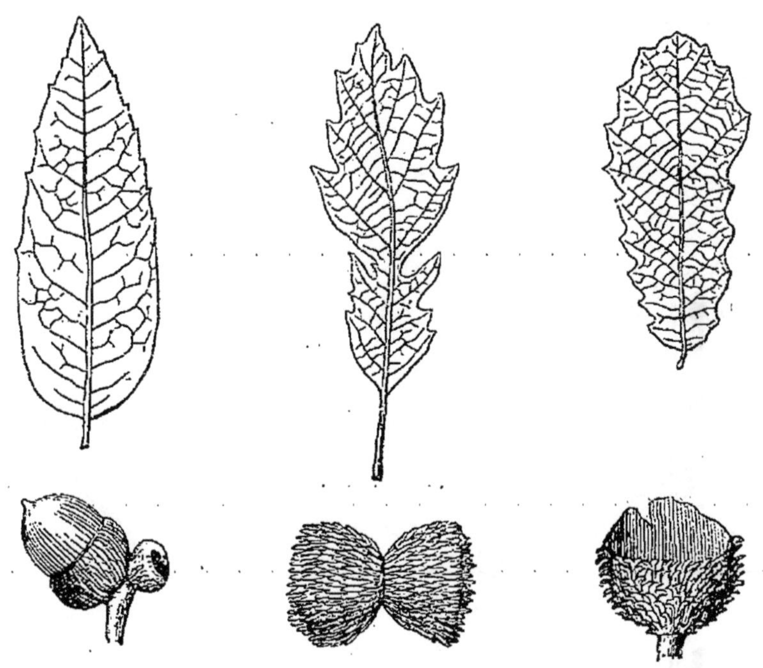

Fig. 364. — *Quercus præilex*, Sap. Fig. 365. *Q. palæocerris*, Sap. Fig. 366. *Q. subcrenata*, Sap. Feuilles et glands. Réd. de 1/2 (d'après de Saporta).

les bords sont profondement lobés, les lobes aigus au sommet. Loc. : *Mont Charray*.

Quercus subcrenata, de Sap. (fig. 366).

Dans cette espèce les feuilles sont moins découpées que dans la précédente, les bords sont plutôt dentés que lobulés, les dents sont larges, courtes, aiguës. Les nervures secondaires sont émises sous des angles très variables. Pétiole court. Loc. : *Mont Charray*.

Artocarpées.

Ficus Colloti, de Sap. (fig. 367).

Ce figuier, d'aspect entièrement exotique, avait des feuilles lancéolées, longuement atténuées en pointe au sommet, arrondies à la base sur un pétiole assez long.

Loc. : *Tufs des environs de Peyrolles et de Mirabeau.*

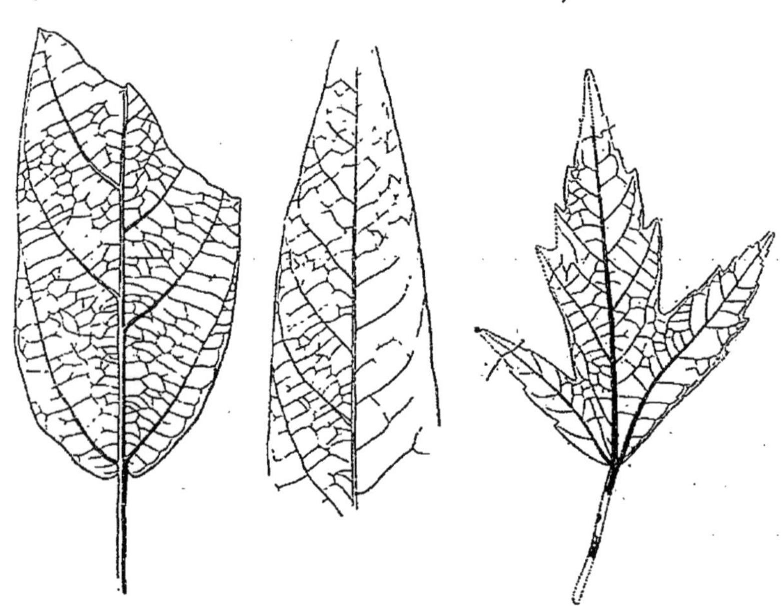

Fig. 367. *Ficus Colloti*, de Sap. Fig. 368. *Acer trilobatum*, A. Br.
Feuilles très réduites (d'après Zittel et de Saporta).

Dicotylédones dialypétales.

Sapindacées.

Acer trilobatum, A. Braun (fig. 368).

Espèce bien caractéristique que nous avons déjà mentionnée dans l'Aquitanien de Manosque. (Voir *antè*, page 270.) Loc. : *Mont Charray*

Ampélidées.

Vitis prævinifera, de Sap. (fig. 369).

Très élégante espèce, à bords profondément découpés, à lobe médian, relativement étroit, mais qui, dans l'ensemble de ses caractères, offre la plus grande

Fig. 369. — *Vitis prævinifera*, de Sap. Feuille réduite de 1/2 (d'après de Saporta).

analogie avec le *V. vinifera* L. actuel, bien connu de tous. Loc. : *Mont Charray*.

Hamamélidées.

Liquidambar europæum, A. Brong.

Nous avons déjà signalé cette espèce dans l'étage précédent ; elle se retrouve ici assez abondamment, mais avec de légères modifications dans les caractères. Loc. : *Rochessauve*.

CHAPITRE IV

SYSTÈME PLIOCÈNE

§ 1. — Étage Plaisancien.

A cet étage doit être rapportée la petite flore de Vaquières et de Théziers (Gard), qui n'a donné jusqu'ici qu'un nombre très restreint d'espèces, savoir :

PHANÉROGAMES GYMNOSPERMES

Conifères.

Glyptostrobus europæus, Heer (fig. 370).

Des fragments de rameaux de cette espèce se rencontrent fréquemment dans les argiles de Vaquières.

PHANÉROGAMES ANGIOSPERMES

Monocotylédones.

Graminées.

Arundo ægyptiaca antiqua, Sap. et Mar. (fig. 371).

Les feuilles, longues et finement acuminées au sommet, sont étroites à leur base où elles ont un centimètre de large ; leur plus grande largeur peut atteindre 4 centimètres et demi. Cette espèce est, paraît-il, identique à la variété *Ægyptia* Del. de l'*A. donax*, qui est répandu des bords de la Méditerranée, en Provence, jusque dans l'Inde. Loc. : *Vaquières*.

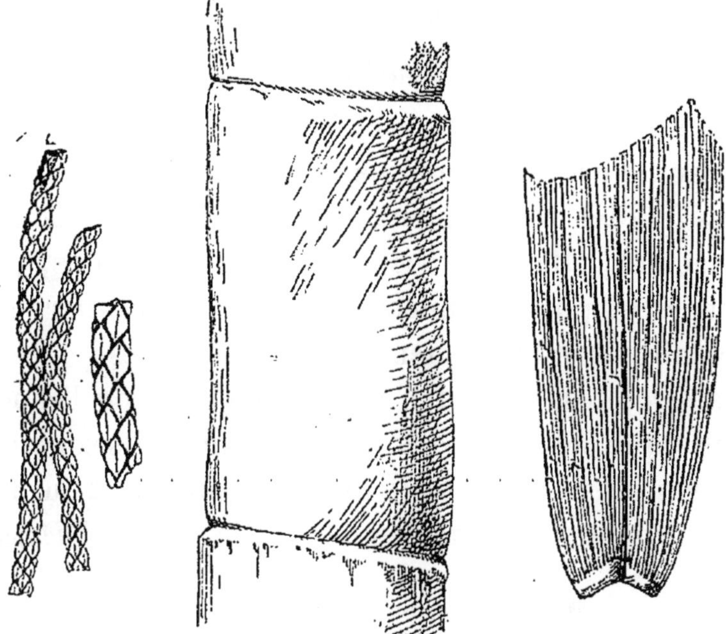

Fig. 370. — *Glyptostrobus europæus*, Heer. Rameaux (d'après Brongniart).

Fig. 371. *Arundo ægyptiaca antiqua*, S. et M. Tige et base d'une feuille (d'après de Saporta).

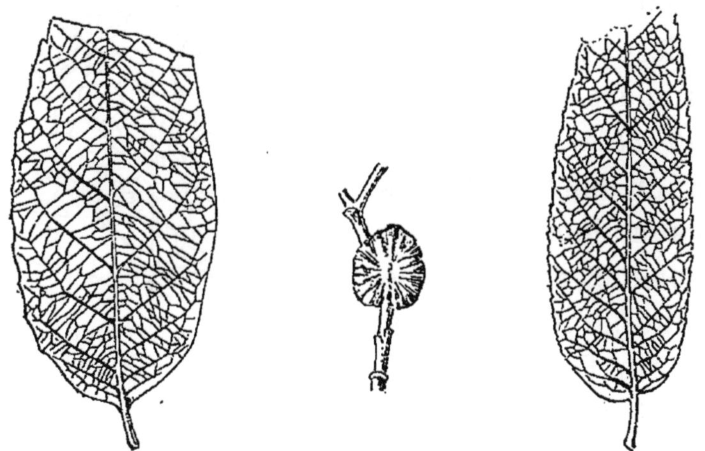

Fig. 372. — *Alnus stenophylla*, S. et M. — Feuilles et fruit. Réd. 1/3 (d'après de Saporta).

Dicotylédones apétales.

Cupulifères.

Alnus stenophylla, Sap. et Mar. (fig. 372).

Cet aulne est représenté par ses feuilles et ses fruits.

Les feuilles ressemblent à celles de l'*A. orientalis* Dne. actuel; elles sont cependant plus étroites, plus allongées et plus atténuées au sommet; les nervures secondaires sont également plus nombreuses.

Les strobiles sont plus petits que ceux de l'espèce actuelle que nous venons de citer, mais ils sont disposés sur les rameaux de la même façon par 2 ou 3 et sont brièvement pédonculés. Loc. : *Vaquières*, *Théziers*.

Dicotylédones dialypétales.

Sapindacées.

Acer triangulilobum, Gœpp. (fig. 373).

Les feuilles de cette espèce sont très communes à Théziers ; on ne saurait les confondre avec celles de l'*A. trilobatum*, car les dentelures du bord sont plus obtuses que dans ce dernier, et le sommet de la feuille forme une pointe beaucoup plus courte. Pour M. de Saporta, cet érable se rapproche beaucoup du groupe de l'*A. opulifolium* L., qui vit aujourd'hui en France. Loc. : *Théziers*, *Vaquières*.

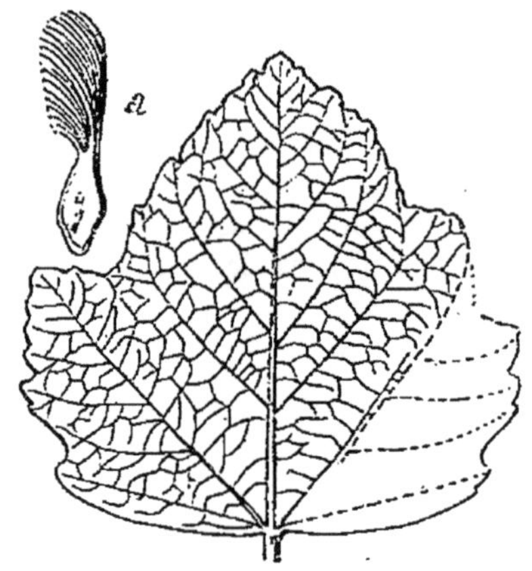

Fig. 373. — *Acer triangulliobum*, Goëpp. *a*, samare du même. Réd. 1/3 (d'après de Saporta).

Dicotylédones gamopétales.

Caprifoliacées.

Viburnum assimile, Sap. et Mar. (fig. 374).

Les feuilles de cette espèce semblent avoir de grandes analogies avec celles du *V. tinus* Lin. (Laurier tin) et *V. rugosum* Pers. actuels. Le bord des feuilles fossiles est sinué, irrégulièrement corrugué plutôt que réellement denté. Loc. : *Théziers, Vaquières.*

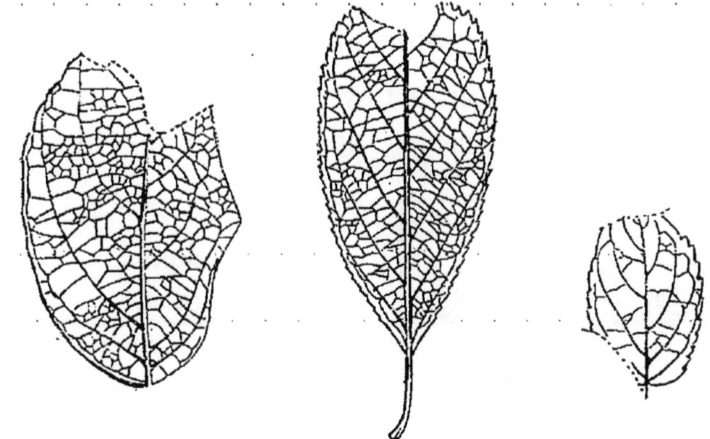

Fig. 374. *Viburnum assimile*, Sap. Fig. 375. *Viburnum palæomorphum*, Sap.
Feuilles réduites de 1/3 (d'après de Saporta).

Viburnum palæomorphum, Sap. et Mar. (fig. 375).

Feuilles variables, communes à Vaquières, ayant par tous leurs caractères de grands rapports avec plusieurs espèces actuelles de la Chine et du Japon; M. de Saporta leur trouve surtout de la ressemblance avec les feuilles du *V. bureiæticum*, Rgl. et Herd. de la Mandchourie. Loc. : *Vaquières.*

§ 2. — Étage Astien.

Cet étage est beaucoup plus riche que le précédent en débris fossiles de végétaux; c'est en effet dans les couches qui le constituent que se rencontrent les belles empreintes des tufs calcaires de Meximieux (Ain) et des tufs ponceux du Cantal, des cinérites de la même région, visibles aux environs de Vic-sur-Cère et de Saint-Vincent, et celles des marnes à tripoli de Ceyssac (Haute-Loire).

CRYPTOGAMES

Diatomées.

Les marnes à tripoli de Ceyssac sont constituées par l'accumulation des restes des membranes siliceuses

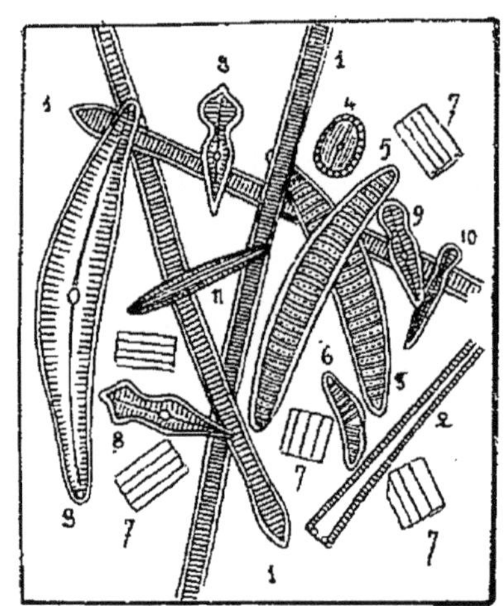

Fig. 376. — *Diatomées* des marnes à tripoli de Ceyssac (très fortement grossies, d'après Zittel).

1. *Synedra capitata.*
2. — *Ulna.*
3. *Cocconema asperum.*
4. *Cocconeis lineata.*
5. *Eunotia granulata.*
6. *Eunotia zygodon.*
7. *Fragilaria rhabdosoma.*
8. *Gomphonema laticeps.*
9. — *truncatum.*
10. — *mustela.*
11. *Pinnularia amphioxus.*

de ces algues microscopiques. Nous donnons, d'après Zittel, une figure contenant les principales espèces de ce gisement (fig. 376).

Fougères.

Adiantum reniforme, Lin. (fig. 377, 378).

Il est absolument impossible de distinguer les frondes fossiles de celle de l'espèce actuelle qui vit aux Canaries et dont nous donnons la figure à côté de celle de l'empreinte fossile. Loc. : *Meximieux*.

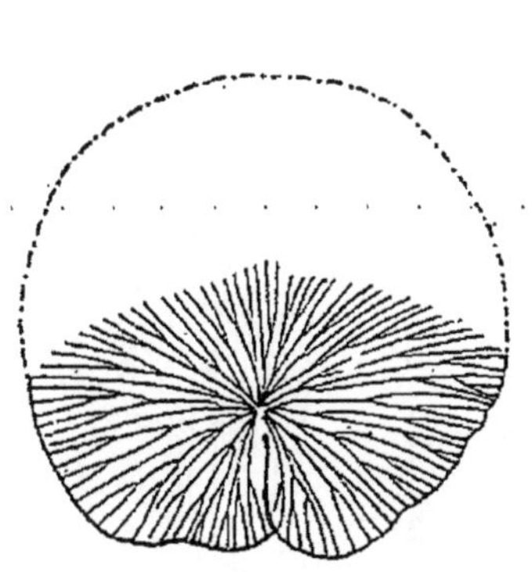

Fig. 377. — *Adiantum reniforme* L. ; *pliocenicum*, de Sap.

Fig. 378. — *Adiantum reniforme* L. actuel des îles Canaries.

Feuilles réduites de 1/3 (d'après de Saporta et Marion).

PHANÉROGAMES GYMNOSPERMES

Conifères.

Taxodinées.

Glyptostrobus europæus, Heer (fig. 370).

Nous ne reviendrons pas sur cette espèce, que nous avons déjà signalée dans l'Aquitanien. Qu'il nous suffise de rappeler qu'elle se rapproche beaucoup d'une espèce qui vit aujourd'hui en Chine au bord des rivières : le *G. heterophyllus*, Endl.

Loc. : *Meximieux*.

Abiétinées.

Abies pinsapo, pliocenica, Sap. (fig. 379).

De cette espèce ont été rencontrées des feuilles et des écailles strobilaires. Les feuilles sont conformes à celle de l'*A. numidica* qui vit en Algérie et qui est identifié par certains botanistes avec l'*A. pinsapo* Boiss. actuel de la Sierra Nevada. Les écailles du cône fossile sont cependant un peu plus grandes que celles de l'espèce actuelle.

Loc. : *Pas de la Mougudo, près Vic-sur-Cère.*

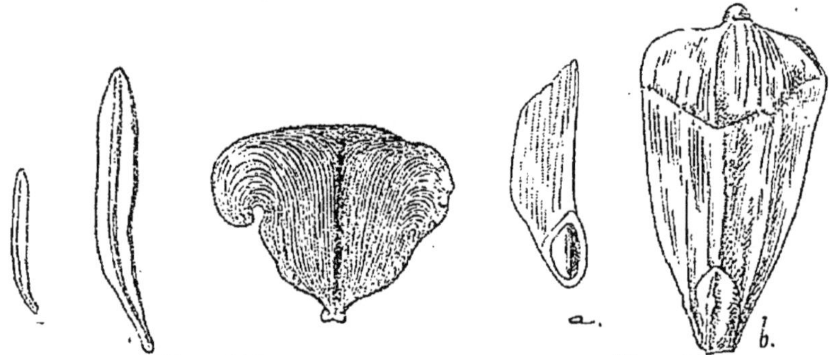

Fig. 379. *Abies pinsapo, pliocenica.* Fig. 380. *Picea excelsa pliocenica,* Sap.
Feuilles, écailles et semences (d'après de Saporta et Zittel).

Picea excelsa pliocenica, Sap. (fig. 380).

Cette forme fossile de l'espèce actuelle est connue par des semences qu'il est fort difficile de distinguer de celles du Pin commun qui, de nos jours encore, habite les hautes montagnes de notre pays.

Loc : *Ceyssac (Haute-Loire).*

Monocotylédones.

Graminées.

Bambusa lugdunensis, Sap. (fig. 381).

On rencontre, de cette espèce, des fragments de tiges

et de feuilles; celles-ci pouvaient atteindre 0 m. 20 de longueur, 0 m. 30 au plus. Par sa taille, comme par les détails de nervation des feuilles, l'espèce fossile semble se rapprocher beaucoup d'une espèce chinoise, acclimatée en Europe : le *B. mitis* Poir., cultivée dans le Midi. Loc. : *Meximieux, cinérites du Cantal.*

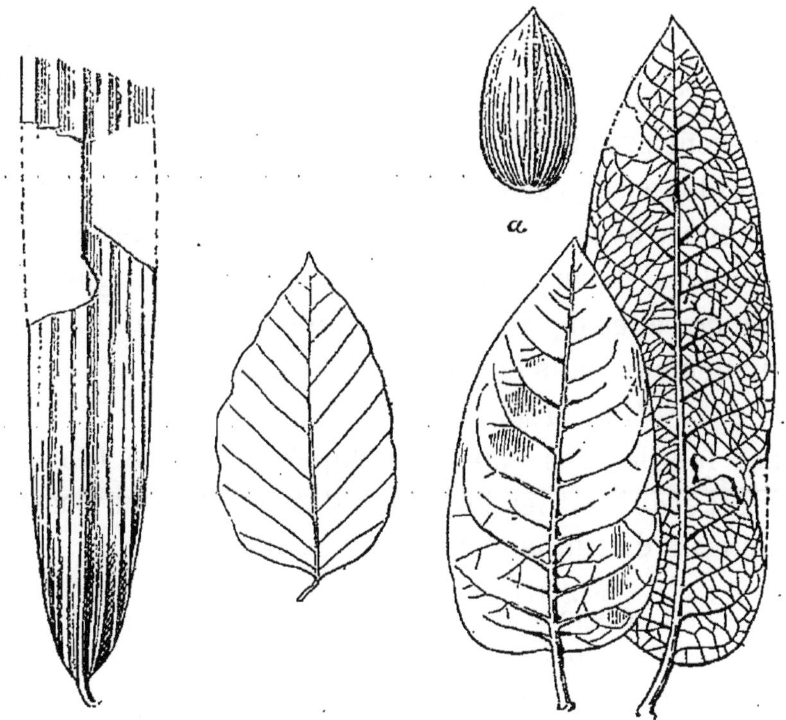

Fig. 381. — *Bambusa lugdunensis*. Feuille Réd. 1/3.

Fig. 382. — *Fagus sylvatica pliocenica*, Sap.

Fig. 383. — *Quercus præcursor*, de Sap. Feuilles et fruit. Réd. de 1/3.

(d'après de Saporta).

Dicotylédones apétales.

Cupulifères.

1	Feuilles à bords *simples*.........	2.
	Feuilles à bords finement *dentés* ou *lobulés*......................	3.

2	Nervation craspédodrome........	Fagus.
	Nervation camptodrome..........	Q. præcursor.
3	Bords du limbe largement *lobulés*.	Quercus.
	Bords du limbe *finement dentés*	Alnus.

Fagus sylvatica pliocenica, de Sap. (fig. 382).

Cette forme, dans laquelle apparaissent les bords simplement ondulés, semble faire la transition des espèces miocènes du genre dont les feuilles sont légèrement denticulées, à l'espèce actuelle à bords simples.

Loc. : *Saint-Vincent, vallée du Falgoux* (Cantal).

Quercus præcursor, de Sap. (fig. 383).

Feuilles assez variables, les unes, très allongées, ont du rapport avec celles du *Q. divionensis*, de Brognon ; les autres, beaucoup plus courtes, se distinguent à peine de celles de certaine variété du *Q. ilex* qui croît actuellement dans le Midi de la France.

Loc. : *Tufs de Meximieux.*

Les feuilles des espèces indiquées dans le tableau suivant et qui ont les bords lobulés sont toujours assez difficiles à distinguer les unes des autres.

1	Feuilles *non rétrécies* à la base qui est subcordée..................	Quercus Mirbecki.
	Feuilles *rétrécies* à la base......	2.
2	Lobes de la base obliques, ascendants	Quercus robur.
	Lobes de la base perpendiculaires ou même réfléchis..................	Quercus Lamothi.

Quercus Mirbecki, antiqua, Sap. (fig. 386).

Cette forme pliocène paraît intimement liée à celle qui vit aujourd'hui en Algérie; ses feuilles diffèrent de celles des deux espèces suivantes par ses lobes inférieurs aussi développés que les médians et sa base subcordée. Loc. : *Tufs de Varennes, près Murols.*

Quercus robur pliocenica, Sap. (fig. 384).

Il est inutile d'insister sur les caractères des feuilles de cette espèce, bien connues de tous. La forme pliocène ne se distingue de celle qui pousse actuellement dans nos forêts que par des nuances insignifiantes.

Loc. : *Cinérites du Cantal, Saint-Vincent.*

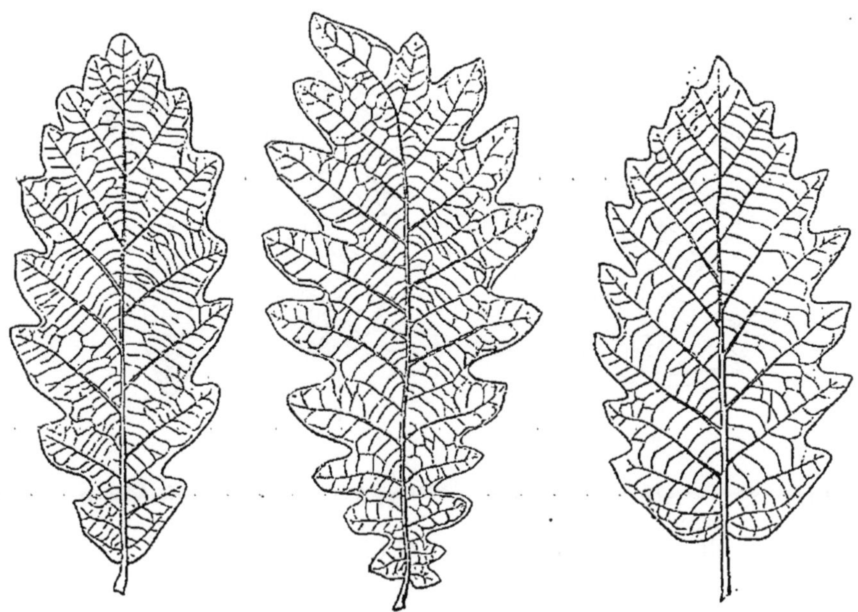

Fig. 384. *Quercus robur pliocenica*, Sap. Fig. 385. *Quercus Lamothi*, Sap. Fig. 386. *Quercus Mirbecki antiqua*, Sap.
Feuilles réduites (d'après de Saporta).

Quercus Lamothi, Sap. (fig. 385).

Belle espèce voisine de la précédente, mais qui s'en distingue par ses lobes médians plus grands, plus aigus, alors que ceux de la base sont plus étroits, perpendiculaires à la nervure médiane au lieu d'être obliques ascendants. Pétiole très court relativement.

Loc. : *Tufs ponceux de Varennes, près Murols.*

Alnus glutinosa orbiculata, Sap. (fig. 387).

Les feuilles de cette variété sont remarquables par leur contour orbiculaire ; elles sont un peu tronquées à la base et submucronées au sommet. Cette forme semble spéciale à une station montagnarde pliocène représentée par le gisement du Pas de la Mougudo.

Loc. : *Cinérites du Cantal.*

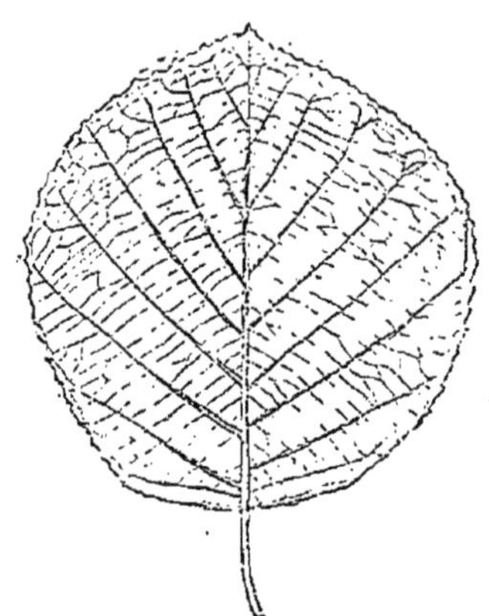

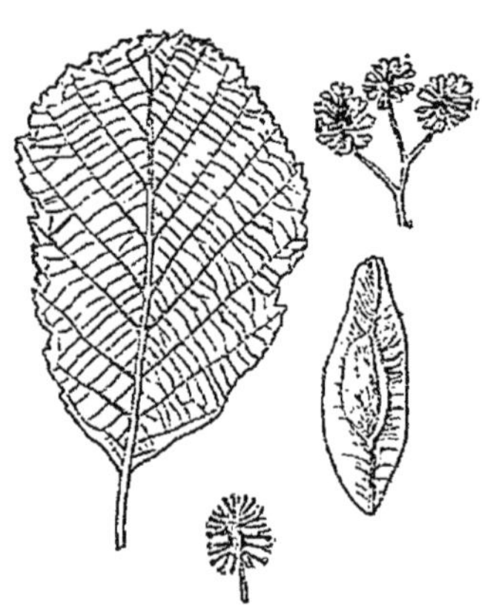

Fig. 387. — *Alnus glutinosa*, var. *orbiculata*, Sap. Fig. 388. — *Alnus glutinosa*, var. *Aymardi*, Sap.
Feuilles et fruits. Réd. de 1/2 (d'après de Saporta).

Alnus glutinosa Aymardi, Sap. (fig. 388).

Cette variété, très voisine dela précédente, s'en distingue cependant par ses feuilles plus petites, non orbiculaires, atténuées à la base et arrondies au sommet. Elle constitue une forme plus chétive que la précédente. Loc. : *Marnes à tripoli de Ceyssac.*

Salicinées.

Populus canescens, pliocenica, Sap. (fig. 389).

Cette variété du peuplier grisaille actuel est reconnaissable à ses feuilles subtransverses, suborbiculaires, à bords largement dentés; elle indique une station fraîche et montagnarde.

Loc. : *Marnes à tripoli de Ceyssac.*

Ulmacées.

Ulmus palæomontana, de Sap. (fig. 388, samare).

Les feuilles de cette espèce peuvent être facilement confondues avec celles de l'*U. montana*, qui vit encore aujourd'hui sur les montagnes d'Europe.

Loc. : *Marnes à tripoli de Ceyssac.*

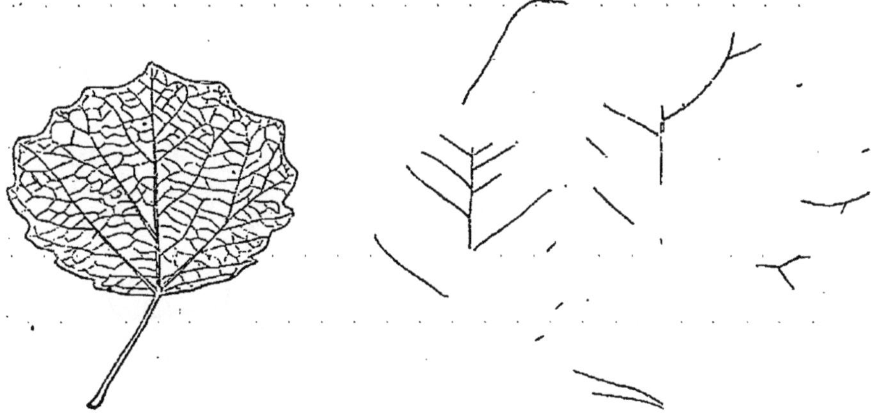

Fig. 389. — *Populus canescens*, Sm. var. *pliocenica*, Sap.

Fig. 390. *Liriodendron Procaccini*, Ung. Feuilles réduites de 1/3 (d'après de Saporta).

Dicotylédones dialypétales.

Magnoliacées.

Liriodendron Procaccini, Ung. (fig. 390).

Espèce très voisine du Tulipier actuel, originaire de l'Amérique du Nord (*L. tulipiferum* L.) et qui n'en diffère, au dire de Saporta, que par des feuilles obtusément lobées ou même sinuées. Loc. : *Meximieux.*

Ménispermées.

Cocculus latifolius, Sap. et Mar. (fig. 391).

Voisine, d'une part, d'une espèce fossile du Groenland : *C. arcticus*, Heer sp., et d'autre part d'une espèce actuelle de la Virginie : *C. carolinus* D.C., le *Cocculus latifolius* ne diffère de cette dernière, suivant de Saporta, que par des feuilles plus grandes et plus larges et une moindre propension de ces feuilles à devenir lobées. Loc. : *Meximieux.*

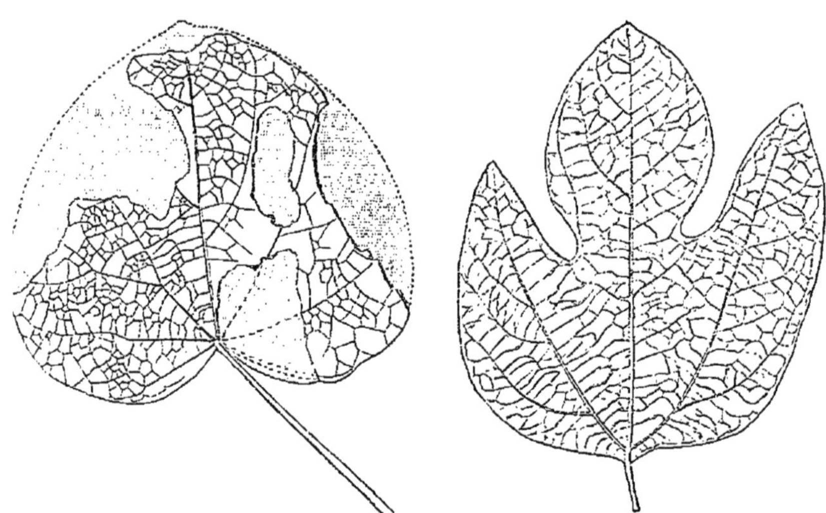

Fig. 391. *Cocculus latifolius*, S. et M. Fig. 392. *Sassafras Ferretianum*, Mass.
Feuilles très réduites (d'après de Saporta).

Laurinées.

1	Feuilles entières................	2.
	Feuilles trilobées................	**Sassafras Ferretianum**
2	Nervures secondaires nombreuses presque parallèles................	**Laurus canariensis.**
	Nervures secondaires espacées, la paire inférieure plus oblique que les autres........................	**Oreodaphne Heeri.**

Sassafras Ferretianum, Mass. (fig. 392).

Les feuilles de cette espèce sont assez variables, suivant les gisements où on les observe ; atténuées ou non à la base, elles présentent des lobes plus ou moins élargis ou rétrécis, l'un des latéraux étant quelquefois atrophié sur un des côtés de la marge. Quoi qu'il en soit, l'ensemble des caractères de cette espèce rappelle de très près ceux du *S. officinale* Nees actuel de l'Amérique septentrionale dont elle paraît être l'ancêtre direct. Loc. : *Cinérites du Cantal, Saint-Vincent.*

Laurus canariensis pliocenica, Sap. (fig. 393).

Cette espèce ressemble d'une manière frappante au *L. canariensis* Webb. actuel et donne lieu aux mêmes variétés. De Saporta est porté à faire de la forme pliocène une sorte d'intermédiaire entre le *L. nobilis* qui vit sur les bords de la Méditerranée et le *L. canariensis* des Açores.

Loc. : *Meximieux.*

Oreodaphne Heeri, Gaud (fig. 394).

De l'avis de M. de Saporta, les feuilles de cette espèce présentent beaucoup d'analogie avec celles du Til ou Laurier puant des îles Canaries : *Oreodaphne fœtens*, Nees ; les feuilles fossiles semblent cependant être plus généralement acuminées au sommet.

Loc. : *Meximieux.*

Tiliacées.

Tilia expansa, de Sap. (fig. 395).

Les divers caractères fournis par les feuilles de cette espèce la rapprochent beaucoup du *T. pubescens*, Vent., que l'on trouve confiné aujourd'hui en Louisiane et dans la Nouvelle-Orléans.

Loc. : *Meximieux* ; *Pas de la Mougudo.*

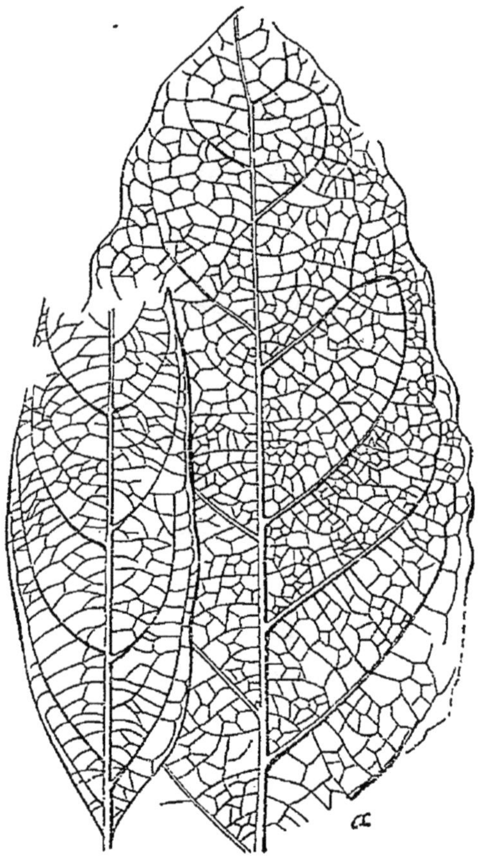

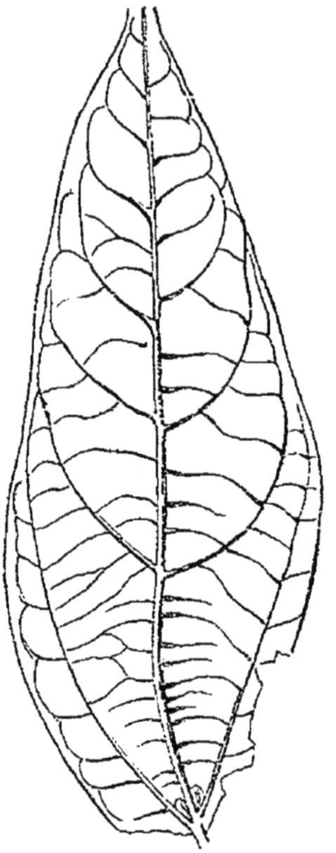

Fig. 393. — *Laurus canariensis*, Webb., var. *pliocenica*, de Sap. en *a*, var. *latifolia*. Feuilles réduites de 1/3 (d'après de Saporta).

Fig. 394. — *Oreodaphne Heeri*, Gaud. Grand. nat.

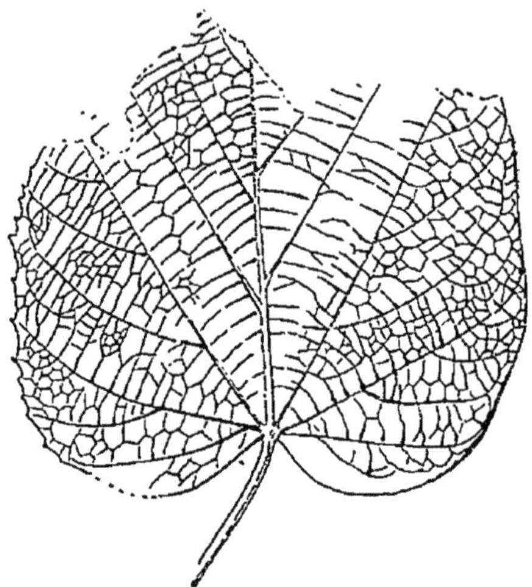

Fig. 395. — *Tilia expansa*, de Sap. Feuille réduite de moitié (d'après de Saporta).

Sapindacées.

Acer polymorphum pliocenicum, Sieb et Zucc. (fig. 396).

Cet érable présente des feuilles absolument identiques à celles de l'*A. polymorphum*, Sieb, qui vit aujourd'hui au Japon et est introduit en Europe, par la culture, depuis peu de temps.

Fig. 396. — *Acer polymorphum pliocenicum*, Sieb. et Zucc. Feuille réduite de moitié (d'après de Saporta).

Loc. : *Cinérites du Cantal, Pas de la Mougudo; Saint-Vincent.*

Acer lætum, C. A. Mey, **pliocenicum.**

Rien ne distingue, selon de Saporta, les feuilles de la forme fossile de celles de l'espèce actuelle qui croît en Mandchourie. C'était une espèce dont l'aire d'extension semble avoir été très vaste.

Loc. : *Meximieux;* se retrouve dans le Cantal et la Haute-Loire.

Acer latifolium, de Sap. (fig. 398).

C'est avec l'*A. neapolitanum* Ten. actuel de la Croatie et des environs de Naples que l'espèce fossile semble avoir le plus de rapports ; elle n'en diffère en effet que par son lobe médian plus large et plus développé relativement aux lobes latéraux.

Loc. : *Meximieux.*

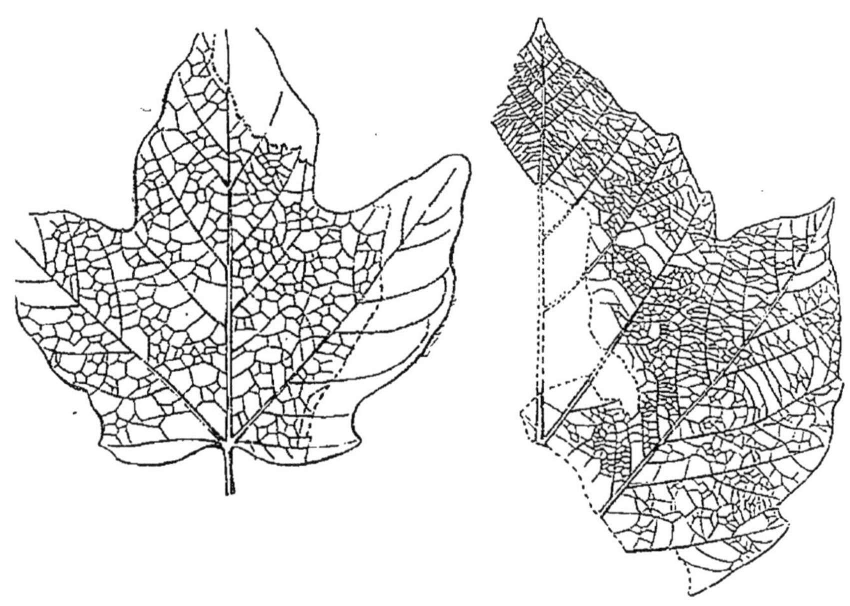

Fig. 397. *Acer opulifolium*, Will. Fig. 398. *Acer latifolium*, Sap. Feuilles réduites (d'après de Saporta).

Acer opulifolium, Will. **pliocenicum** (fig. 397).

Feuilles beaucoup plus petites que celles de l'espèce précédente et qui se relient intimement à celles des variétés à feuilles étroites qui vivent en Algérie, en Espagne et même en Provence. Loc. : *Meximieux.*

Acer creticum pliocenicum, Sap.

Cette variété représente, pendant la période Pliocène, la race confinée aujourd'hui sur les montagnes de Crète (Grèce) et que les botanistes désignent aussi sous le nom d'*A. sempervirens*.

Loc. : *Ceyssac*.

Ilicacées.

Ilex Falsani, Sap. et Mar. (fig. 399).

Par ses caractères ambigus, cette espèce constitue,

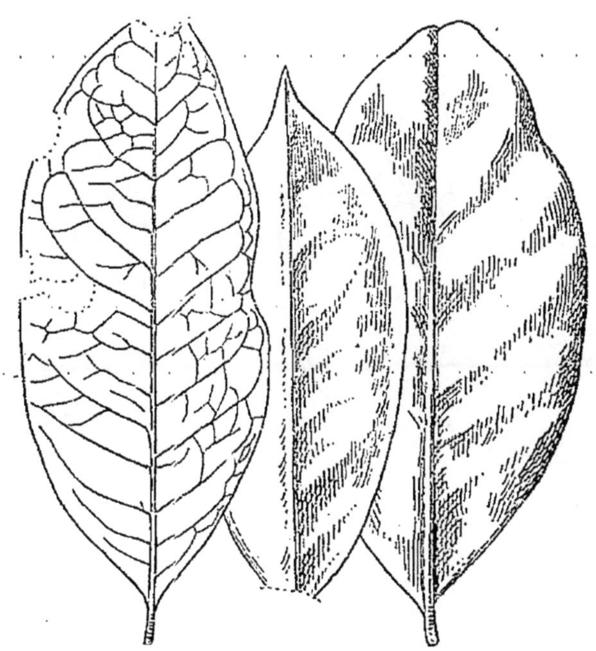

Fig. 399. — *Ilex Falsani*, Sap. et Mar. — Feuilles réd. de 1/3 (d'après de Saporta).

pour M. de Saporta, un intermédiaire entre le *I. balearica* Desf., ou Houx de Mahon et l'*I. cassine* Ait., de la Caroline ; elle en est probablement la forme souche.

Loc. : *Meximieux*.

Ampélidées.

Vitis subintegra, de Sap. (fig. 400).

Comme le nom de l'espèce l'indique, les feuilles de cette vigne sont remarquables par leur forme entière, les contours ne présentant pas de lobes, mais de simples denticulations assez obtuses et dont une seulement, de chaque côté, plus forte que les autres, indique une tendance à la lobation. Loc. : *Saint-Vincent.*

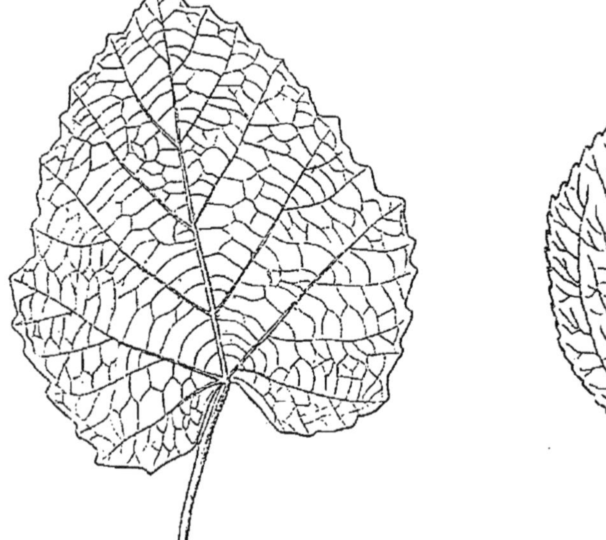

Fig. 400. *Vitis subintegra*, de Sap. Fig. 401. *Zizyphus ovatus*, O. W.
Feuilles réduites (d'après de Saporta).

Rhamnées.

Zizyphus ovatus, O. Web. (fig. 401).

Les feuilles de cette espèce sont régulièrement ovales, très finement denticulées sur les bords. Les nervures secondaires sont éparses et forment un réseau peu régulier. Loc. : *Ceyssac.*

Hamamélidées.

Liquidambar europæum, A. Broug. (fig. 402).

Nous avons déjà signalé cette espèce dans la flore Burdigalienne de Gergovie ; elle est très polymorphe et semble devoir servir d'intermédiaire, selon de Saporta, entre les deux espèces actuellement vivantes, dont l'une est américaine et l'autre chinoise.

Myrtacées.

Punica Planchoni, Sap. et Mar. (fig. 403).

La nervation des feuilles de ce grenadier ne diffère en rien de celle qui se voit sur les feuilles du *P. granatum* L., qui croît aujourd'hui en Espagne, en Algérie et jusque dans l'Inde. Ce qui différencie l'espèce fossile de celle qui existe aujourd'hui, c'est son contour beaucoup plus brusquement acuminé au sommet et aussi la disposition moins oblique des nervures secondaires les plus inférieures.

Loc. : *Meximieux.*

Dicotylédones gamopétales.

Ébénacées.

Diospyros protolotus, Sap. et Mar. (fig. 404).

Pour M. de Saporta, cette espèce représente une forme pliocène du *D. Lotus* L., qui vit aujourd'hui dans le sud de l'Europe et qui paraît n'en différer que par un contour plus ellipsoïde oblong, par des nervures secondaires plus courtes, moins ascendantes et plus vite ramifiées le long des bords.

Loc. : *Meximieux.*

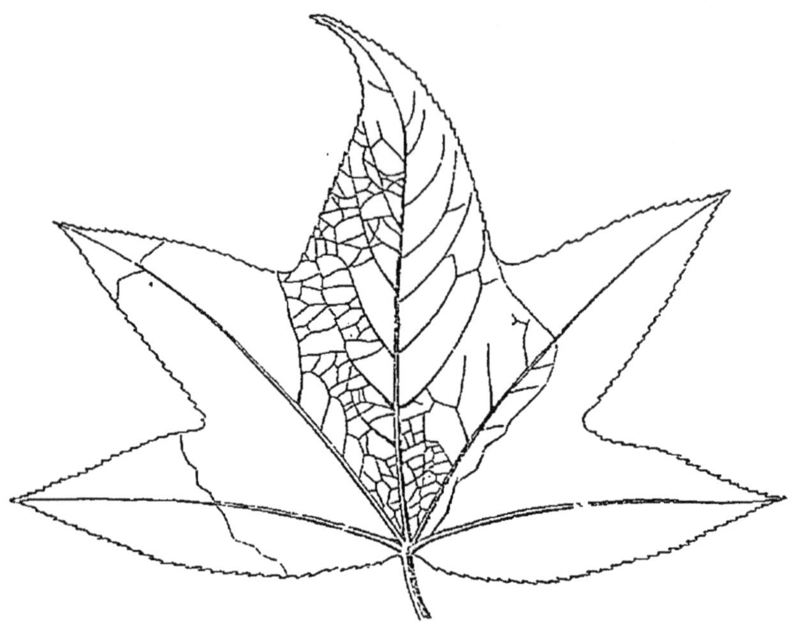

Fig. 402. — *Liquidambar europæum*, A. Br. Forme pliocène réduite (d'après Zittel).

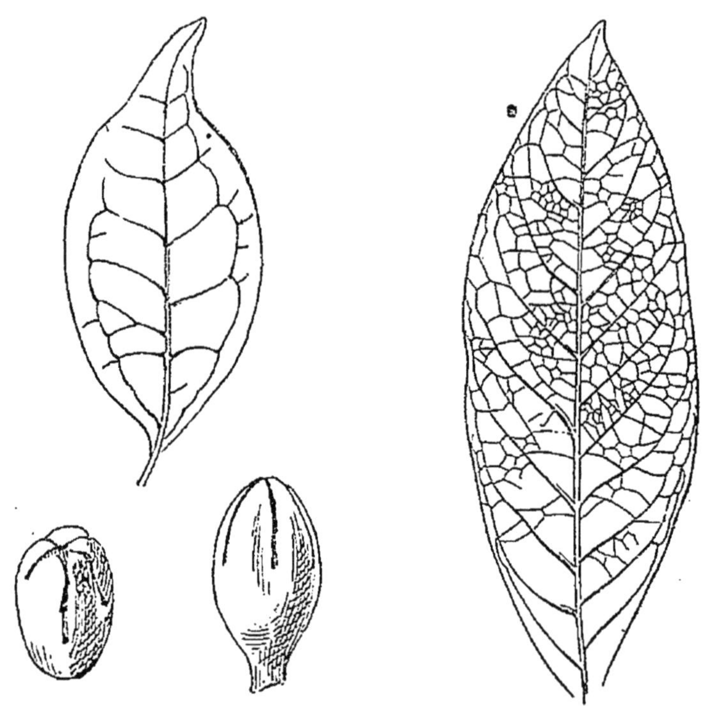

Fig. 403. — *Punica Planchoni*. Feuille et boutons floraux, grand. nat.

Fig. 404. — *Diospyros protolotus*. Réd. de 1/3 (d'après de Saporta).

Apocynées.

Nerium oleander, pliocenicum, Sap. (fig. 405).

Forme très voisine du *N. oleander* actuel (Laurier-rose), mais qui s'en distingue cependant par des feuilles généralement plus petites, proportionnellement plus élargies et plus obtuses au sommet que la plupart de celles de l'espèce vivante. Loc. : *Meximieux*.

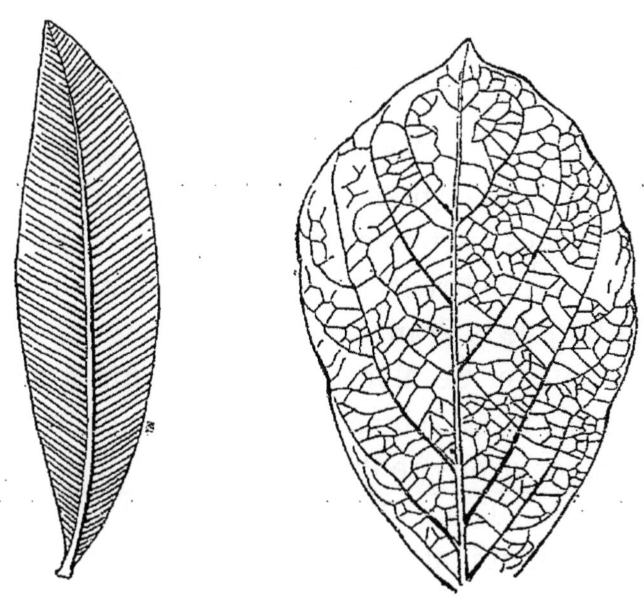

Fig. 405. — *Nerium oleander*, L. *pliocenicum*, Sap. Fig. 406. — *Viburnum rugosum* Pers., *pliocenicum*, Sap. Réd. 1/3 (d'après de Saporta).

Caprifoliacées.

Viburnum rugosum, pliocenicum, Sap. (fig. 406).

Les feuilles de cette forme pliocène de la *Viorne rugueuse* actuelle des Canaries ne diffèrent de cette dernière, suivant de Saporta, que par leur contour plus obovale, plus élargi au sommet qui est lui-même plus brusquement atténué en pointe qu'il ne l'est généralement dans l'espèce actuelle. Loc. : *Meximieux*.

LIVRE IV

ÈRE QUATERNAIRE OU MODERNE

§ 1. — Époque Pleistocène.

Les débris fossiles de végétaux datant de cette période ne se sont guère rencontrés jusqu'ici que dans les *tufs* formés à cette époque par des eaux jaillissantes et qui se rencontrent en d'assez nombreux points, dans le Midi de la France, principalement aux environs de Marseille et de Montpellier. Ces tufs à végétaux ont également été signalés dans quelques rares localités des environs de Paris, à Moret (Seine-et-Marne) par exemple. D'après les études qui ont été faites sur la végétation qui a laissé ses restes dans ces tufs, il ressort que la flore quaternaire de notre pays se composait presque exclusivement de végétaux ligneux ; mais il est bon cependant de remarquer qu'en général les végétaux herbacés étant plus frêles, le nombre de leurs débris eût pu être plus considérable s'ils se fussent trouvés dans de meilleures conditions de fossilisation. On a aussi constaté que, par la combinaison des genres qui la composent, la flore quartenaire se rapproche beaucoup de celles qui l'ont immédiatement précédée, c'est-à-dire des flores pliocènes, et que son caractère le plus net consiste dans la présence de plusieurs espèces aujourd'hui *émigrées*, parmi lesquelles nous citerons :

Quercus lusitanica, Webb.
Ficus carica, L.
Laurus canariensis, Webb.
Cercis siliquastrum, L.

Les espèces qui composent la flore des tufs vivent donc encore presque toutes dans les lieux où cette

Fig. 407. *Pinus caroliniana*, Carr., corn. Réd. de 1/2.

Fig. 408. Fig. 409. *Quercus lusitanica*, Webb. Feuilles réd. de 1/2. (d'après de Saporta).

formation se rencontre. Voici, d'après les travaux de MM. de Saporta et Planchon, la liste des espèces qui ont été rencontrées aux environs de Marseille et de Montpellier :

CRYPTOGAMES

Hépatiques.

Pellia epiphylla.

Fougères.

Scolopendrium officinarum. Adiantum capillus Veneris.
Pteris aquilina.

PHANÉROGAMES GYMNOSPERMES

Conifères.

Pinus pumilio.
— Salzmanni.
— pyrenaica.
Pinus caroliniana, Carr. (1).
— montana, Mill.
Abies pectinata, D. C.

PHANÉROGAMES ANGIOSPERMES

Monocotylédones.

Typha latifolia.
Smilax aspera.

Dicotylédones apétales.

Alnus glutinosa.
Quercus pubescens.
— Farnetto.
— lusitanica.
— ilex.
Ulmus campestris.
— montana.
Corylus avellana.
Celtis australis.
Ficus carica.
Populus alba.
Salix cinerea.
— viminalis.
— alba.
Juglans regia.

Dicotylédones dialypétales.

Laurus nobilis.
— canariensis.
Tilia europæa.
Buxus sempervirens.
Acer opulifolium.
— monspessulanum.
— campestre.
Rhus cotinus.
Cercis siliquastrum.
Cotoneaster pyracantha.
Pyrus acerba.
Cratægus oxyacantha.
Rubus idæus.
Evonymus europæus.
Ilex aquifolium.
Vitis vinifera.
Parrotia pristina.
Hedera helix.
Cornus sanguinea.
Clematis flammula.

Dicotylédones gamopétales.

Phyllirea angustifolia.
— media.
Rubia peregrina.
Fraxinus Ornus.
— excelsior.
Viburnum tinus.

(1) Ces trois espèces ne proviennent pas des tufs, mais des marne sableuses à *Elephas meridionalis* de Saint-Martial (Hérault).

Il est inutile que nous insistions sur les caractères de ces espèces qui sont bien connues de tous : aussi

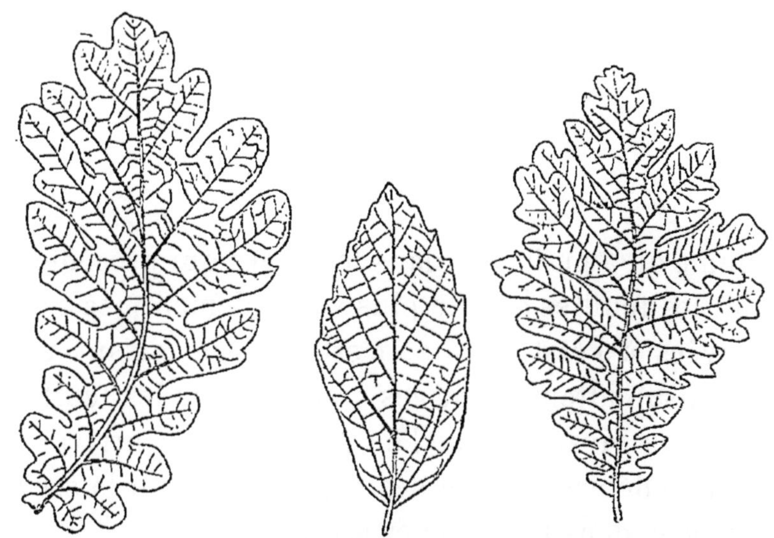

Fig. 410. *Quercus Farnetto*, Ten.
Fig. 411. *Parrotia pristina*, Ett.
Fig. 412. *Quercus Farnetto*, Ten.

Feuilles réduites (d'après de Saporta).

nous contenterons-nous de donner ici les figures des espèces émigrées ou éteintes qui entrent dans la composition de la flore quaternaire (voyez les figures 407 à 412).

GÉNÉRALITÉS SUR LES FEUILLES

Comme on a pu le voir dans les pages qui précèdent, ce sont les feuilles qui, le plus généralement, se sont conservées à l'état fossile; c'est donc en faisant une comparaison attentive de ces organes avec les feuilles des plantes vivantes que l'on peut espérer arriver à une bonne détermination des espèces qui ont laissées leurs restes dans les couches sédimentaires.

Mais de grandes difficultés sont soulevées par l'examen exclusif des feuilles. Il convient, en effet, de remarquer que les mêmes dispositions de la nervation, les mêmes formes dans le contour du limbe se retrouvent parfois dans des groupes très éloignés ; il arrive, au contraire, qu'une grande diversité dans le contour du limbe et dans la direction des nervures peut être constatée dans une même espèce, voire même sur un seul individu, suivant son âge et les conditions dans lesquelles il a végété.

Il conviendra de s'attacher surtout, pour cette comparaison, à l'examen des formes actuelles arborescentes, à feuillage résistant, coriace, les plantes présentant ces caractères étant celles qui se trouvèrent dans les conditions les plus favorables pour la fossilisation de leurs organes; les plantes herbacées, au contraire, offrant en général moins de résistance aux agents destructeurs, n'ont guère pu se conserver que dans des cas tout à fait exceptionnels.

Quoi qu'il en soit, on peut réduire à un assez petit nombre les types principaux présentés par les feuilles, tant au point de vue de la forme du limbe qu'à celui de la distribution des nervures. Nous donnons un aperçu de ces principaux types dans les tableaux suivants :

1° Cryptogames
(*Groupe des Fougères.*)

Ce tableau est pris sur celui, plus étendu, que A. Brongniart donne dans son *Histoire des végétaux fossiles*, tome I.

I. — Nervures pinnées, nervures non réticulées.

1. Nervules simples, bifurquées ou pinnées.

a. Fronde simple, nervules simples ou bifurquées. Ex.: **Tæniopteris**. Pl. 34, fig. 8,

b. Pinnules simples ou semipinnatifides à lobes égaux, nervures simples ou bifurquées, peu obliques sur la médiane. Ex.: **Pecopteris**. Pl. 34, fig. 1.

c. Pinnules profondément lobées, à lobes décroissants, divergents, nervures bifurquées ou bipennées, obliques. Ex.: **Sphenopteris**. Pl. 34, fig. 2 et 3.

2. Nervules dichotomes, très obliques sur la nervure moyenne.

a. Pinnules *adhérentes* par la base au rachis, nervules naissant de ce rachis, pas de nervure moyenne. Ex. : **Odontopteris**. Fig. 35, p. 56.

b. Pinnules *non adhérentes* au rachis, entières, symétriques. Ex.: **Nevropteris**. Pl. 34, fig. 9.

II. — Nervures flabelliformes, pas de nervure principale.

A. Nervules pédées. Ex. : **Cyclopteris**. Pl. 34, fig. 6.

B. Nervules fasciculées, rayonnantes, dichotomes. Ex. : **Hymenopteris**. Pl. 34, fig. 4.

C. Fronde profondément lobée, lobes uninervés. Ex. : **Schizopteris**. Pl. 34, fig. 5.

III. — Nervures anastomosées.

A. Nervures secondaires toutes égales, réticulées ; aucune nervure libre. Ex. : **Lonchopteris**. Pl. 34, fig. 7.

B. Nervures principales formant un grillage carré, nervules réticulées, aucune libre. Ex. : **Clathropteris**. Pl. 16, fig. 1 et 2.

C. Nervures inégales, aréolées, une partie d'entre elles se terminant librement dans les aéroles. Ex. : **Phlebopteris**. Pl. 34, fig. 10.

2° Phanérogames

1 { Feuilles composées de *plusieurs folioles* assez semblables entre eux et disposés diversement par rapport au rachis, pétiole prolongé. = 2. **Feuille composée** : Ex. : l'acacia, le trèfle, le rosier, le marronnier, etc. (Pl. 35, fig. 1 et 2.)
Feuille composée *d'un limbe unique* à contour variable, arrondi ou polygonal, à bords simples ou plus ou moins échancrés. = 4. **Feuille simple** : Ex. : le laurier, le nénuphar, la vigne. (Pl. 36, fig. 1 à 6.)

2 { Folioles *disposées par paires* et formant de chaque côté du rachis deux séries semblables ; quelquefois une foliole terminale impaire. = **Feuille pennée** : Ex. : l'acacia, le haricot, le noyer. (Pl. 35, fig. 1.)
Folioles *disposées* plus ou moins régulièrement *en éventail* au sommet du rachis. = 3.

3 { Feuille dont le pétiole se divise en deux branches divergentes qui portent les folioles. = **Feuille pédalée** : Ex. : l'hellébore noire (rose de Noël). (Pl. 35, fig. 3.)
Feuille à contour variable, polygonal ou arrondi, composée de folioles divergeant du pétiole en éventail. = **Feuille palmée** : Ex. : le marronnier, le lupin. (Pl. 35, fig. 2.)

4 { Feuilles longuement linéaires à nervures plus ou moins prononcées, parallèles aux bords, rectilignes. = Feuilles à nervures parallèles (type presque général chez les monocotylédonées : Ex. : le potamot, le lis, les graminées). (Pl. 35, fig. 4, 5 et 6.)
Feuilles non linéaires. = 5.

5 Pétiole *s'insérant au milieu du limbe* qui peut être entier ou lobé, nervation rayonnante. = **Feuille peltée** : Ex. : la capucine, l'hydrocotyle. (Pl. 35, fig. 6.)

Pétiole *s'insérant* toujours *sur un point du bord du limbe* appelé base de la feuille. = 6.

6 Limbe à contour plus ou moins découpé, le pétiole se prolongeant en une nervure dite médiane d'où rayonne d'autres nervures qui aboutissent dans les lobes du contour et servent d'axe à des parties du limbe qui reproduisent assez exactement les détails du lobe médian. = 7. **Feuilles palmatifides** : Ex.: l'érable, le platane. (Pl. 36, fig. 3.)

Limbe entier ou lobé, denté ou pennatifide, le pétiole se prolonge en une nervure médiane qui donne naissance à droite et à gauche à des nervures secondaires émises sous des angles divers, droites ou recourbées et disposées comme les barbes d'une plume. = 8. **Feuilles penninerves** : Ex.: le laurier, le laurier-rose, le hêtre. (Pl. 36, fig. 1 et 2.)

7 Origine commune des nervures *au niveau* du point de rencontre du limbe avec le pétiole. = **Nervures basilaires** : Ex. : l'érable, le lierre, la vigne. (Pl. 36, fig. 3.)

Origine commune des nervures *au-dessus* de ce même point. = **Nervures suprabasilaires** : Ex. : le sassafras, le platane. (Pl. 36, fig. 4.)

8 *Nervures secondaires* s'ouvrant à peu près sous le même angle et *se continuant jusqu'au bord du limbe*, fréquent chez les feuilles dentées. = **Nervation craspédodrome** : Ex. : le hêtre. (Pl. 36, fig. 6.)

Nervures secondaires naissant tous des angles plus ou moins ouverts, *se recourbant vers le haut* sur les bords du limbe et s'anastomosant les unes avec les autres. = **Nervation camptodrome** : Ex.: le jujubier. (Pl. 36, fig. 5.)

Nervures secondaires peu nombreuses, naissant sous un angle aigu, *se redressant parallèlement à la nervure médiane*, pour se diriger vers le sommet. = **Nervation acrodrome**. Ex. : le sassafras. (Pl. 36, fig. 4.)

INDEX BIBLIOGRAPHIQUE

DES PRINCIPAUX OUVRAGES A CONSULTER

1° Ouvrages généraux.

1822. Brongniart (Ad.). Sur la classification et la distribution des végétaux fossiles (*Mém. Mus. hist. nat.*, t. VIII).

1828-38. — *Histoire des végétaux fossiles*, t. I complet, t. II inachevé.

1849. — Tableau des genres de végétaux fossiles (*Dict. univ. d'hist. nat.*, XIII, p. 52).

1858. Ettingshausen (C. von). Die Blattskelete der Apetalen, eine Vorarbeit zur Interpretation der fossilen Pflanzenreste (*Denkschr. K. Akad. Wiss. Wien*, XV, p. 181).

1861. — Die Blattskelete der Dicotyledonen mit besonderer Rücksicht aut die Untersuchung und Bestimmung der fossilen Pflanzenreste.

1869-74. Schimper. *Traité de Paléontologie végétale*, 3 vol. et atlas de 110 pl. Paris.

1879. Renault in B. Verlot. *Guide du Botaniste herborisant*. 4e partie : Botanique fossile.

de Saporta. *Le monde des plantes avant l'apparition de l'homme*.

1886. Fliche (P.). Notes pour servir à l'étude de la nervation (*Bull. Soc. sciences de Nancy*).

1891. Schimper et Schenk. *Traité de Paléontologie* de K. A. Zittel. Partie II : Paléophytologie, traduction par Ch. Barrois.

1898. Seward (A.-C.). *Fossil plants, for students of botany and geology*. V. I. Cambridge.

1900. Zeiller (R.). *Eléments de Paléobotanique*, Paris.

2° Flores primaires.

1877. GRAND'EURY (C.). Flore carbonifère du département de la Loire et du centre de la France (*Mém. sav. étrangers. Acad. sciences*, XXIV, n° 1).

1878. ZEILLER (R.). Végétaux fossiles du terrain houiller (*Explication carte géol. de France*, t. IV).

1886-88. — *Flore fossile du bassin houiller de Valenciennes.* Paris.

1888. — Flore fossile du bassin houiller de Commentry. 1re partie (*Bull. Soc. ind. min.*, 3e série, t. II, 2e liv. — 1890. t. IV, 2e liv.),

1890. RENAULT (B.). Flore fossile du bassin houiller de Commentry, 2e partie (*Bull. Soc. ind. min.*, 3e série, t. IV, 2e liv.).

1890. ZEILLER (A.). *Flore fossile du bassin houiller et permien d'Autun et d'Epinac*, 1re partie.

1892. — *Flore fossile des dépôts houillers et permiens des environs de Brive.*

1895. — Sur les subdivisions du Westphalien du nord de la France, d'après la flore (*Bull. Soc. géol. Fr.*, 3e série, XXII, p. 483).

1896. RENAULT (B.). *Flore fossile du bassin houiller et permien d'Autun et d'Epinac*, 2e partie.

3° Flores secondaires.

1844. SCHIMPER et MOUGEOT. *Monographie des plantes fossiles du grès bigarré de la chaîne des Vosges.*

1865. MARTIN (J.). Flore de la zone à Avicula contorta (Ext. *Mém. Acad. de Dijon*, vol. XII).

1872-91. DE SAPORTA. *Paléontologie française :* Plantes jurassiques. 4 vol.

1889. LETELLIER. Flore bathonienne des environs de Mamers (*Bull. Soc. linn. Normandie*, t. XII).

1890. DE SAPORTA. Flore de l'Aturien de Fuveau (*Revue gén. de Bot.*, I, II et *Mém. Soc. géol. Fr. Paléontologie*, t. I, mém. 5).

1891. BIGOT. Flore bathonienne des environs de Mamers (*Bull. Soc. linn. Normandie*, vol. XIV).

1895. LIGNIER. Végétaux fossiles de Normandie; contributions à la flore liasique de Sainte-Honorine-la-Guillaume (Orne) (*Mém. Soc. linn. Normandie*, XVIII, p. 121).

1896. FLICHE (P.). Etudes sur la flore fossile de l'Albien-Cénomanien de l'Argonne (*Bull. Soc. sciences de Nancy*).

Marion (A.-F.). Flore du Turonien du Beausset (*Compt. rend. Acad. sc.*, t. CX, p. 1052).
Vasseur. Flore du Turonien des Martigues (B.-du-R.) (*Compt. rend. Acad. sc.*, t. CX, p. 1086).

4° Flores tertiaires.

1855-59. Heer (O.). *Flora tertiaria Helvetiæ*, 3 vol.
1862-74. de Saporta. Etudes sur la végétation du sud-est de la France, à l'époque tertiaire (*Ann. Sc. nat. Botanique*, 4e série : t. XVI, p. 309; t. XVII, p. 191; t. XIX, p. 5. — 5e série, t. III, p. 5; t. IV, p. 5; t. VIII, p. 5; t. IX, p. 5; t. XV, p. 277; t. XVII, p. 5; t. XVIII, p. 23. — 7e série, t. VII, p. 1, 1888; t. X, p. 1, 1889.
1866. Watelet (O.). *Descriptions des plantes fossiles du bassin de Paris.*
1866. de Saporta. Flore de Brognon (Côte-d'Or) (*Bull. Soc. géol. France*, 2e série, t. XXIII, p. 253).
1868. de Saporta. Prodrome d'une flore fossile des travertins anciens de Sézanne (*Mém. Soc. géol. de France*, 2e série, t. VIII, p. 287).
1873-78. de Saporta et Marion. Essai sur l'état de la végétation à l'époque des marnes heersiennes de Gelinden (*Mém. cour. Mém. sav. étrangers Acad. Belgique*, XXXVII, n° 6, et XLI, n° 3).
1876. de Saporta et Marion. Recherches sur les végétaux fossiles de Meximieux (*Arch. Mus. hist. nat. de Lyon*, t. I, p. 131).
1878. Crié (L.). Flore des grès éocènes de la Sarthe (*Ann. des scienc. géolog.*, 1878, p. 9).
1887. Boulay (N.). Notice sur la flore tertiaire des environs de Privas (*Bull. Soc. bot. de France*, XXXIV, p. 227 et p. 255).
1888. — Notice sur les plantes fossiles des grès tertiaires de Saint-Saturnin (Maine-et-Loire) (*Journal de Botanique*, 2e année).
1888. Bureau (Ed.). Etudes sur la flore fossile du calcaire grossier parisien (*Mém. publié par la Soc. philom. à l'occasion du cent. de sa fondation*, p. 235).
1889. Boulay (N.). *Flore pliocène des environs de Théziers.*
1890-92. de Saporta. Recherches sur la végétation du niveau aquitanien de Manosque (*Mém. Soc. géol. de France, Paléont.*, t. I, mém. 9, 1890; II, 1891; III, 1892).
1892. Boulay (N.). *Flore pliocène du Mont-Dore.*
1899. — Flore fossile de Gergovie (Puy-de-Dôme) (*Ann. Soc. sc. Bruxelles*, XXIII).

1899. LAURENT (L.). *Flore des calcaires de Célas*. Marseille.

1899-02. LANGERON (M.). Contributions à l'étude de la flore fossile de Sézanne (*Bull. Soc. hist. nat. d'Autun*, t. XII, XIII, XV).

5° Flores quaternaires.

1864. PLANCHON (G.). *Etude des tufs de Montpellier au point de vue géologique et paléontologique*.

1867. DE SAPORTA. La flore des tufs quaternaires de Provence (*Compt. rend. de la 33e sess. du Cong. sc. de France*).

1878. TOURNOÜER (R.). Sur les tufs quaternaires de la Celle, près Moret (Seine-et-Marne) (*Bull. Soc. géol. France*, 3e série, t. V, p. 646).

1884. FLICHE (P.). Etude paléontologique sur les tufs quaternaires de Resson (*Bull. Soc. géol. France*, 3e série, XII, p. 6).

NOMS DES AUTEURS CITÉS

ET ABRÉVIATIONS

A

Aiton	Ait.

B

Baillon (II.)	H. B.
Banks	Bnk.
Bauhin	Bauh.
Bentham	Benth.
Blume	Blum.; Bl.
Boissier	Boiss.
Braun (A.)	A. Br.
Brongniart (Ad.)	A. Brong.
»	Brgnt.
»	Brg.
Bronn.	Bron.
Bureau	Bur.

C

Carrière	Carr.
Cornuel	Corn.
Crié	Crié.

D

Decaisne	Dne.
De Candolle	D. C.
Delile	Del.
Desfontaines	Desf.
Douglas	Dougl.

E

Endlicher	Endl.
Ettingshausen (von)	v. Ettings.
»	Ett.

G

Gærtner	Gærtn.
Gaudin	Gaud.
Germar et Kaulfuss	Germ. et Kaulf.
Gœpper	Gœpp.
Göpper	Göpp.
Goldenberg	Goldenb.
Grand'Eury	Gd'Eu.
Guillemin et Perrottet	Gill. et Pert.
Gutbier	Gutb.

H

Harpe (de la)	de Lah.
Heer	Hr.

K

Koch	Koch.
Kovatz	Kov.
Kunze	Knz.
Kurr	Kurr.

L

Lamarck	Lam.; Lmk.
Ledebour	Ledeb.
Liebmann	Liebm.
Lindley et Hutton	Lind. et Hutt.
Linné	L., Lin.
Lowe	Low.

M

Mahr.	Mahr.
Maximowicz	Max.
Michaux	Michx.; Mx.;
»	Mchx.; Mich.
Miller	Mill.

N

Nees ab Esenbeck	Nees.

O

Orbigny (d')	d'Orb.

P

Persoon	Pers.
Poiret	Poir.
Pomel	Pom.
Presl (de)	de Presl.

R

Robert Brown	R. Br.
Roxburghe	Roxb.
Regel et Herder	Rgl.etHerd.

S

Santi	San.
Saporta (de)	deSap.;Sap.
Saporta (de) et Marion	Sap. et Mar.
Schenk	Schk.
Schimper	Sch.
Schimper et Mougeot	Sch.etMoug.
»	Sch. et M.
Schleichtendal	Schleh.
Schlotheim (von)	v. Schloth.
»	v. Schl.
Schott	Schot.
Scopoli	Scop.
Siebold	Sieb.
Siebold et Zuccarini	Sieb.etZucc.
Smith (J.)	J. Sm.
Spach	Sp.
Sprengel	Spreng.Spr.
Sternberg (von)	v. Sternb.
Stur	Stur.
Swartz	Sw.

T

Tenore	Ten.
Thiollière	Thioll.
Thunberg	Thunb.
Tulasne	Tul.

U

Unger	Ung.

V

Ventenat	Vent.
Visiani et Massalongo	Vis.et Mass.

W

Wallorth	Wall.
Wangenheim	Wang.
Watelet	Wat.
Webber	Webb.
Weber (O.)	O. Web.
Willdenow	Willd.

Z

Zeiller	Zeill.
Zenker	Zenk.
Zigno	Zig.

INDEX ALPHABÉTIQUE DES ESPÈCES

CITÉES DANS L'OUVRAGE

Nota. — Dans la colonne destinée à l'indication des étages (la 2e), ceux-ci sont désignés comme suit :

Ord. = Ordovicien
Din. = Dinantien
Wes. = Westphalien
Ste. = Stéphanien
Per. = Permien
Vos. = Vosgien
Rhé. = Rhétien
Het. = Hettangien
Cha. = Charmouthien
Toa. = Toarcien
Baj. = Bajocien
Bat. = Bathonien
Séq. = Séquanien
Kim. = Kiméridgien
Neo. = Néocomien
Alb. = Albien
Cén. = Cénomanien
Tur. = Turonien
Ems. = Emschérien
Atu. = Aturien
Tha. = Thanétien
Spa. = Sparnacien
Ypr. = Yprésien
Lut. = Lutétien
Bar. = Bartonien
San. = Sannoisien
Sta. = Stampien
Aqu. = Aquitanien
Bur. = Burdigalien
Tor. = Tortonien
Pla. = Plaisancien
Ast. = Astien
Qua. = Quaternaire

TABLE DES MATIÈRES

Chapitre II

Chapitre III

Chapitre IV

Chapitre V

LIVRE III

Ère tertiaire

Chapitre premier

Chapitre II

CHAPITRE III

CHAPITRE IV

LIVRE IV

Ère quaternaire ou moderne

PARIS. — IMPRIMERIE F. LEVÉ, RUE CASSETTE, 17.

PLANCHES HORS TEXTE

PLANCHE I

Etage Ordovicien.

		Pages.
1.	*Crossochorda scotica*, Schimper, ou *Cruziana bagnolensis*, Morière	22
	Des grès de Bagnoles (Orne).	
2.	*Cruziana Goldfussi*, Rouault	22
	Des grès de l'Ille-et-Vilaine.	
3.	*Cruziana Prevosti*, Rouault	22
	Des grès de la Loire-Inférieure.	
4.	*Eopteris Morieri*, de Saporta	23
	Des schistes ardoisiers d'Angers (d'après de Saporta).	

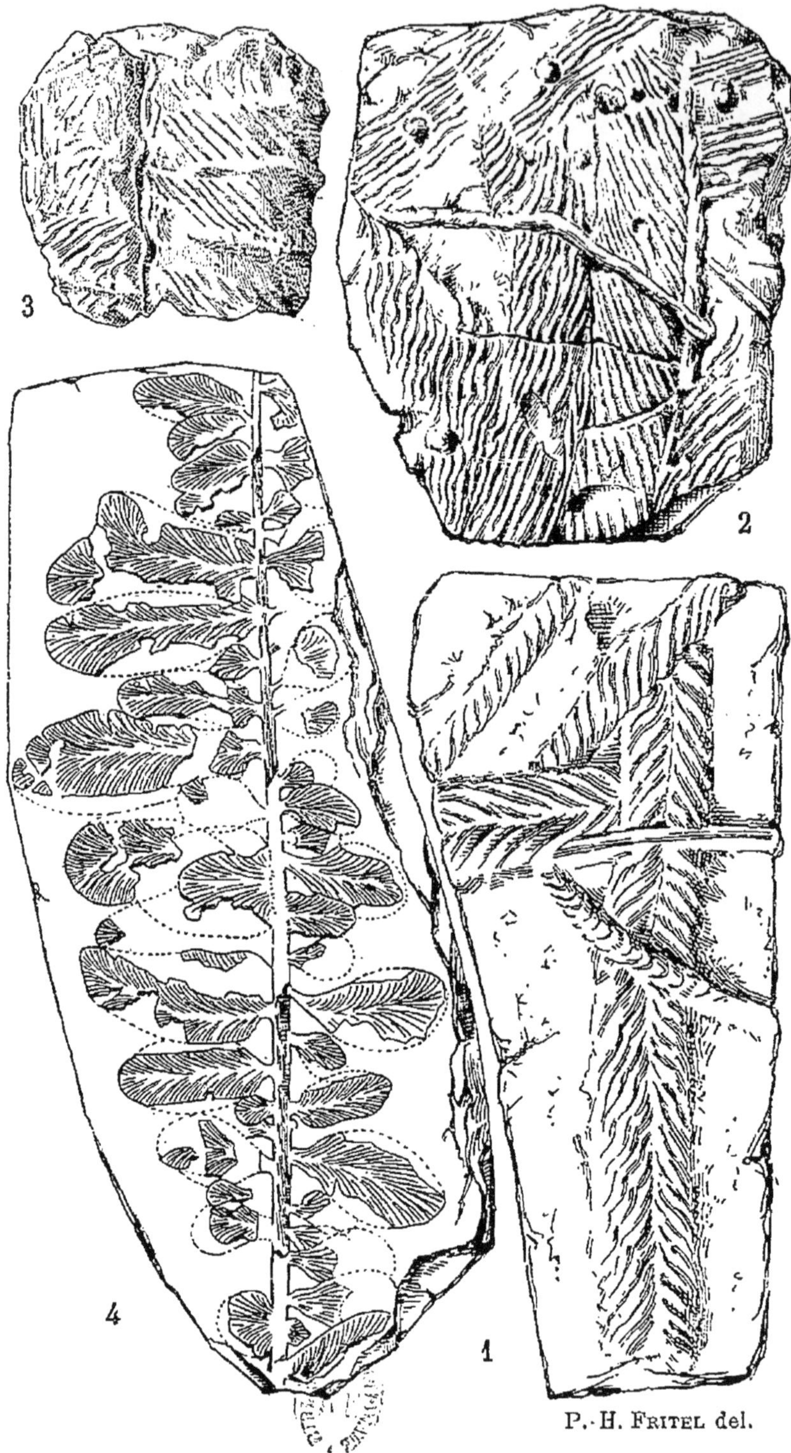

P.-H. Fritel del.

PLANCHE II

Etage Dinantien.

Pages.

1. *Asterocalamites radiatus*, Brg. 30
   Portion de tige : Bassin de la Basse-Loire.
2. *Lepidodendron Weltheimianum*, V. Stern............... 32
   Portion de tige : Rougemont.
3. *Sigillaria venosa*, Brg.................................. 33
   Portion d'écorce avec cicatrices foliaires : Bassin de la Basse-Loire.

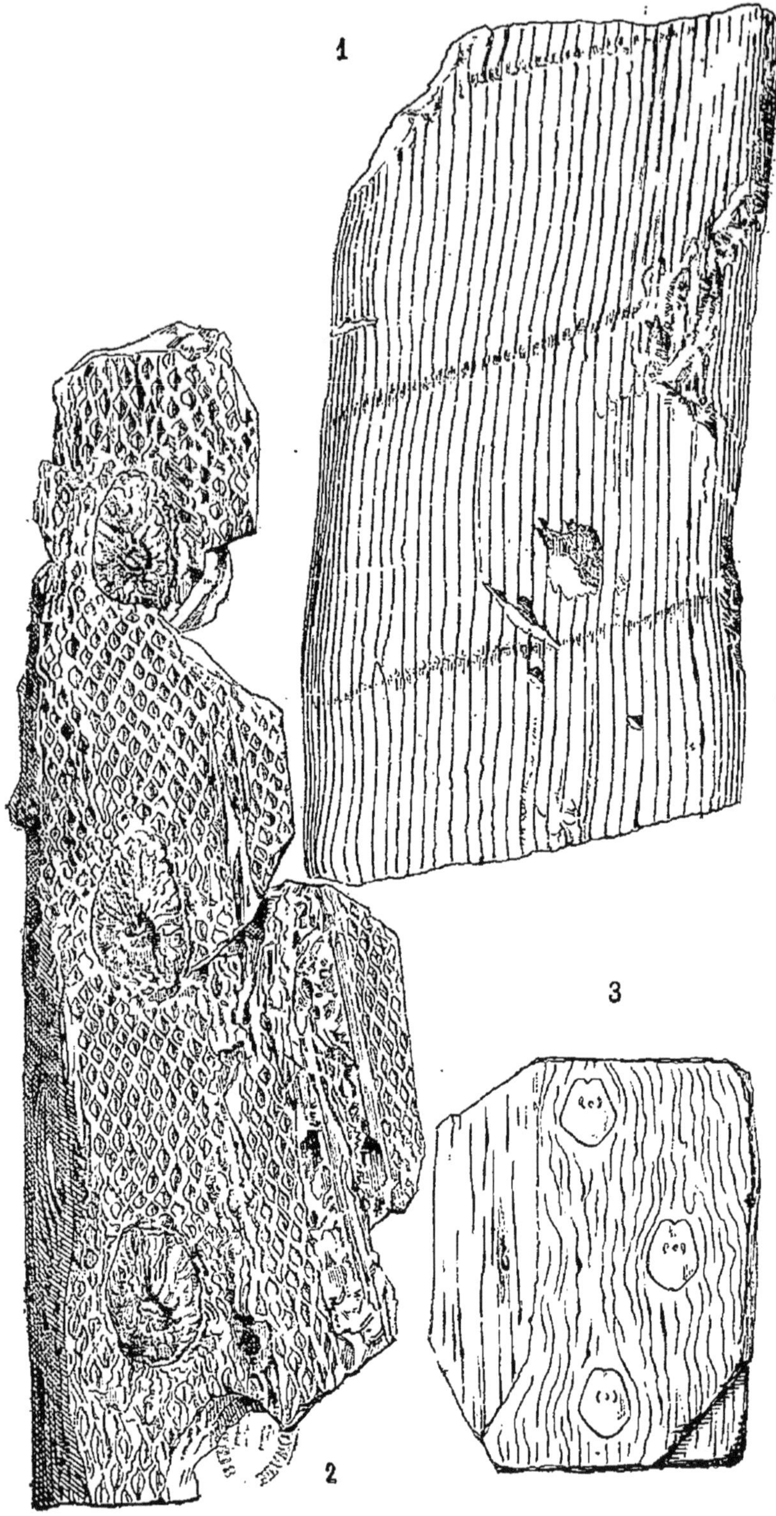
1
2
3

PLANCHE III

Etage Westphalien.

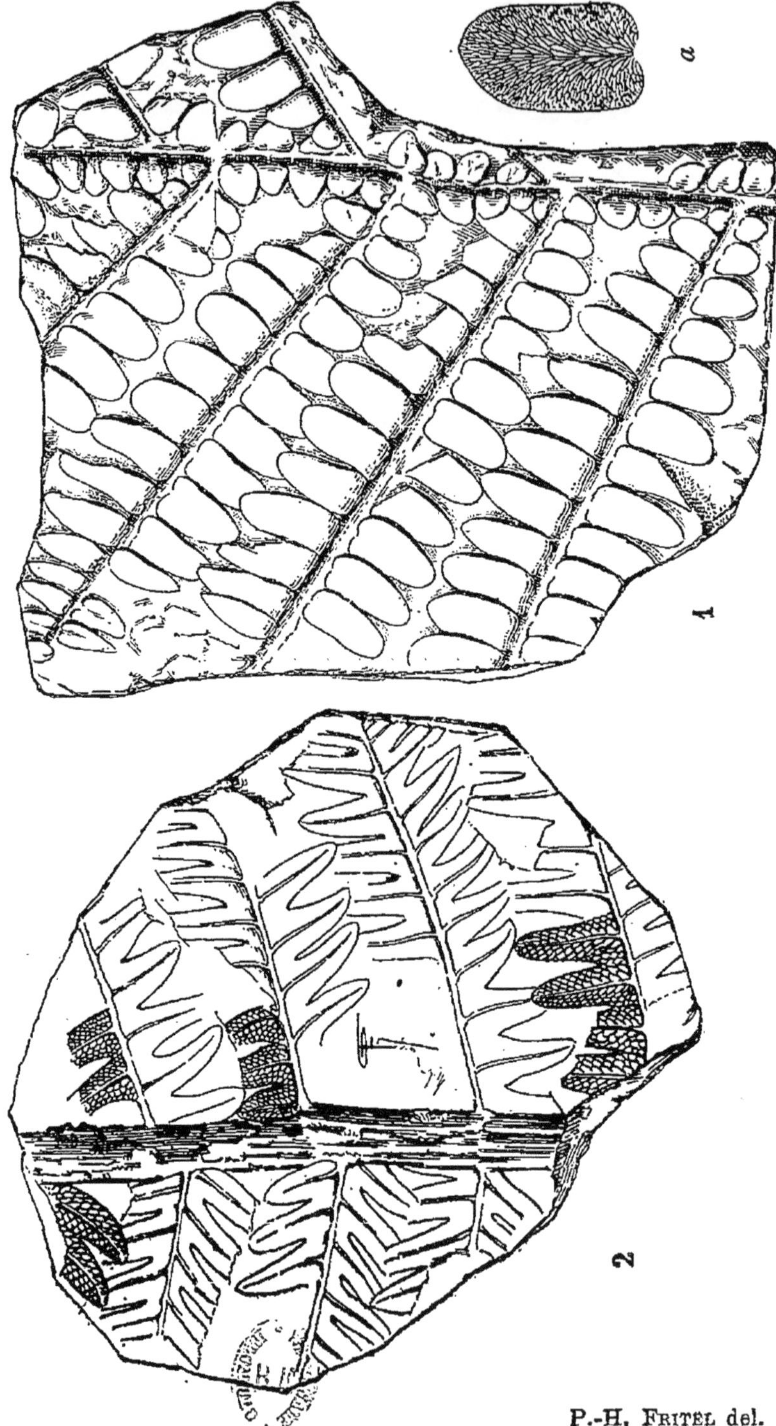

P.-H. FRITEL del.

PLANCHE IV

Etage Westphalien.

Pages.

1. *Sphenopteris Hœninghausi*, Brong.......... 35

   Portion de fronde réduite de 1/3 et pinnule grossie (d'après Brongniart).

2. *Sphenopteris obtusiloba*, Brong.............. 35

   Extrémité d'une fronde grandeur nature et en *a* pinnule grossie (d'après Brongniart).

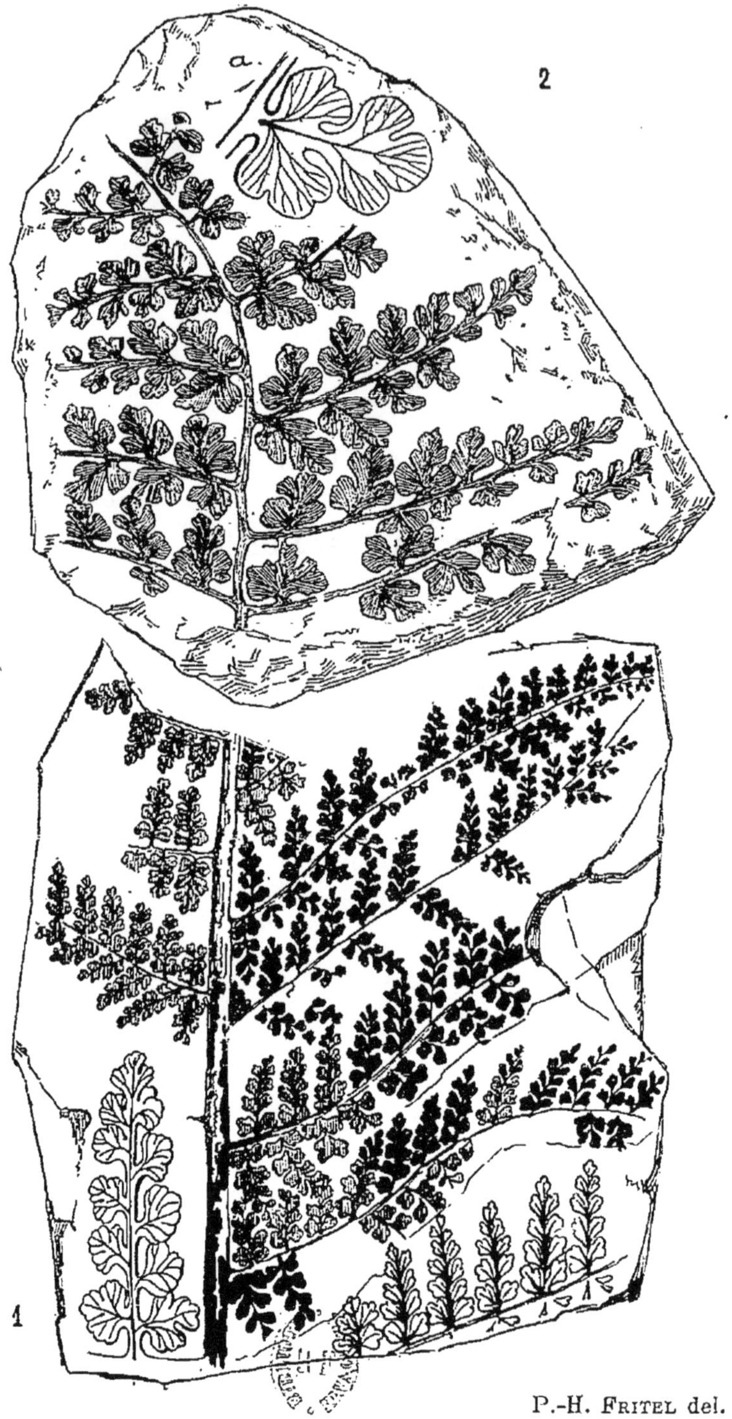

P.-H. FRITEL del.

PLANCHE V

Etage Westphalien.

Pages.

1. *Mariopteris nervosa*, Brg................................ 37

   Portions de pennes, en *a* une pinnule basilaire grossie (d'après Zeiller).

2. *Mariopteris muricata*, V. Schloth........................ 37

   Portion de fronde montrant la base d'une penne (d'après Zeiller).

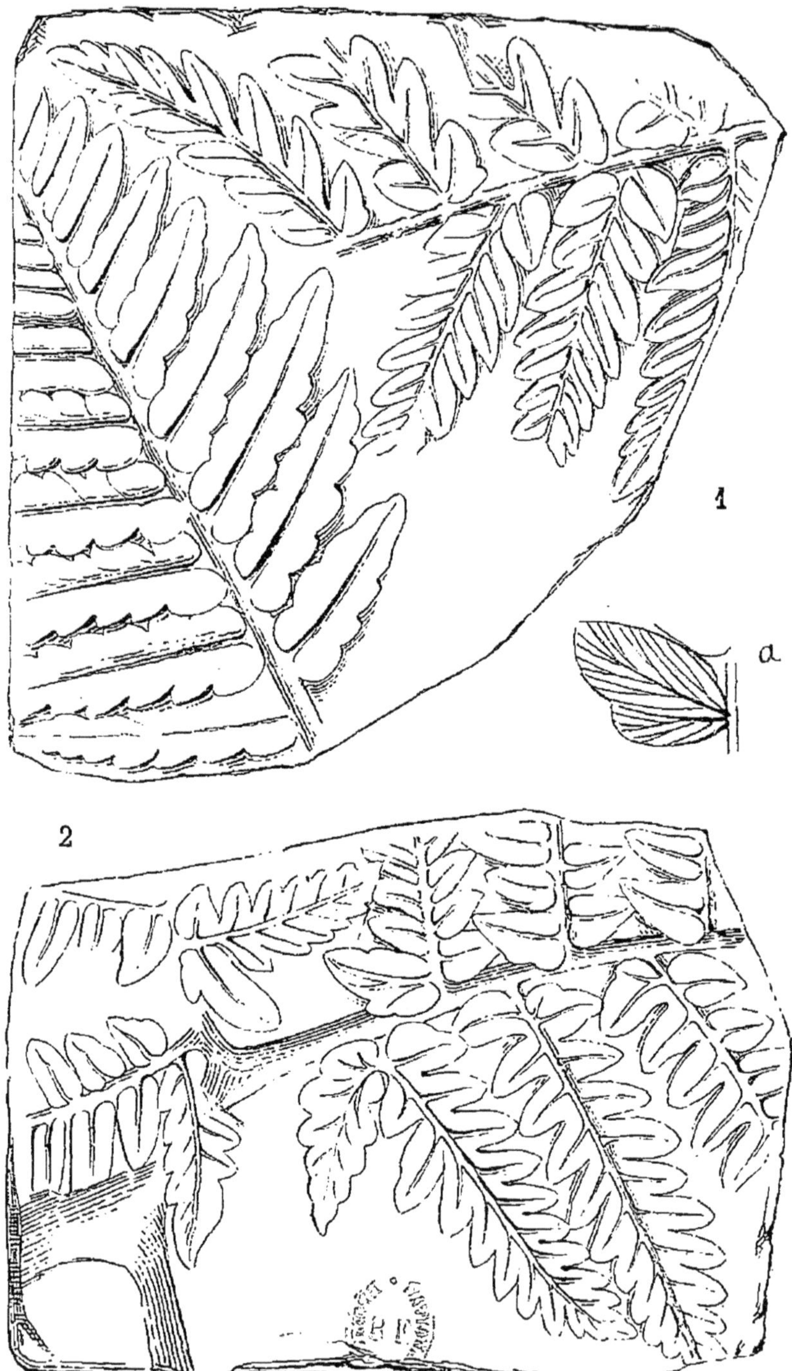

P.-H. FRITEL del.

PLANCHE VI

Etage Westphalien

		Pages.
1, 1 *a*.	*Sphenophyllum saxifragæfolium*, V. Sternb. Rameau réduit de 1/5, en *a* foliole grossie (d'après Zeiller).	39
2, 2 *a*.	*Sphenophyllum cuneifolium*, V. Sternb. Rameaux réduits de 1/5, en *a* foliole grossie (d'après Zeiller).	39
3.	*Calamites Suckowi*, Brong. Base d'uue tige réduite de moitié (d'après Stur).	40

1

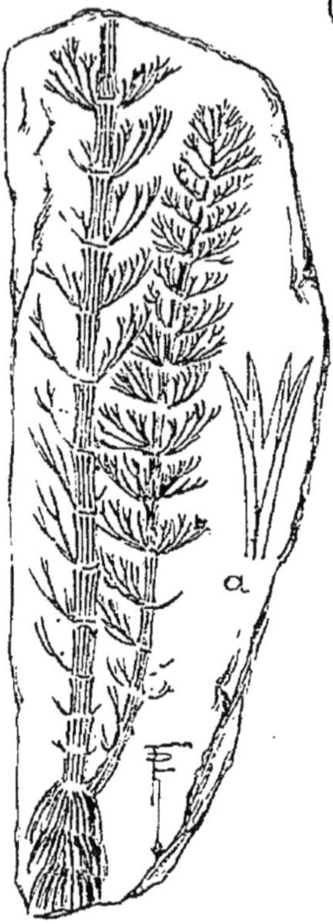

a

1 a

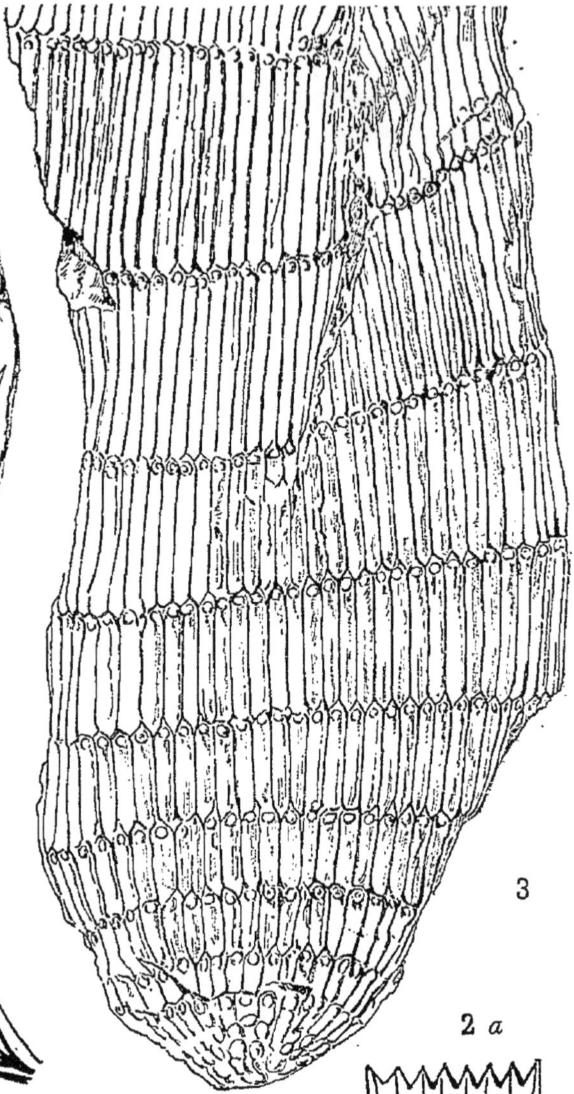

3

2 a

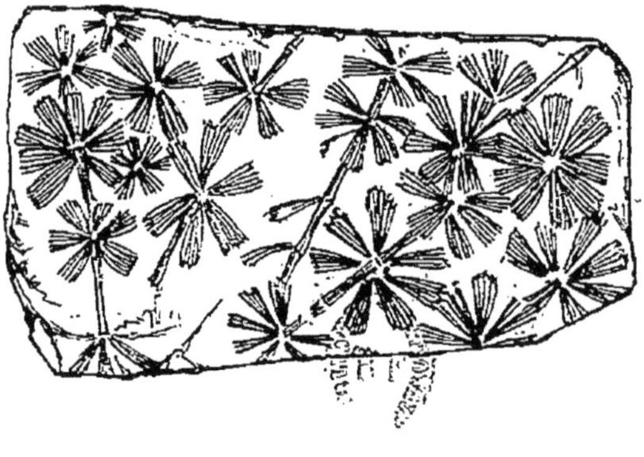

2

a

P.-H. FRITEL del.

PLANCHE VII

Etage Westphalien.

Pages.

1. *Lepidodendron lycopodioides*, V. Sternb................. 41

Portion de tige avec rameaux et feuilles en place, réduite de plus de moitié (d'après Zeiller).

2. *Lepidodendron dichotomum*, V. Sternb.................. 41

Fragment d'écorce, un peu réduit (d'après Zeiller).

3. *Lepidodendron gracile*, V. Sternb...................... 41

Extrémité d'un rameau feuillé (d'après Zeiller).

4. *Lepidophloios laricinus*, V. Sternb..................... 42

Fragment d'écorce réduit et grandeur nature (d'après Zeiller).

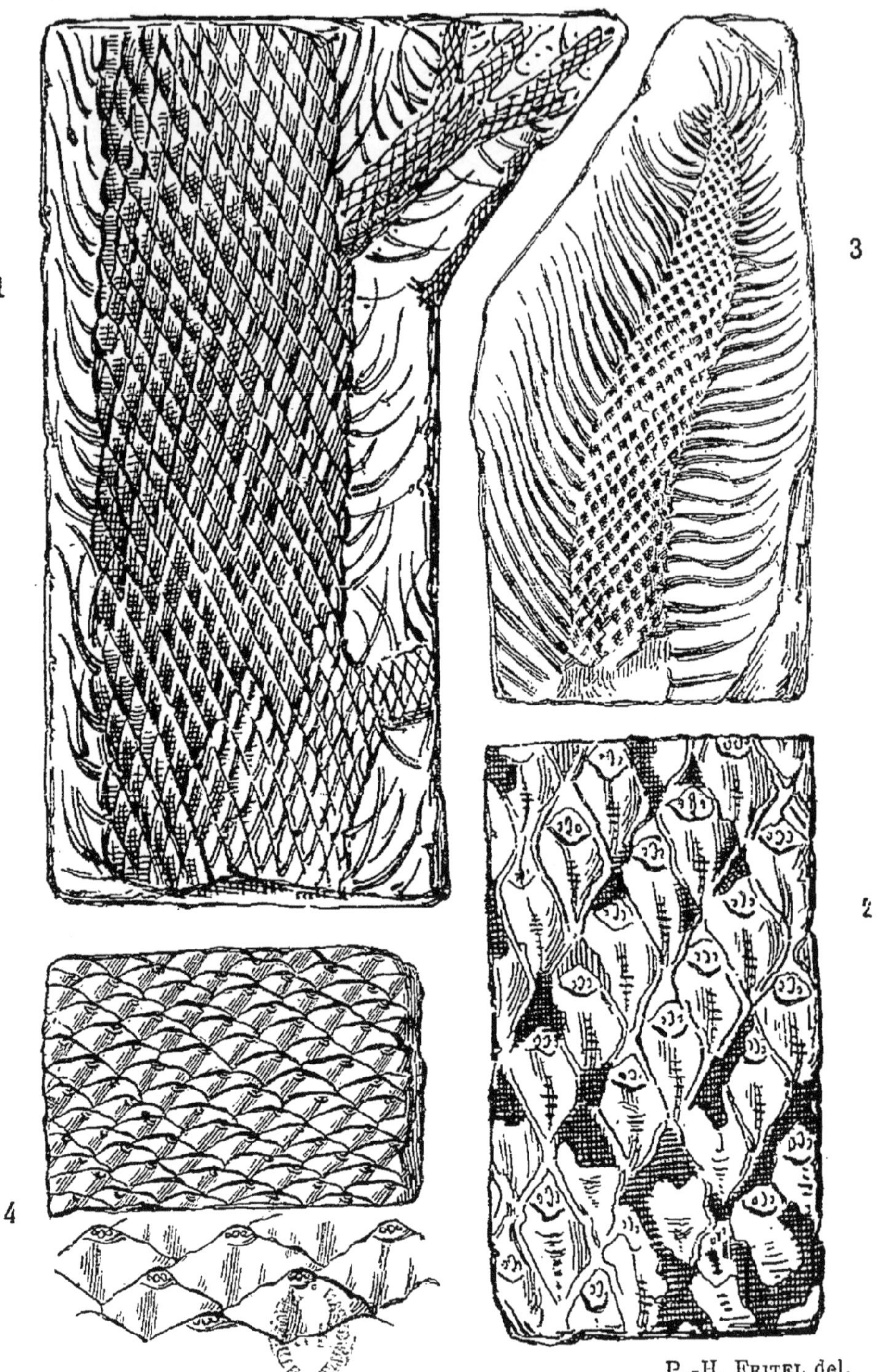

P.-H. FRITEL del.

PLANCHE VIII

Etage Stéphanien.

Pages.

1. *Caulopteris Baylei*, Zeill. 44
   Portion d'écorce montrant une cicatrice foliaire (d'après Zeiller).
2. *Ptychopteris macrodiscus*, Brg. sp. 45
   Portion de tige réduite de 1/2 montrant les cicatrices foliaires en rangées verticales (d'après Brongniart).

2

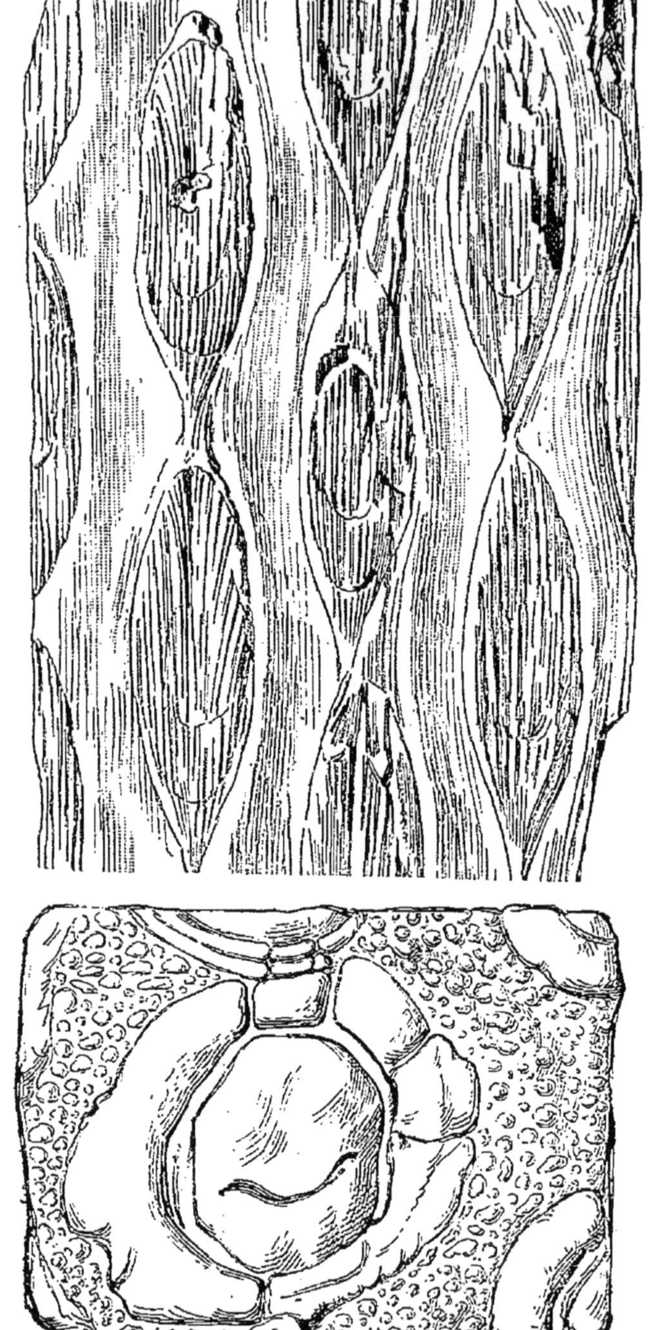

1

P.-H. FRITEL del.

PLANCHE IX

Etage Stéphanien.

Pages

1. *Pecopteris cyathea*, V. Schloth...................... 4
   Portion de fronde réduite de 1/3 (d'après Brongniart).

2, 3. *Pecopteris arborescens*, V. Schloth.................... 4
   Portions de frondes réduites de 1/3 et deux pinnules grossies (d'après Brongniart).

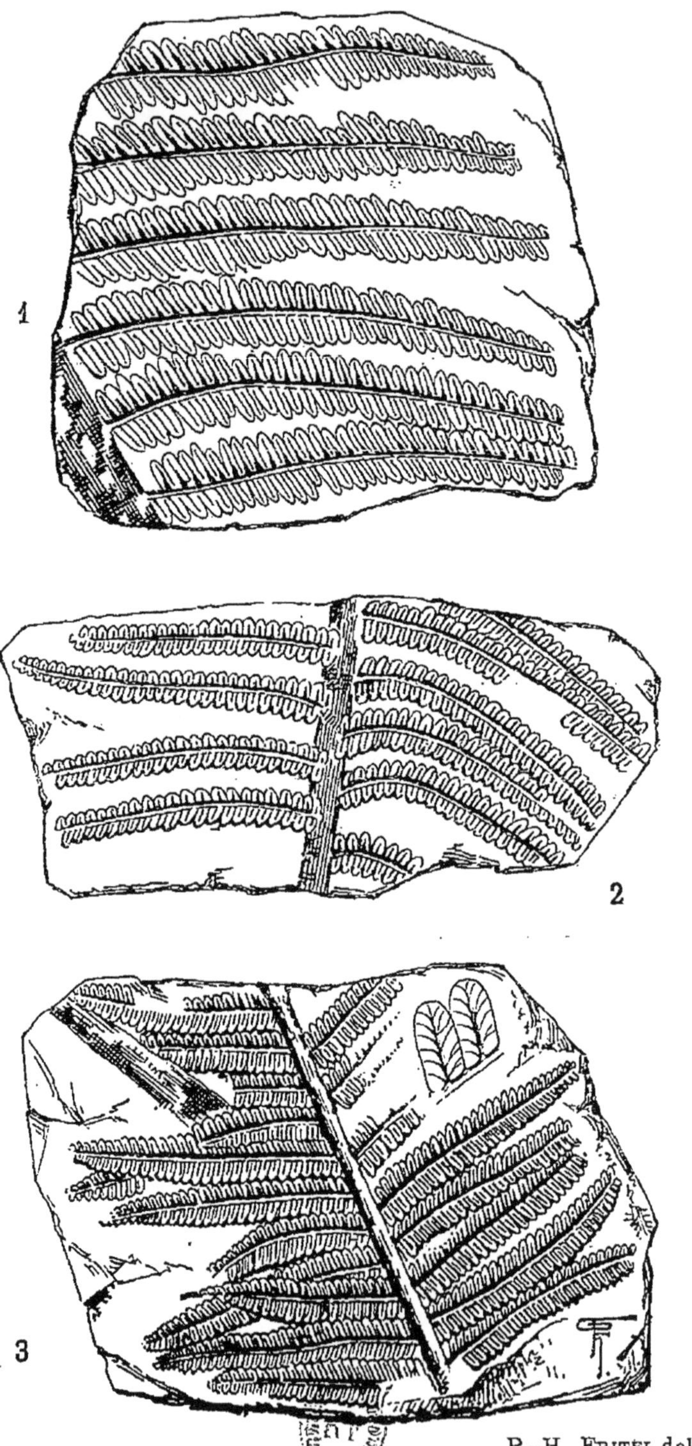

P.-H. FRITEL del.

PLANCHE X

Etage Stéphanien.

Pages.

1. *Pecopteris polymorpha*, Brgn........................... 46

   Portion médiane d'une fronde réduite de 1/4 et pinnule grossie (d'après Brongniart).

2. *Pecopteris dentata*, Brgn........................... 48

   Portion de fronde réduite de 1/4 et pinnule grossie (d'après Zeiller).

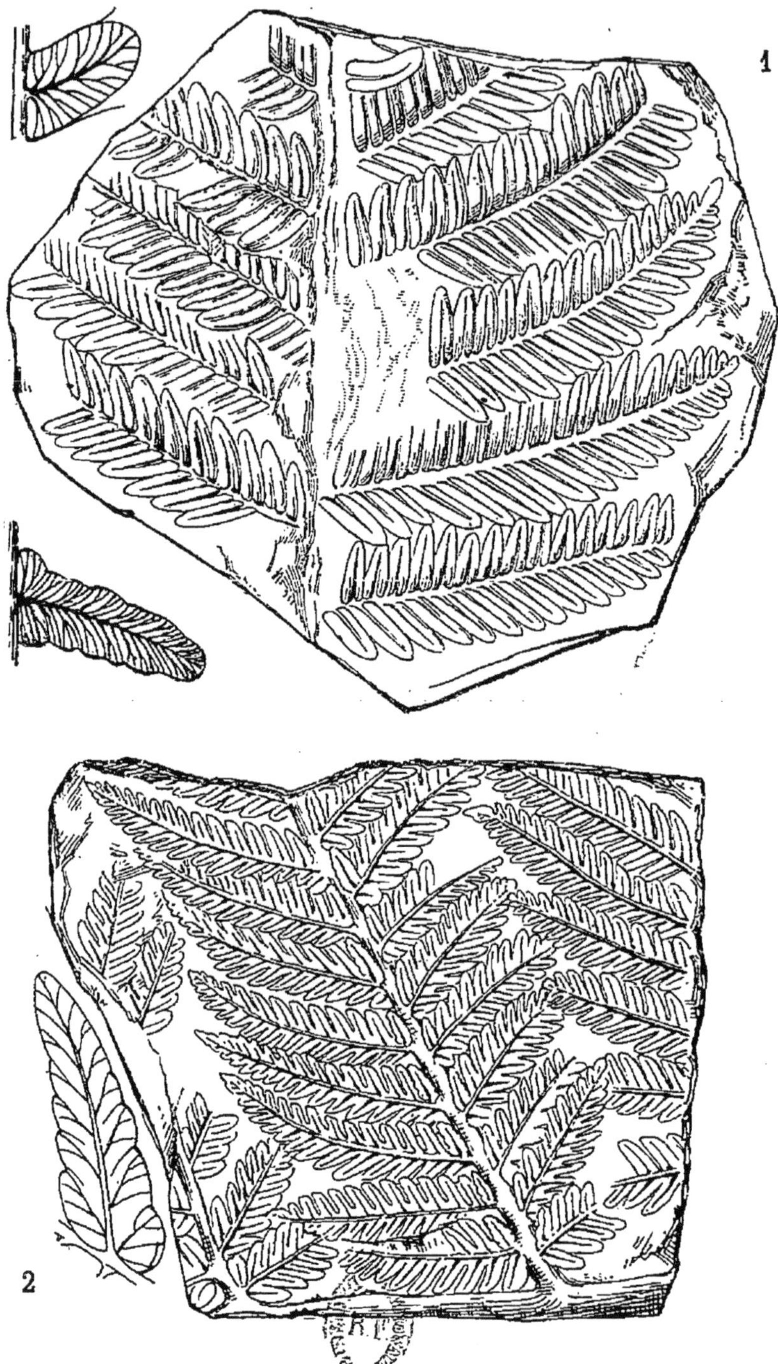

P.-H. FRITEL del.

PLANCHE XI

Etage Stéphanien.

Pa

1. *Asterophyllites equisetiformis*, V. Schloth...............

Portion de rameau feuillé réduit de 1/3 (d'après Steininger).

2. *Macrostachya carinata*, Germ. sp.....................

Epi fructifère réduit de moitié (d'après Grand'Eury).

3. *Annularia longifolia*, Brong...........................

Portion de rameau réduit au 1/3 (d'après Feismantel).

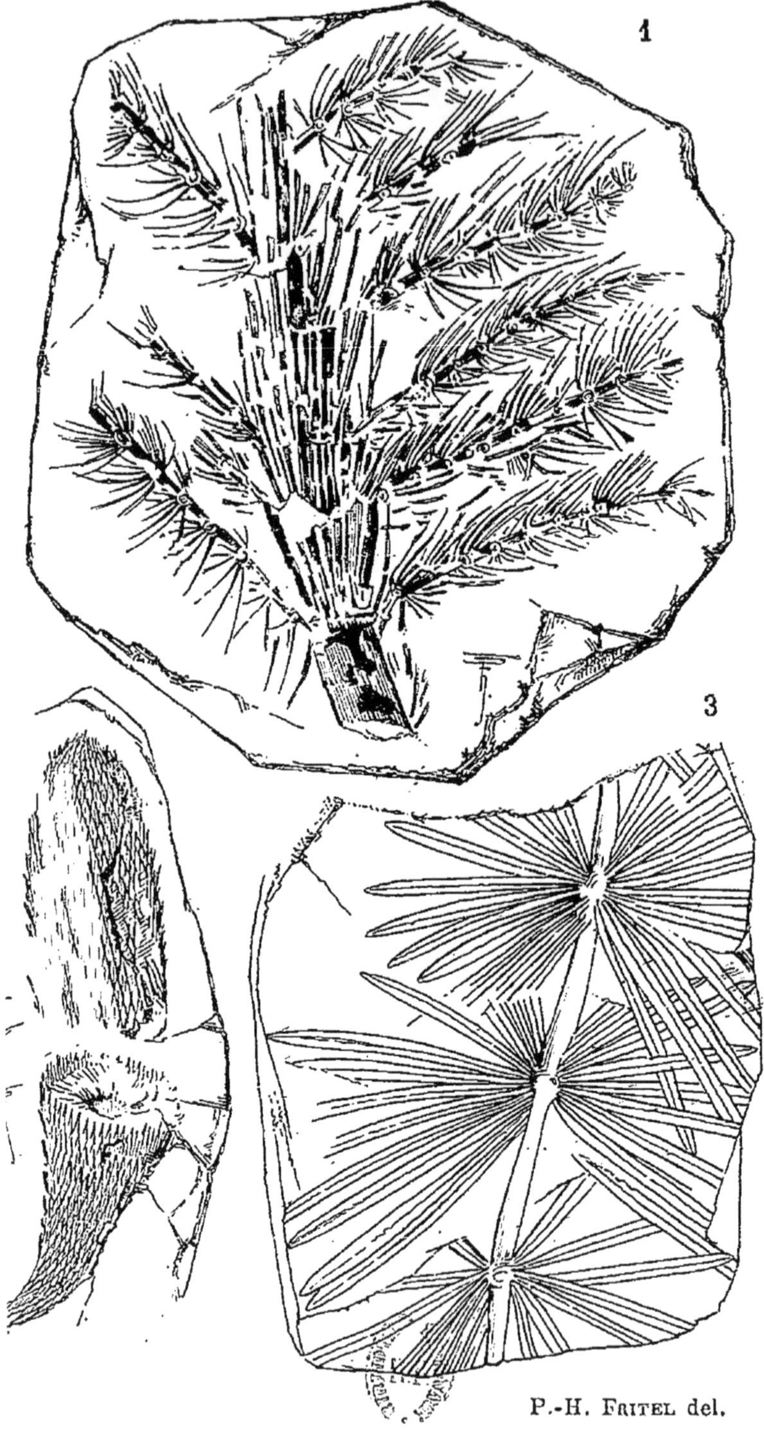

P.-H. Fritel del.

PLANCHE XII

Etage Stéphanien.

Pages

Cordaites angulosostriatus, Gd'Eury..................... 53

Portion de rameau, grandeur naturelle, montrant des feuilles et des inflorescences mâles (d'après Zeiller).

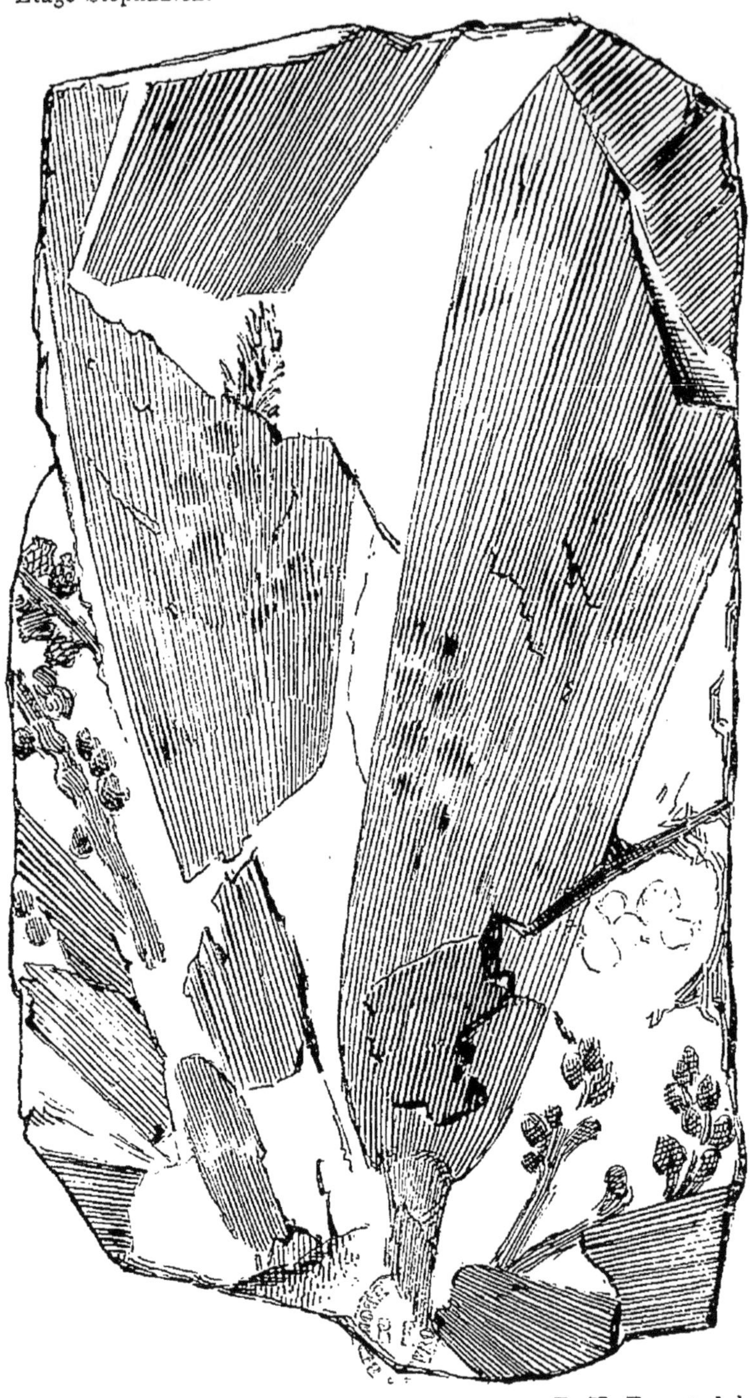

P.-H. Fritel del.

PLANCHE XIII

Etage Stéphanien.

Pages.

Poacordaites microstachys, Goldenb. 55

Extrémité d'un rameau montrant les feuilles en place et une inflorescence mâle (d'après Zeiller).

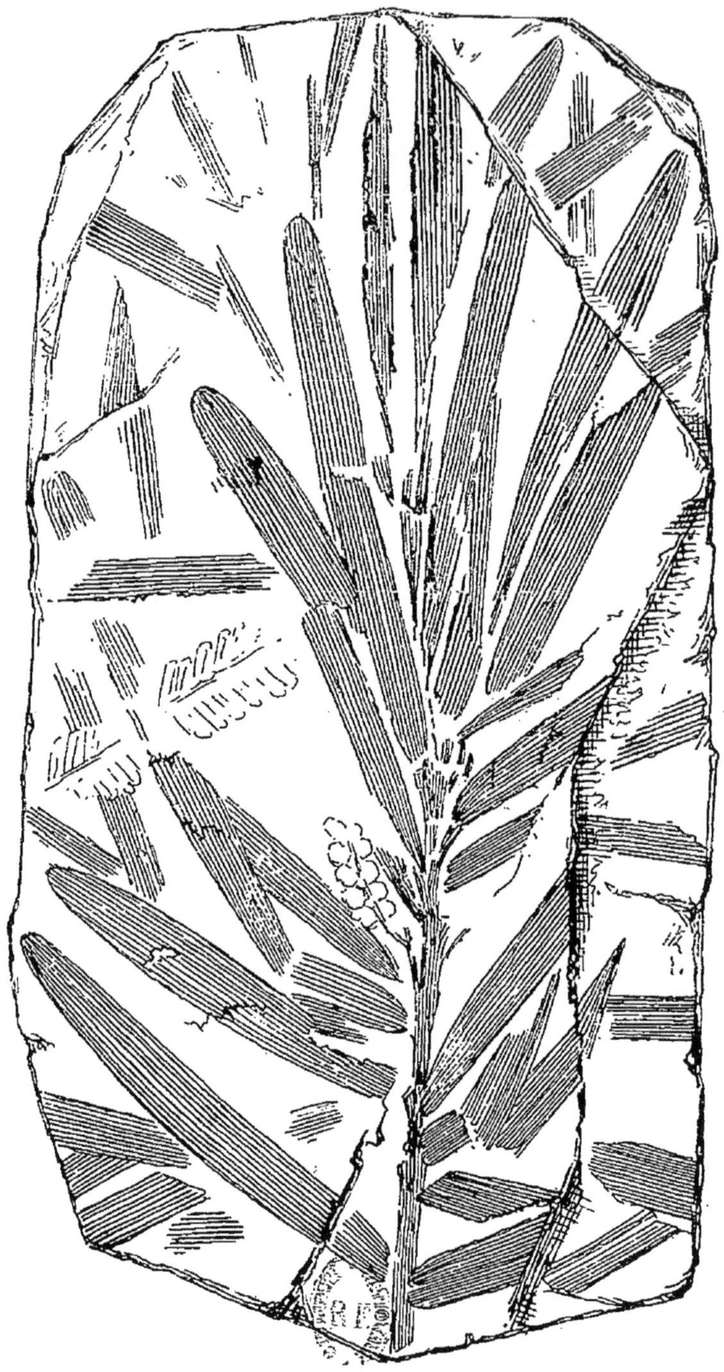

P.-H. Fritel del.

PLANCHE XIV

Etage Permien.

Pages.

1. *Walchia hypnoïdes*, Brong. sp. 59
   Rameau feuillé. Réd. de 1/3 (d'après de Saporta).
2. *Walchia piniformis*, v. Sternb. 58
   Extrémité d'un rameau avec fructification. Réd. de 1/3 (d'après nature).
3. *Walchia piniformis*, v. Sternb. 58
   Portion médiane d'un rameau grandeur nature (d'après Zittel).
4. *Walchia piniformis*, v. Sternb. 58
   Var. à feuilles laciniées, réd. de 1/5 (d'après Zittel).

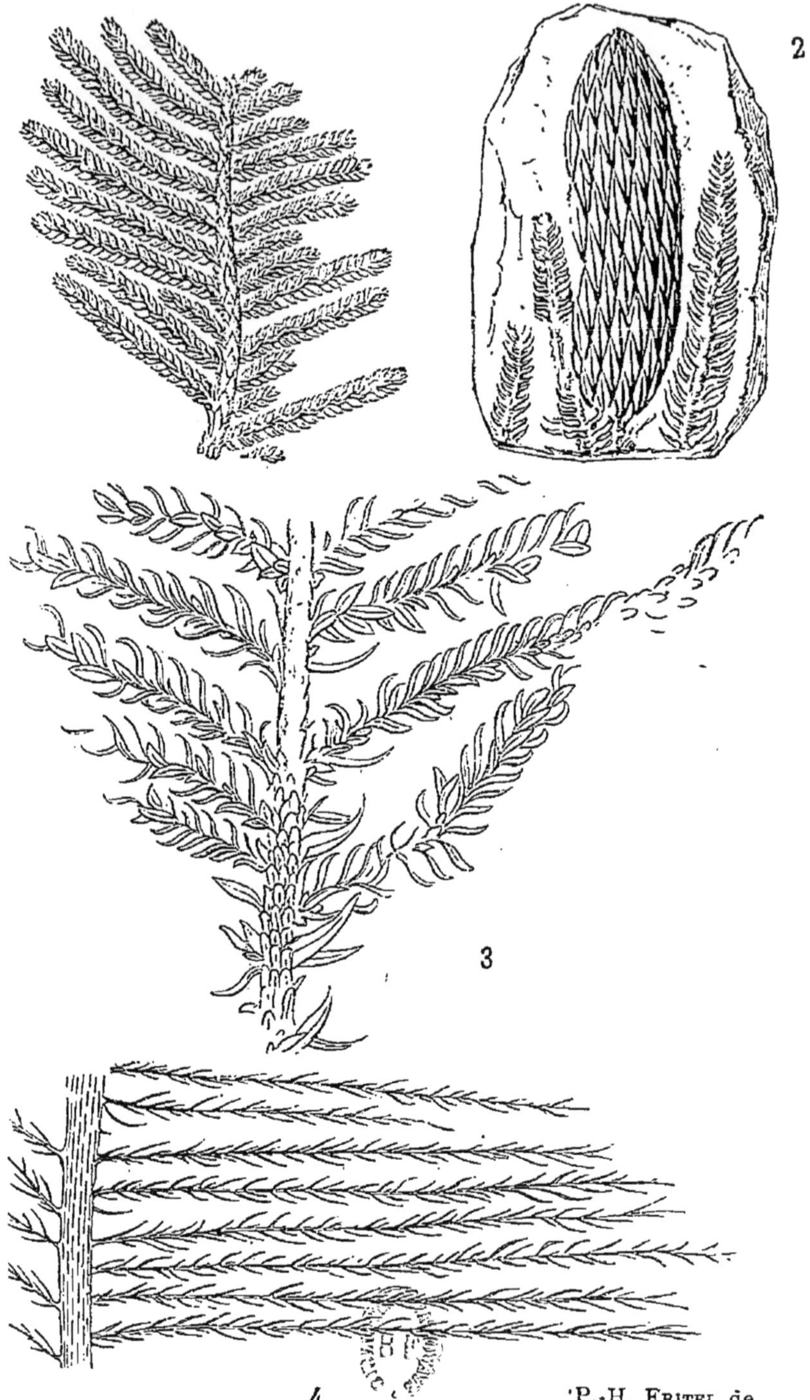

P.-H. Fritel del.

PLANCHE XV

Etage Vosgien.

P

1. *Caulopteris Voltzi*, Schimp. et Moug.....................

Portion de tige réduite de 1/3 (d'après Schimper et Mougeot).

2. *Anomopteris Mougeoti*, Brong...........................

Portion médiane d'une fronde réduite de 1/3 (d'après Schimper et Mougeot).

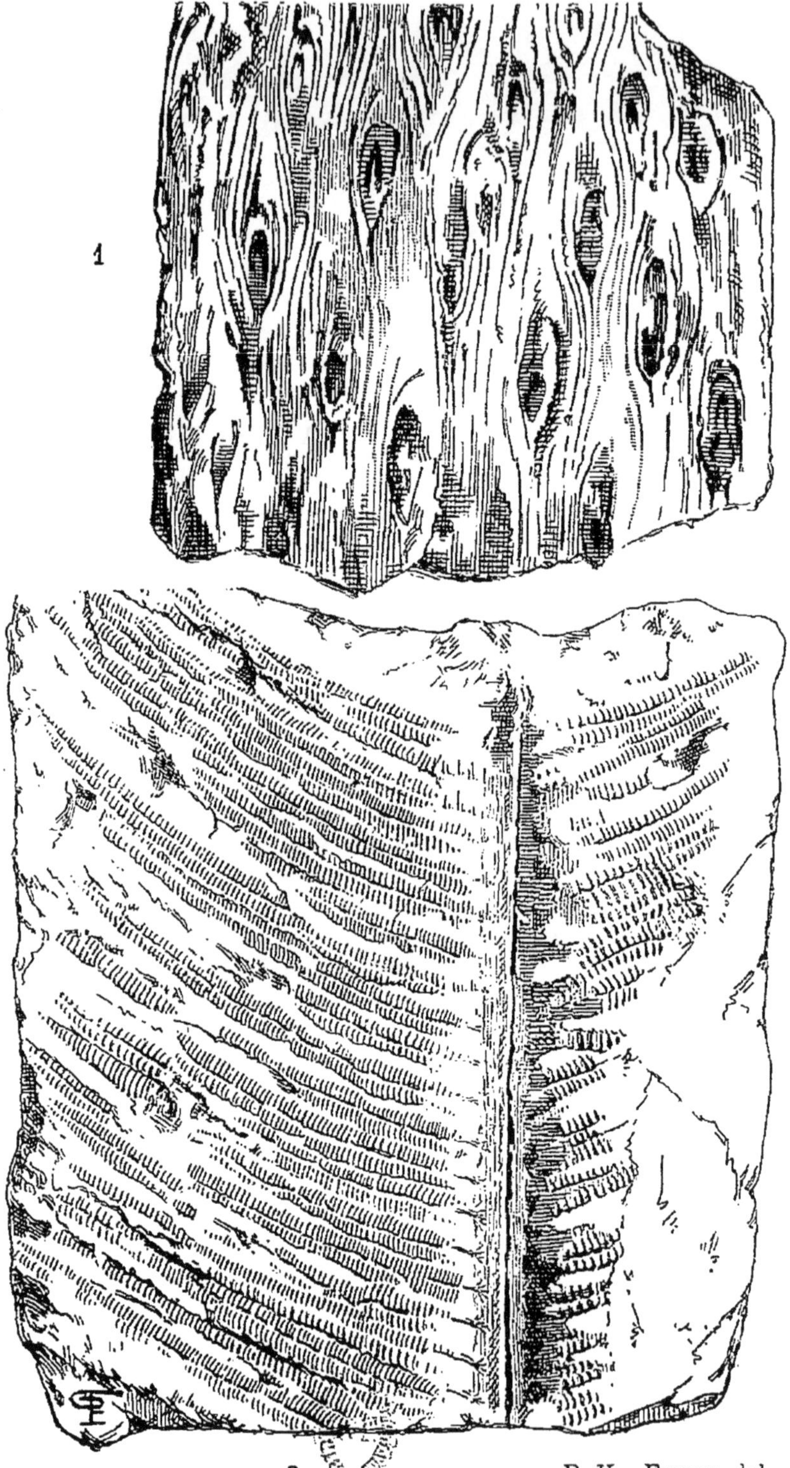

1

2

P.-H. FRITEL del.

PLANCHE XVI

Etage Rhétien.

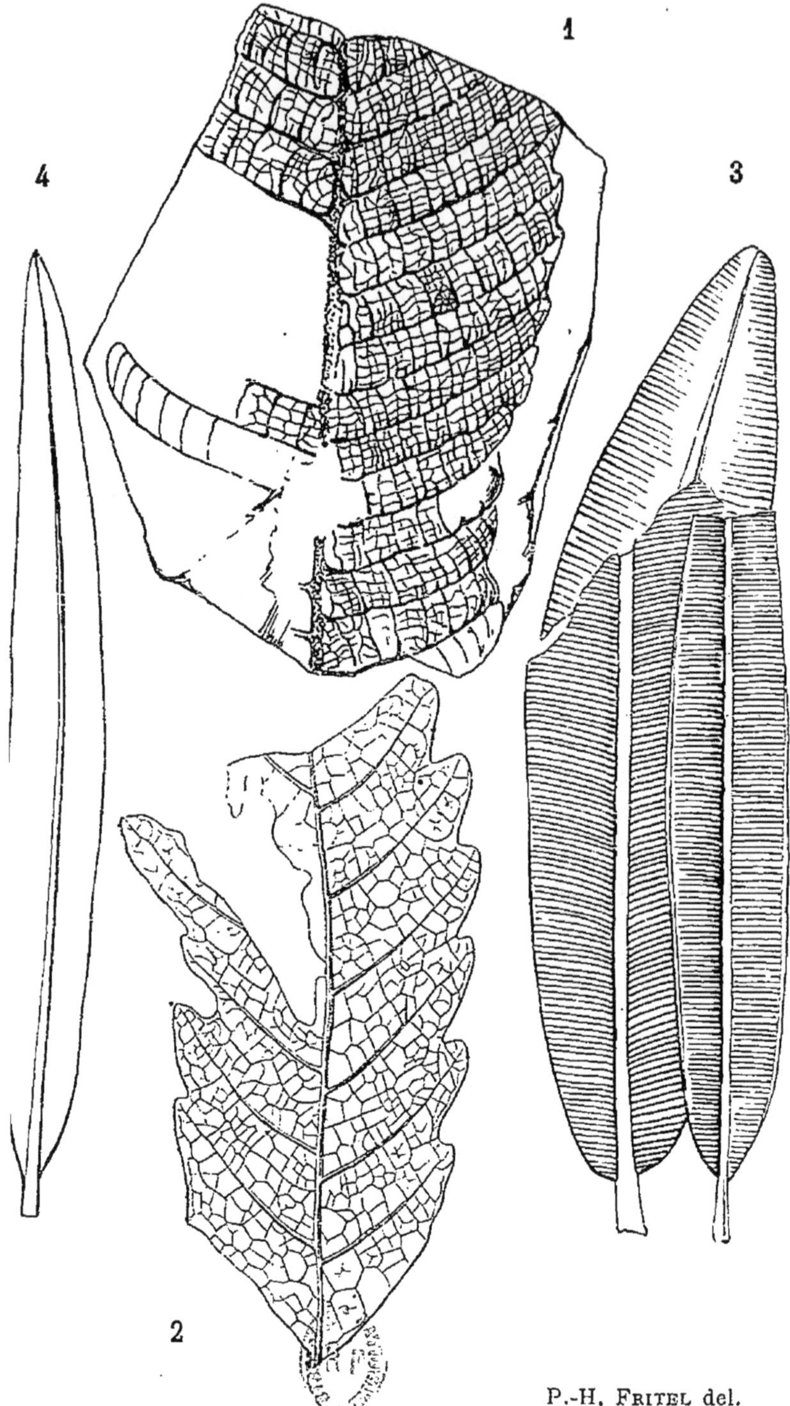

P.-H. Fritel del.

PLANCHE XVII

Etages Charmouthien et Toarcien.

Pag

1. *Cancellophycus liasinus*, Sap.........................

Fronde entière, réduite de moitié. Toarcien des environs de Digne (d'après de Saporta).

2. *Phymatoderma liasicum*, Sch.........................

Fragment de fronde réduite de 1/4 (d'après Zittel).

3. *Cancellophycus scoparius*, Thiol. sp...................

Fronde presque complète réduite de 1/2 (d'après Zittel).

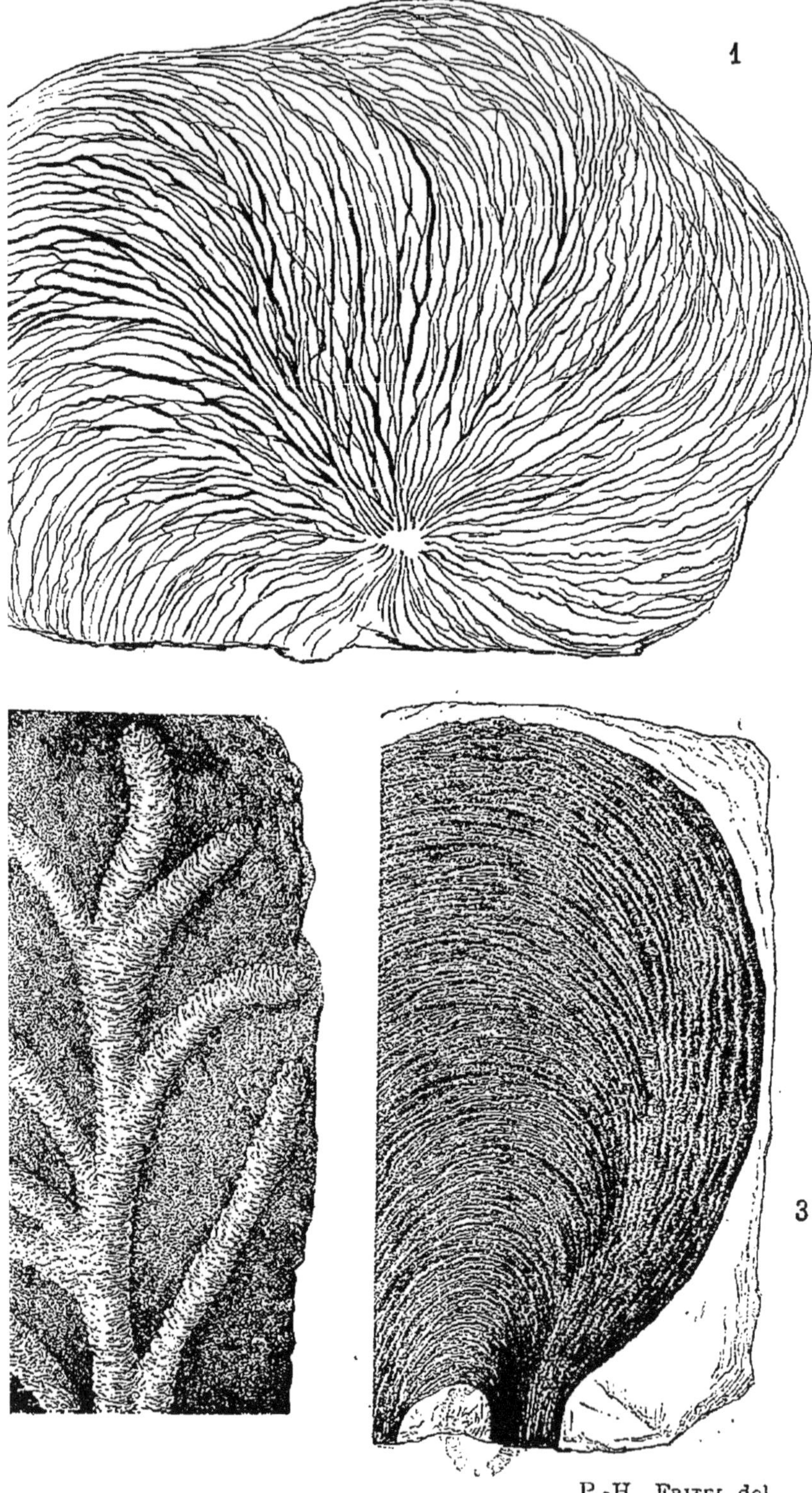

P.-H. Fritel del.

PLANCHE XVIII

Etages Bajocien et Bathonien.

Pages

1. *Cancellophycus reticularis*, Sap.......................

Portion de fronde réduite de 1/3; du bajocien des environs de Poitiers (d'après de Saporta).

2. *Cancellophycus Marioni*, Sap..........................

Frondes complètes réduites de 1/3; du bathonien de la Provence (d'après de Saporta).

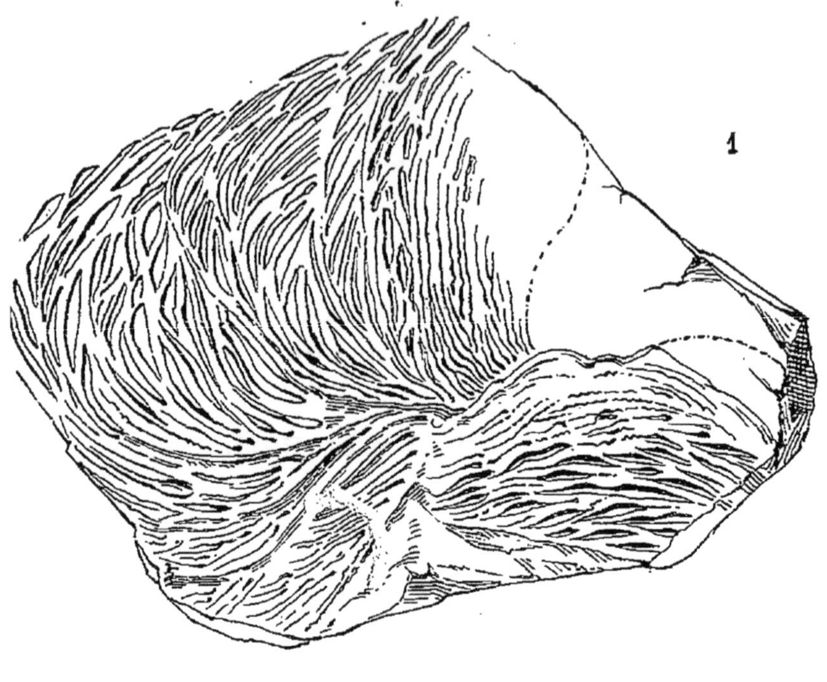

1

2

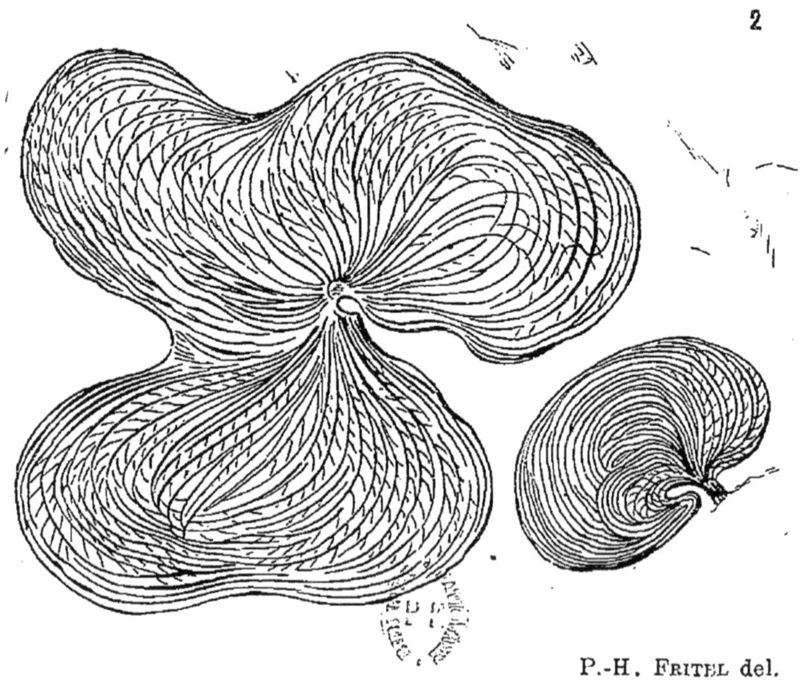

P.-H. Fritel del.

PLANCHE XIX

Etage Bathonien.

Pages.

1. *Lomatopteris Balduini*, Sap. 78

Fronde complète réduite de 1/3 ; du calcaire oolithique d'Etrochey (d'après de Saporta).

2. *Lomatopteris Desnoyersi*, Brong. sp. 78

Portion de fronde réd. de 1/3. Oolithe de Mamers (Sarthe) (d'après de Saporta).

3, 4, 5. *Lomatopteris Moretiana*, Brong. sp. 78

Frondes réduites de 1/3 et penne grossie. Oolithe d'Etrochey (Côte-d'Or) (d'après de Saporta).

6. *Lomatopteris burgundiaca*, Sap. 79

Fronde complète réduite de 1/3 et penne grandeur nature. Oolithe d'Etrochey (d'après de Saporta).

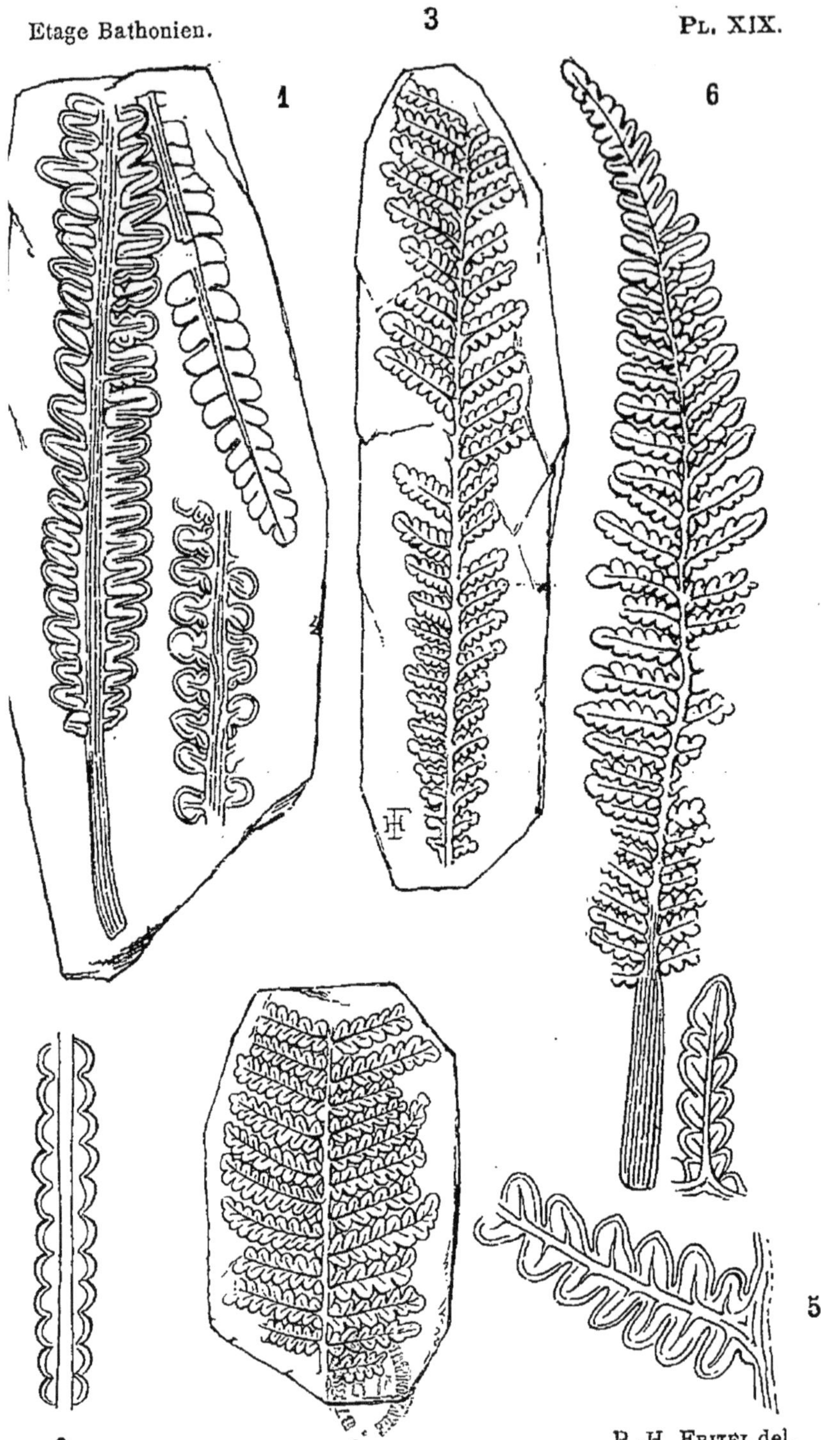

P.-H. FRITEL del.

PLANCHE XX

Etage Séquanien.

		Pages.
1.	*Zamites Moreaui*, Brong.	87
	Fronde entière réduite de 1/3. Oolithe de Saint-Mihiel (d'après de Saporta).	
2.	*Zamites articulatus*, Sap.	87
	Base d'une fronde réduite de moitié. Calcaire de Châteauroux (d'après de Saporta).	
3.	*Zamites confusus*, Sap.	88
	Fronde entière réduite de 1/3. Oolithe de Saint-Mihiel (d'après de Saporta).	

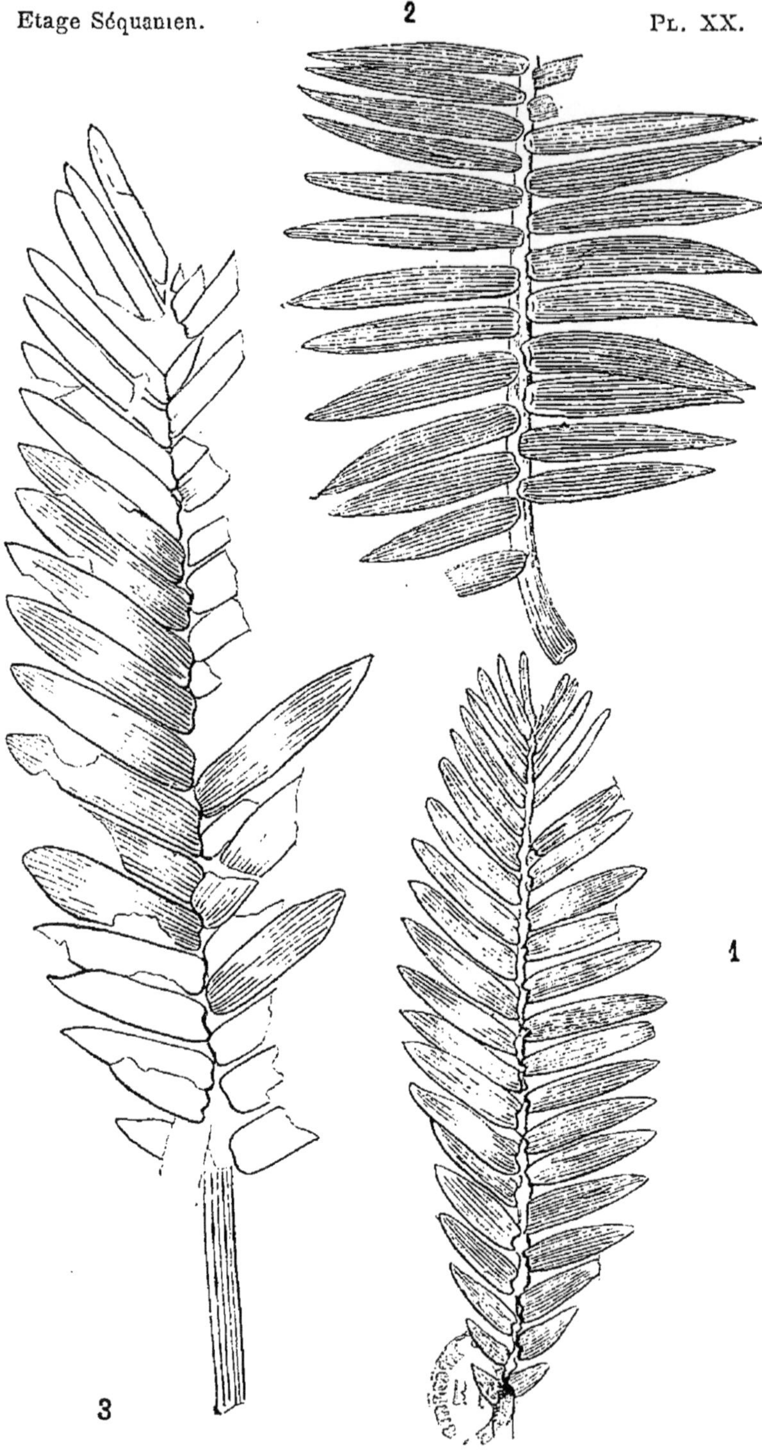

P.-H. FRITEL del.

27.

PLANCHE XXI

Etage Kimeridgien.

Pages.

1, 2. *Zamites Feneonis*, Brong........................... 96

1. variété à fronde étroite réduite de 1/3.
2. variété à fronde large réduite de 1/5.

Calcaires lithographiques du département de l'Ain (d'après de Saporta).

3. *Zamites distractus*, Sap.... 96

Portion de fronde réduite de moitié. Calcaires de Cirin (d'après de Saporta).

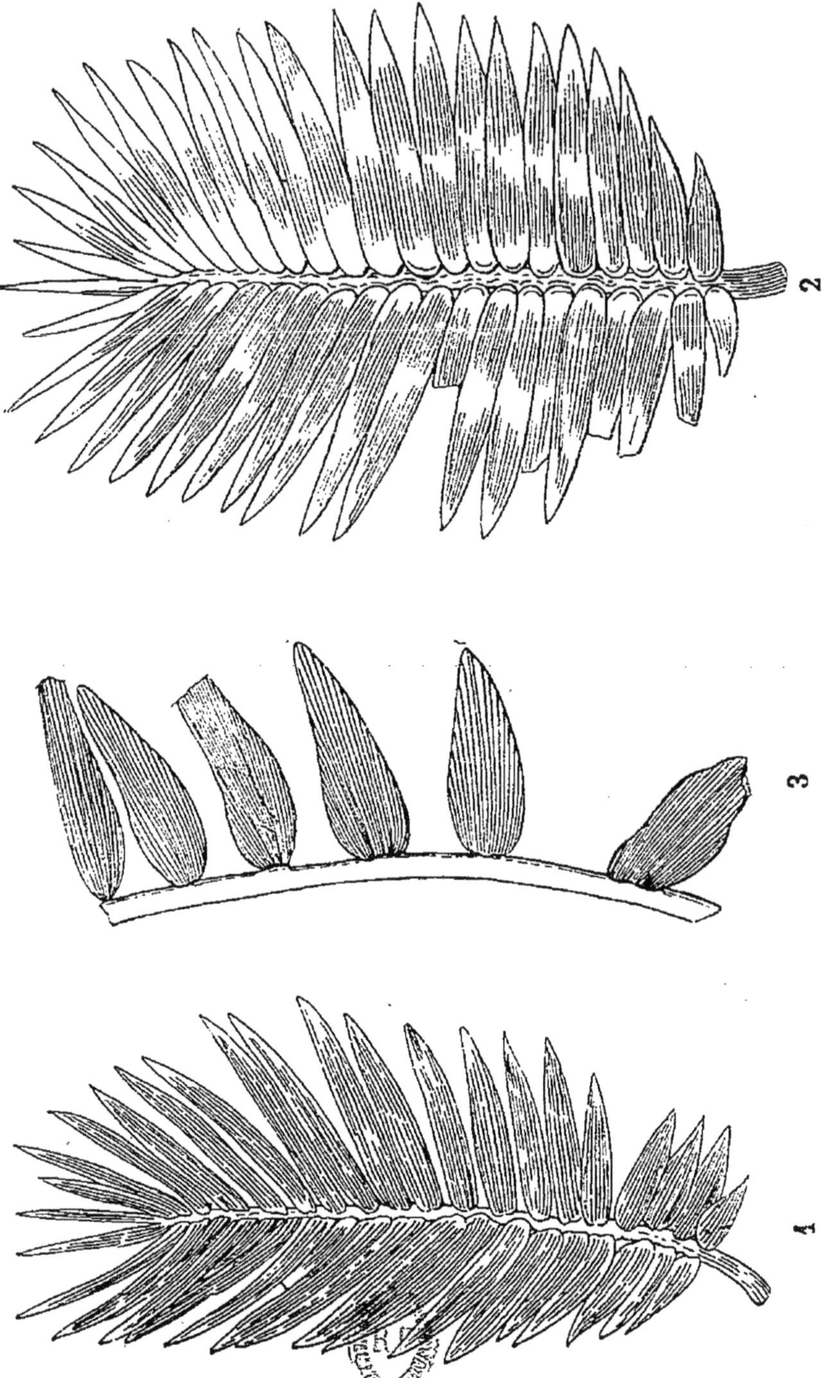

P.-H. Fritel del.

PLANCHE XXII

Etage Kimeridgien.

Pages.

1. *Stenopteris Desmomera.* Sap. 92

Portion de fronde réduite de 1/3. Calcaire lithographique de Morestel (d'après de Saporta).

2. *Ctenopteris Itieri*, Sap. 94

Fronde entière réduite de 1/3 et base d'une pinnule grossie (d'après de Saporta).

P.-H. FRITEL del.

PLANCHE XXIII

Etage Kimeridgien.

Pages.

1. *Brachyphyllum gracile*, Sap.................... 98

Portion moyenne d'un rameau réduit de 1/3. Calcaires lithographiques de Cirin (d'après de Saporta).

2, 3. *Brachyphyllum Nepos*, de Sap...................... 98

Rameaux réduits de 1/3. Calcaires lithographiques de Cirin (d'après de Saporta).

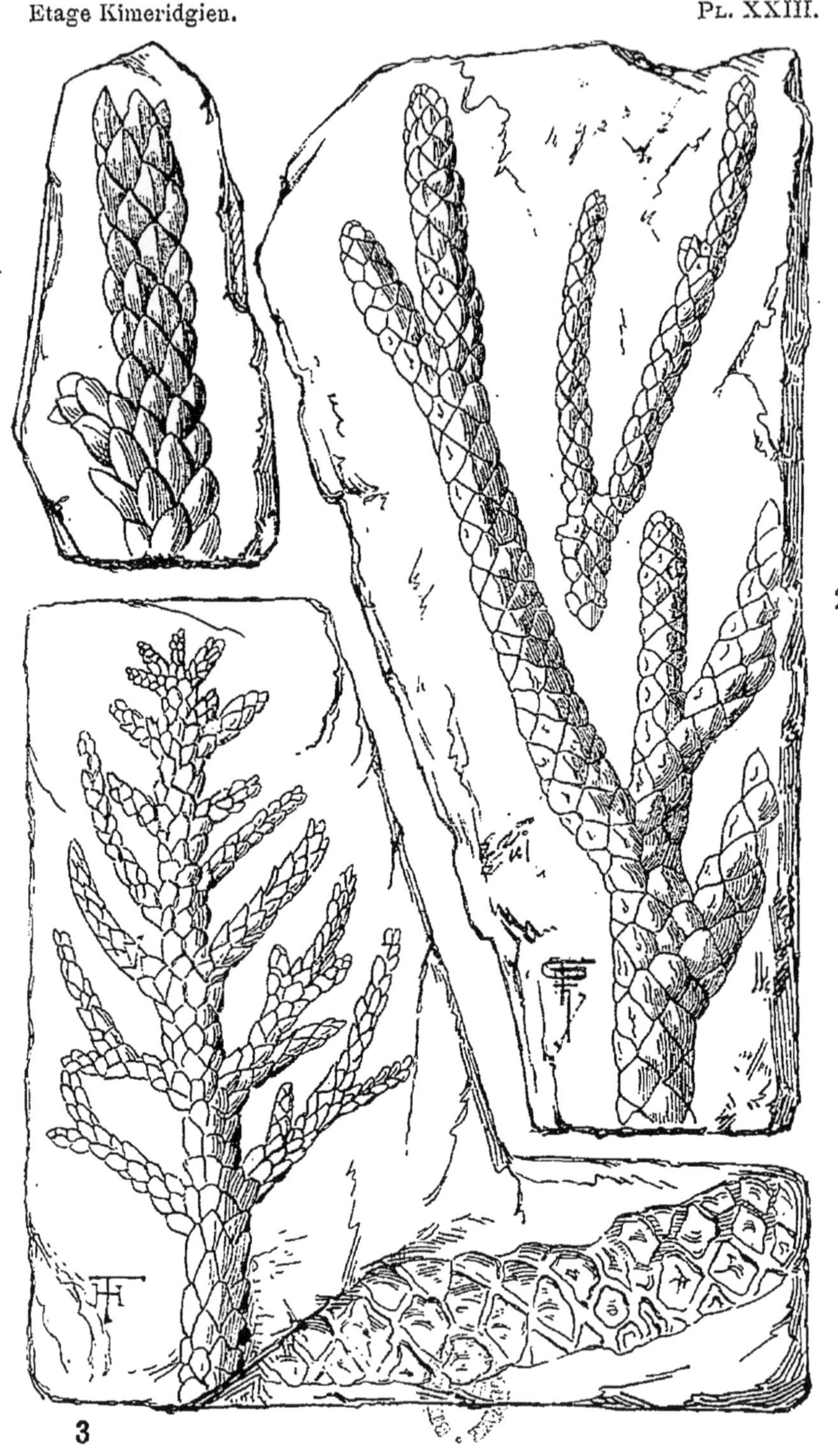

P.-H. Fritel del.

PLANCHE XXIV

Etage Thanétien.

(GRÈS DE VERVINS)

Pages.

1. *Cyperites deperditus*, Wat. 115
Fragment de feuille, grand. nat. (d'après Watelet).

2. *Flabellaria raphifolia*, V. Stern. 115
Fronde réduite de 1/3 (d'après Watelet).

3. *Myrica Roginei*, Wat. 116
Feuille grand. nat. (d'après Watelet).

4, 5. *Ficus degener*, Ung. 116
Feuilles grand. nat. (d'après Watelet).

6. *Grevillea verbinensis*, Wat. 116
Fragment de feuille grand nat. (d'après Watelet).

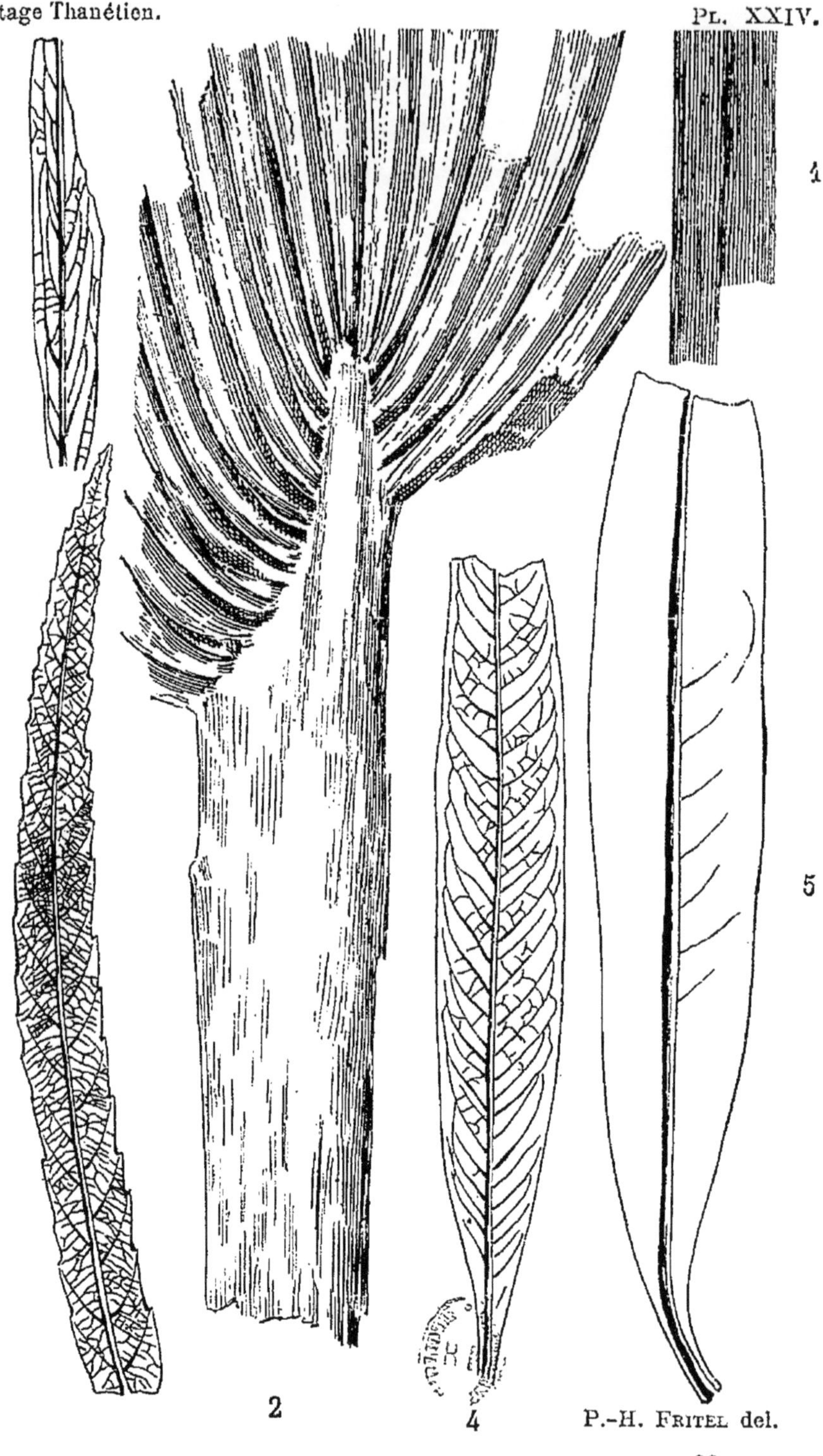
1
2
4
5
P.-H. FRITEL del.

PLANCHE XXV

Etage Yprésien.

(GRÈS DE BELLEU)

		Pages.
1.	*Flabellaria Goupili*, Wat.	148
	Fronde réduite d'environ 1/3 (d'après Watelet).	
2.	*Myrica Marceauxi*, Wat.	152
	Feuille entière réduite de 1/2 (d'après Watelet).	
3.	*Comptonia suessionensis*, Wat.	152
	Feuille entière réduite de 1/3 (d'après Watelet).	
4, 5.	*Comptonia ovatiloba*, Wat. sp.	152
	Base et sommet de feuille réd. de 1/3 (d'après Watelet).	

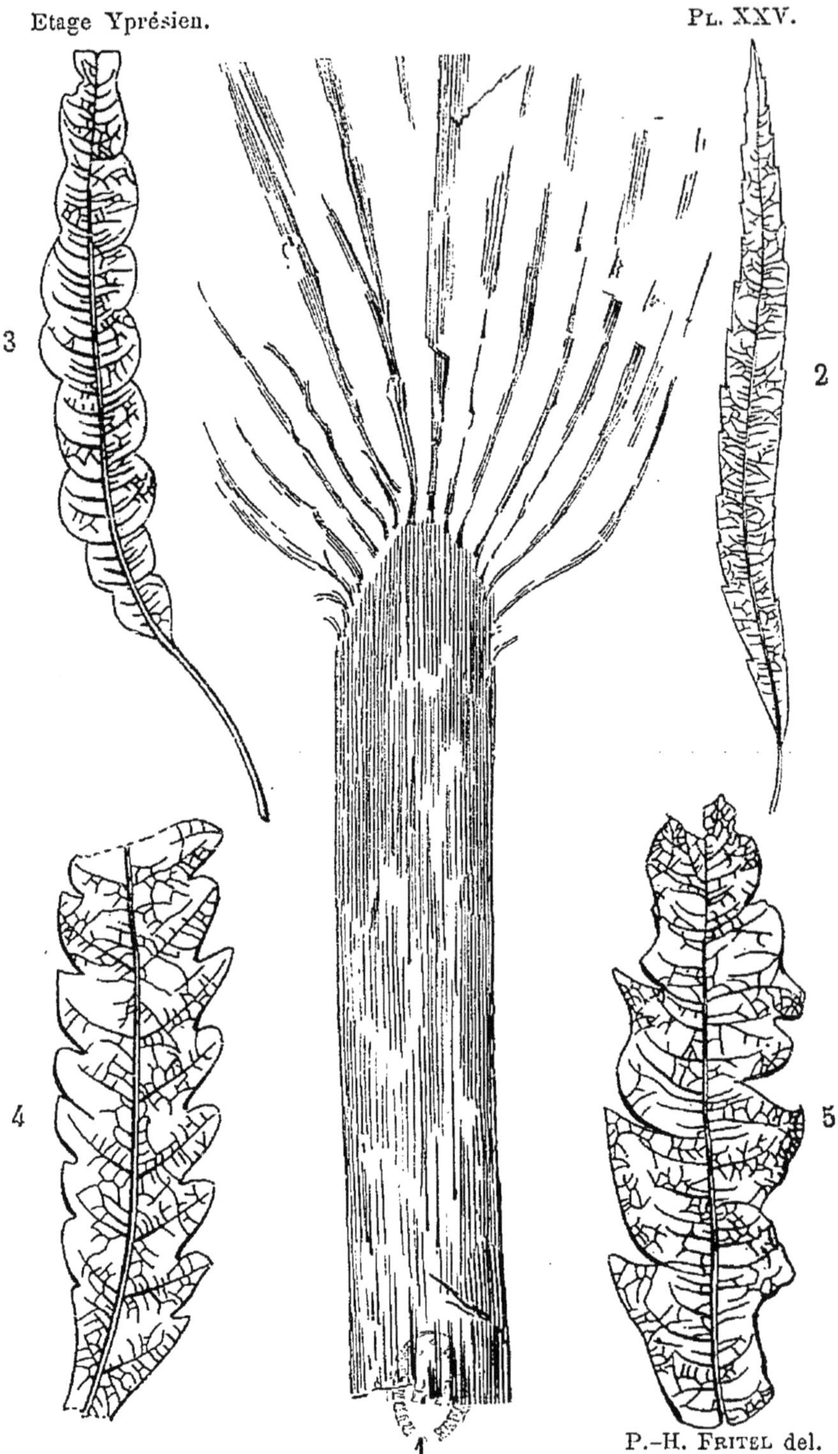

P.-H. Fritel del.

PLANCHE XXVI

Etage Yprésien.

(GRÈS DE BELLEU)

Pages.

1. *Juglans peramplus*, Sap. 151
   Feuille presque entière réduite de moitié (d'après Watelet).
2. *Acer Lyelli*, Wat. 163
   Feuille réduite de moitié (d'après Watelet).
3. *Sterculia Duchartrei*, Wat. 162
   Feuille réduite de 1/3 (d'après Watelet).
4, 5. *Acacia Brongniarti*, Wat. 163
   Légumes réduits de moitié (d'après Watelet).
6, 7. *Acacia Saportæ*, Wat. 164
   Fragments de légumes réd. de 1/2 (d'après Watelet).

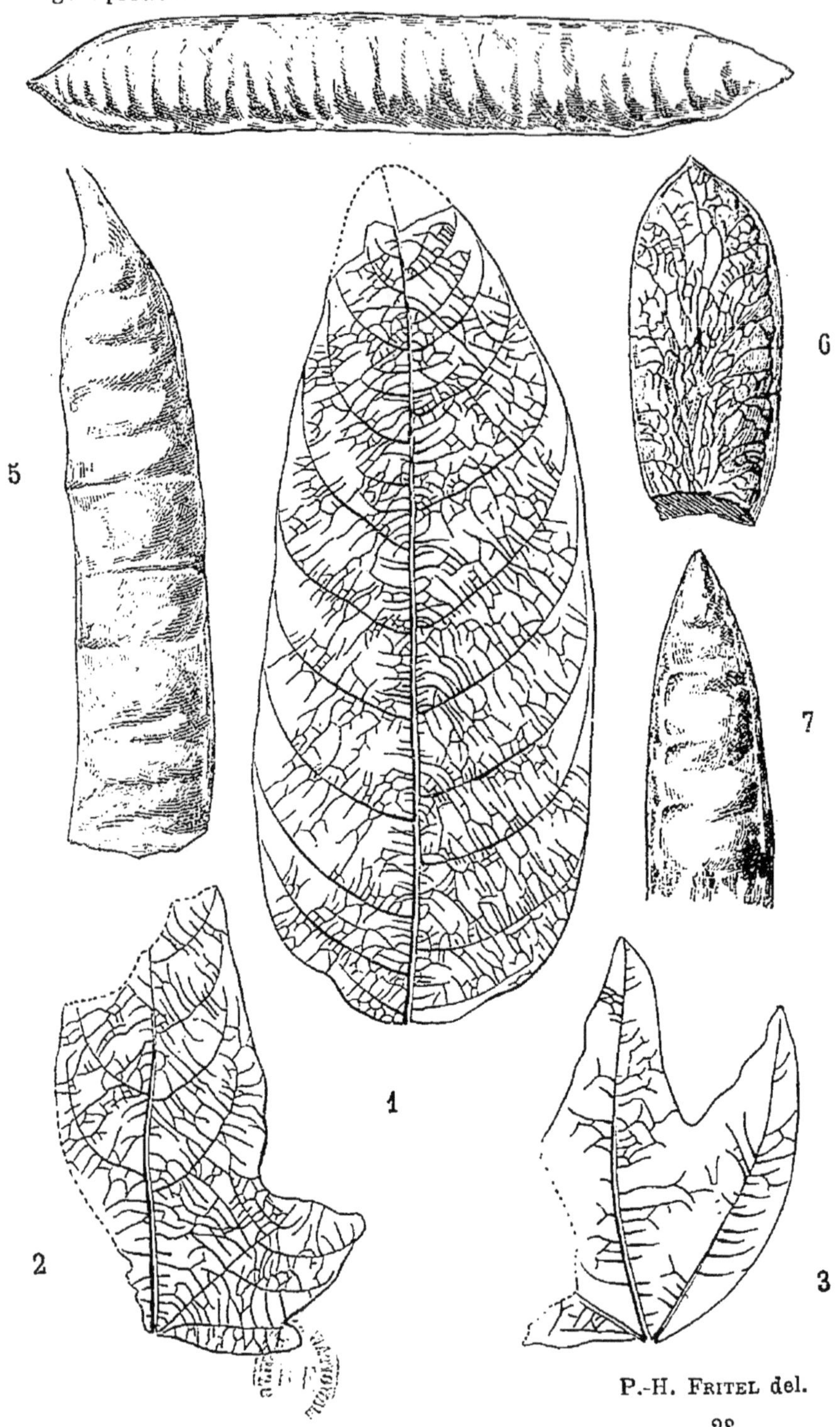

P.-H. FRITEL del.

PLANCHE XXVII

Etage Lutétien.

Pages

1. *Cymodoceites parisiensis*, A. Brong. sp.................... 17

Grande portion d'une fronde réduite de 1/2. Calcaire grossier : Banc royal (d'après Watelet).

2. Rameaux du même, décrit et figuré anciennement sous le nom d'*Amphitoites parisiensis* (d'après Brongniart).

3. *Flabellaria parisiensis*, Brong.............. 17

Fronde trouvée à Saint-Nom et décrite par Brongniart (d'après le dessin de cet auteur).

4. *Chara helicteres*, Brong................. 16

Graine fortement grossie : *a*, vue de profil; *b*, du dessus (d'après Brongniart).

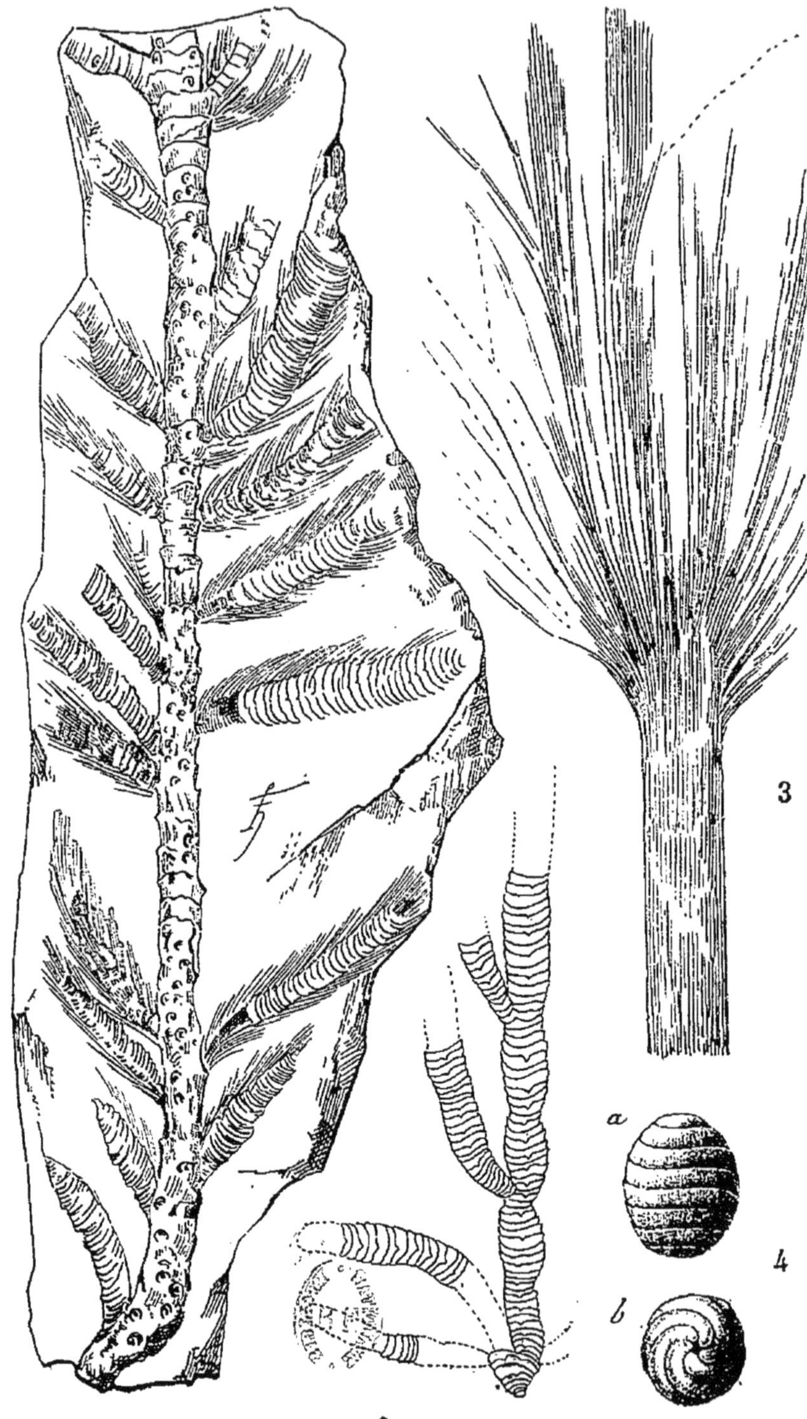

P.-H. Fritel del.

PLANCHE XXVIII

Etage Lutétien.

Pages.

1. *Fucus Brongniarti*, Wat. 166

   Fragments de fronde réduit de 1/3. Calcaire grossier : Banc royal (d'après Watelet).

2. *Zosterites Lamberti*, Wat. 171

   Feuilles réduites de 1/3. Calcaire grossier : Banc royal (d'après Watelet).

3. *Corallinites Micheloti*, Wat. 165

   Fragment de fronde réd. de 1/2. Calcaire grossier : Banc royal (d'après Watelet).

4. *Chara medicaginula*, Brong.... 168

   Graine fortement grossie : *a*, vue de profil ; *b*, vue du dessus. Meulières de Beauce (d'après Brongniart).

1

3

2

a

4

b

P.-H. FRITEL del.

PLANCHE XXIX

Etage Lutétien.

		Pages
1.	*Caulinites Wateleti*, A. Brong..........................	171
	Portion d'une fronde réduite de 1/2. Calcaire grossier : Banc royal (d'après Watelet).	
2.	*Monochoria parisiensis*, Sap. sp........................	171
	Feuille réduite de 1/3. Calcaire grossier : Banc Vert (d'après de Saporta).	
3, 4.	*Nipadites Heberli*, Wat..............	173
	Fruits réduits de 1/3, vus de côté et du dessus. Callcaire grossier (d'après Watelet).	

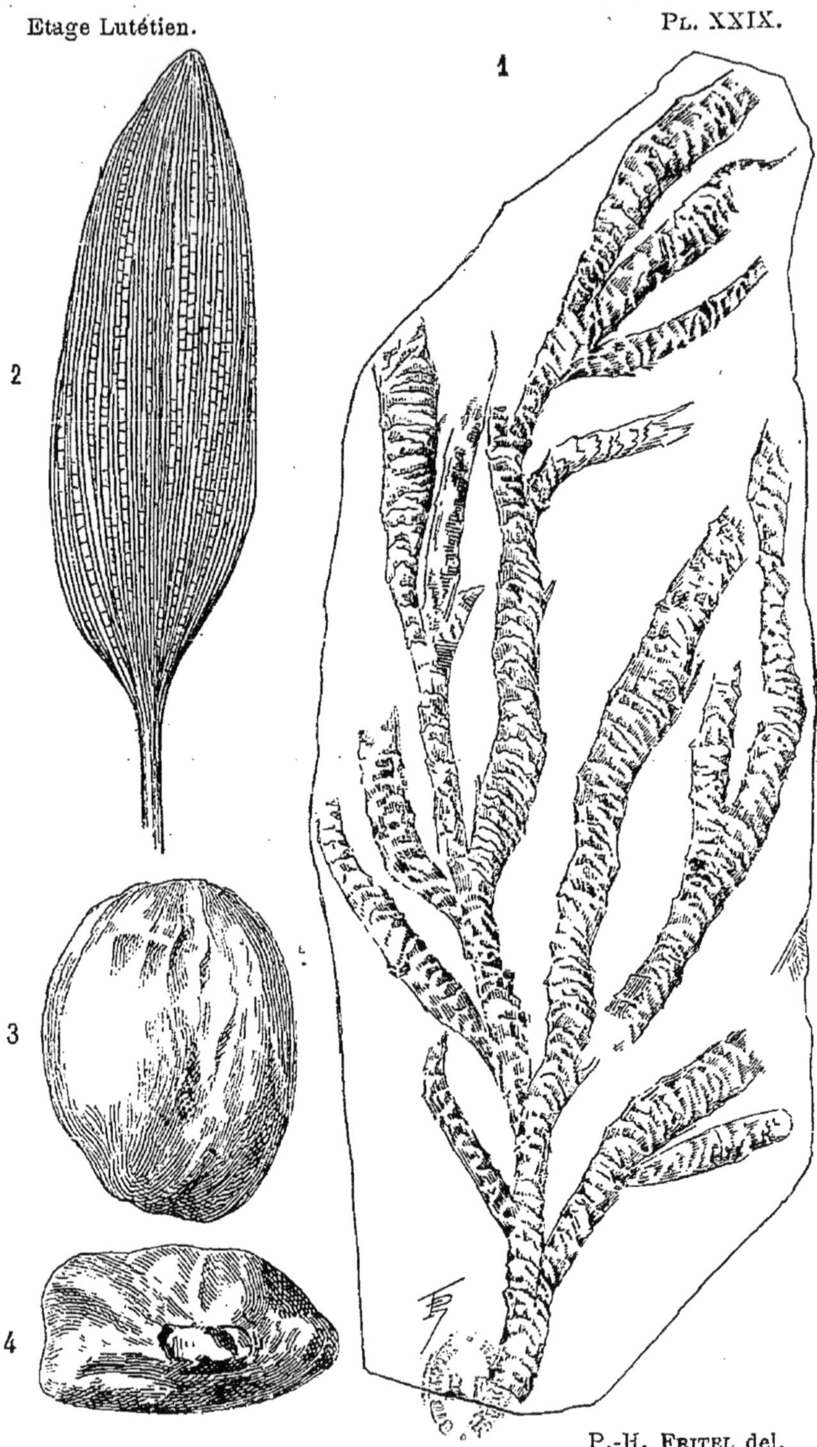

P.-H. Fritel del.

PLANCHE XXX

Etage Bartonien.

Pages.

1. *Asplenium cenomanense*, Crié........................ 179

Sommet d'une fronde réd. de 1/3. Grès de la Sarthe.

2. *Araucacites Duchartrei*, Wat............................ 179

Rameau feuillé réd. de 1,2 (d'après Watelet). Grès des sables moyens du Cailloüel.

3. *Araucacites Roginei*, Sap................................. 180

Fragments de rameaux réd. de 1/3 (d'après Crié). Grès de la Sarthe.

4. *Podocarpus suessionensis*, Wat......................... 180

Feuilles réduites de 1/3 (d'après Crié). Grès de la Sarthe.

5. *Poacites Fyeensis*, Crié.................................. 180

Fragment de feuille réd. de 1/3 (d'après Crié). Grès la Sarthe.

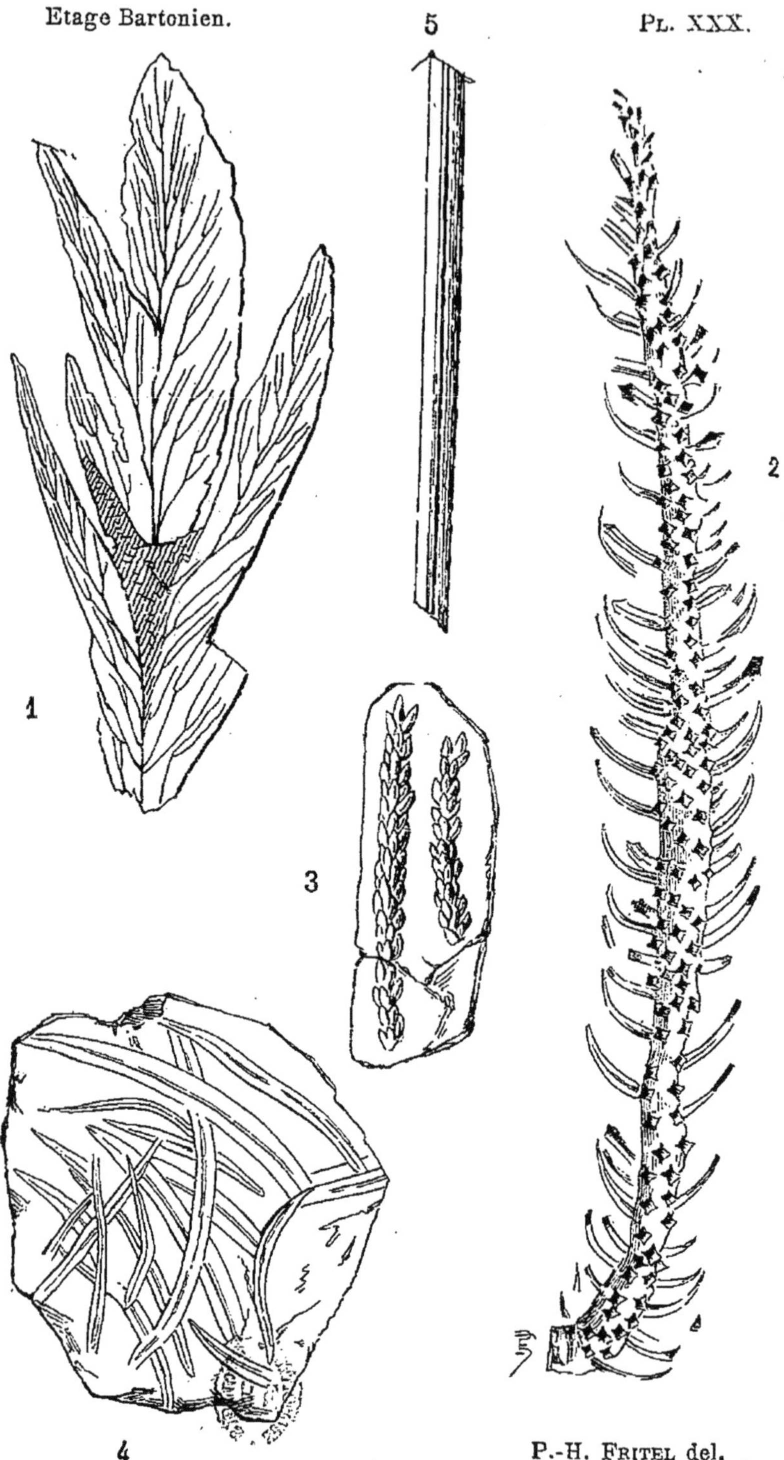

P.-H. Fritel del.

PLANCHE XXXI

Etage Sannoisien.

(ARKOSES DE BRIVES)

Pages

1, 2. *Palæopherx Aymardi*, de Sap........................ 199

1. Sommet d'une fronde réduite de 1/3 et décrite par Brongiart sous le nom de *Phœnicites pumilæ*.

2. Frone presque entière de la même espèce, accompanée d'un régime de fleurs mâles. Réduite 6 fois.

(Ces deu figures d'après de Saporta.)

3. *Sabalites microphyllus*, de Sap........................ 200

Base d'ue fronde réd. 1/3 (d'après de Saporta).

4. *Comptonia Vinayi*, de Sap........................ 208

Base d'ue feuille grand. nature (d'après de Saporta).

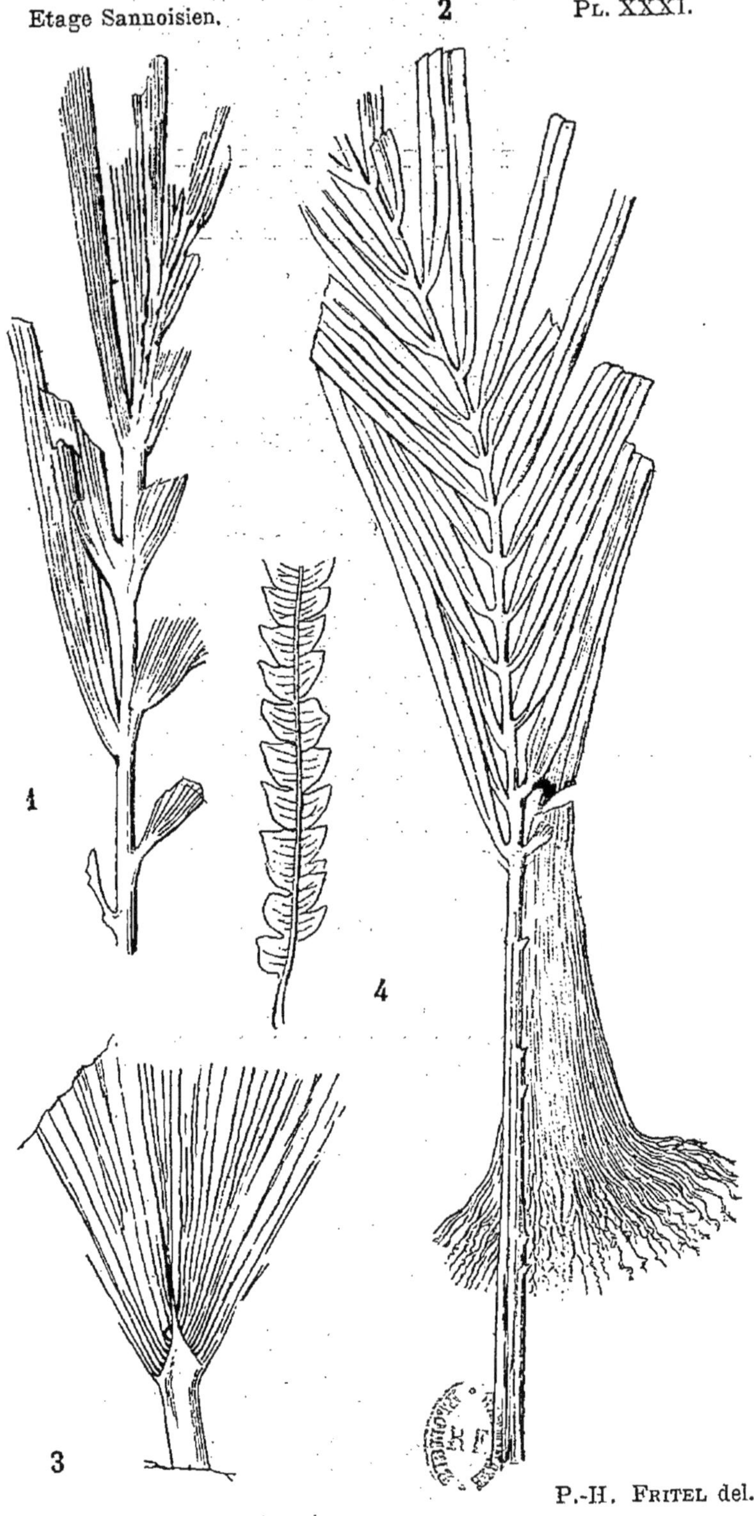

P.-H. Fritel del.

PLANCHE XXXII

Etage Aquitanien.

Pages.

1. *Sabalites major*, de Sap .... 199 et 217

Fronde presque entière, réduite 4 fois (d'après de Saporta).

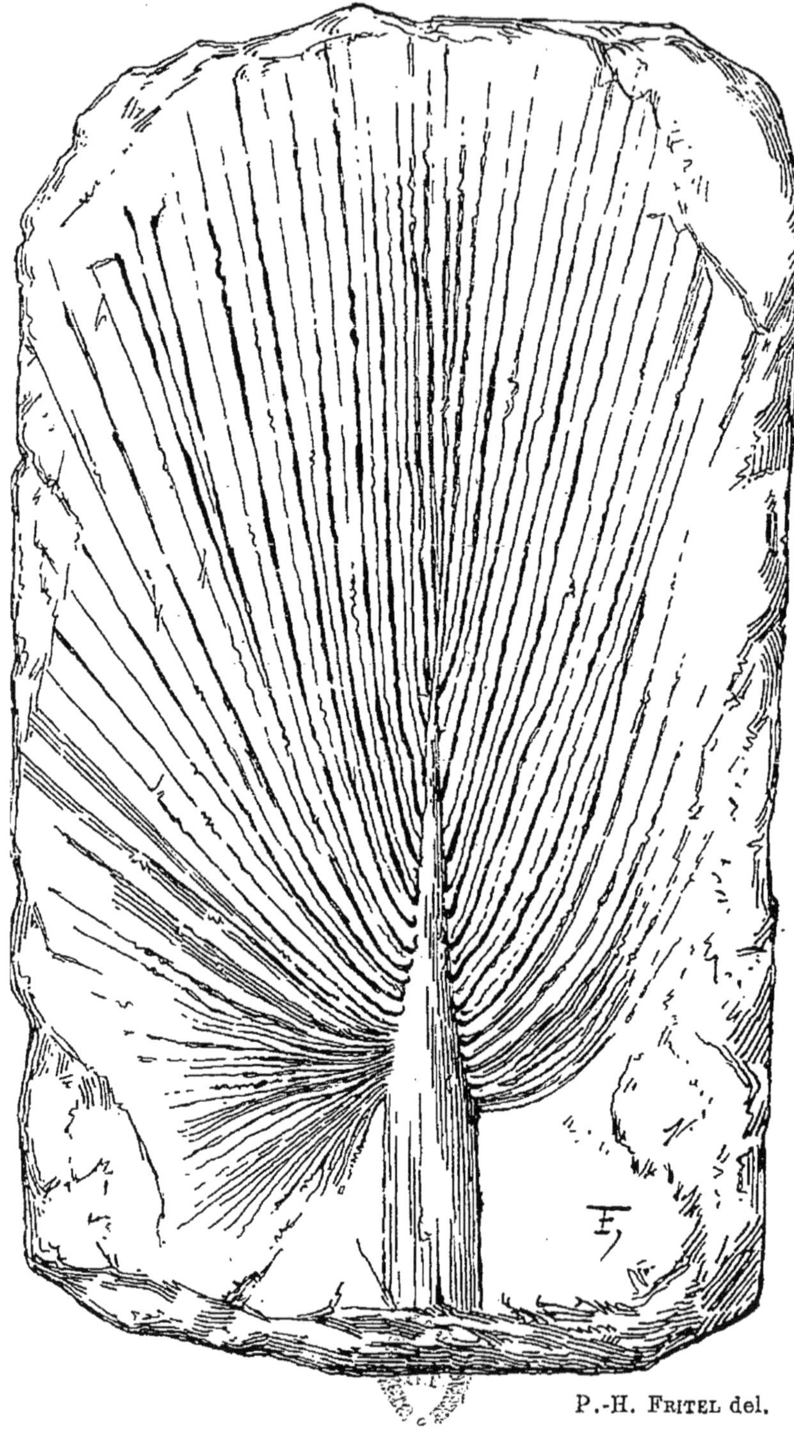

P.-H. Fritel del.

29.

PLANCHE XXXIII

Etage Aquitanien.

Pa

1, 2, 3. *Daphnogene Ungeri*, Heer........................

Feuilles réduites de 1/3 (d'après de Saporta).

4. *Cinnamomum Scheuchzeri*, Heer..................

Feuille réduite de 1/3 (d'après Heer).

5. *Laurus Tournali*, de Sap.......... ....

Feuille réduite de 1/3 (d'après de Saporta).

6. *Laurus superba*, de Sap........................

Feuille réduite de 1/3 (d'après de Saporta).

7. *Laurus typica*, de Sap...........................

Feuille réduite de moitié (d'après de Saporta).

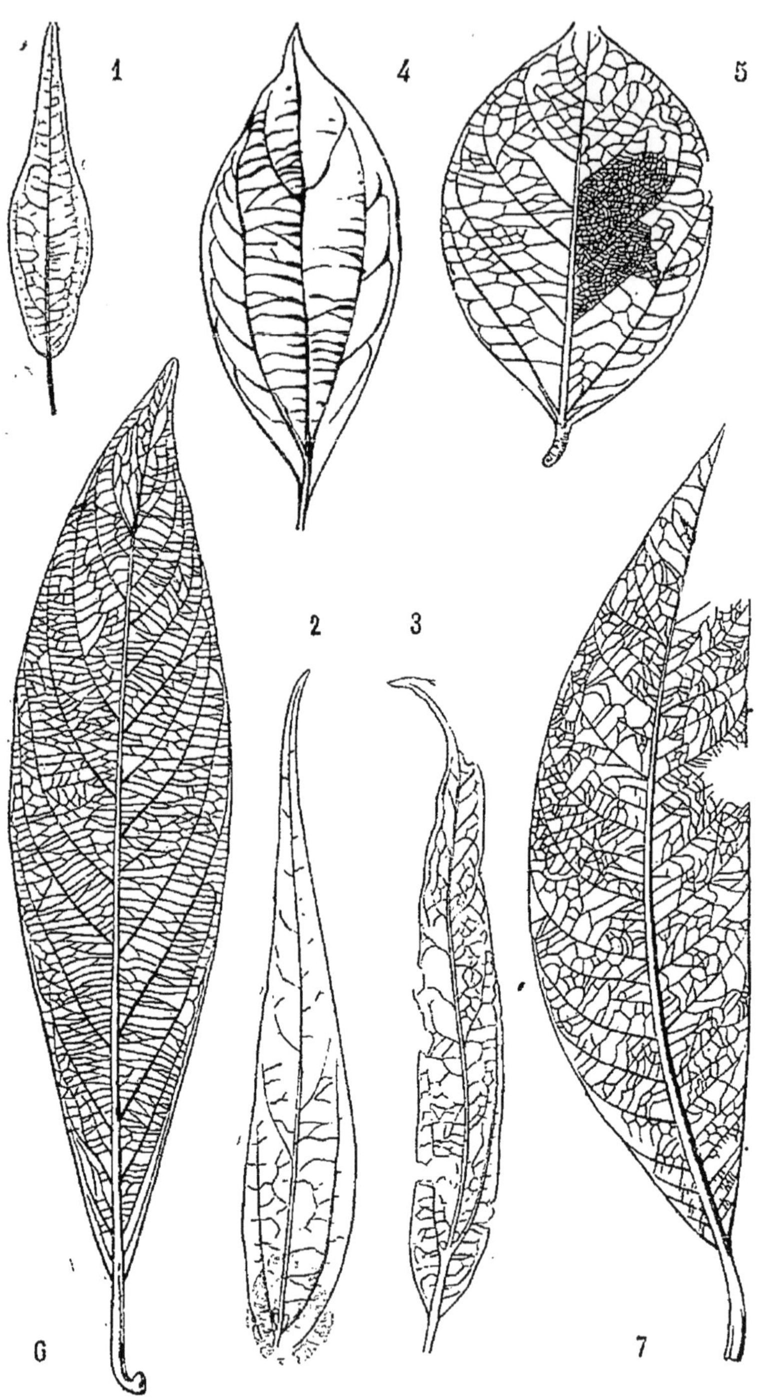

P.-H. Fritel del.

PLANCHE XXXIV

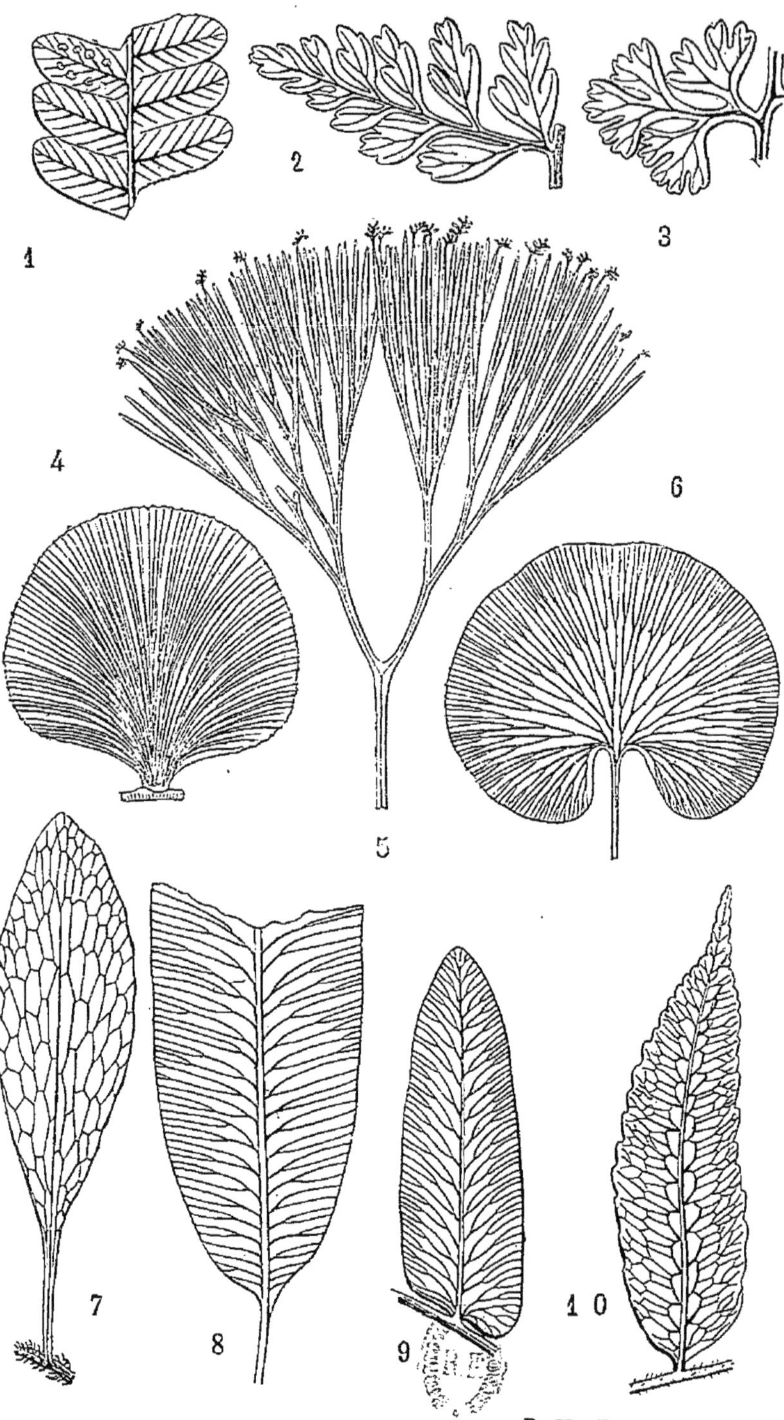

P.-H. Fritel del.

PLANCHE XXXV

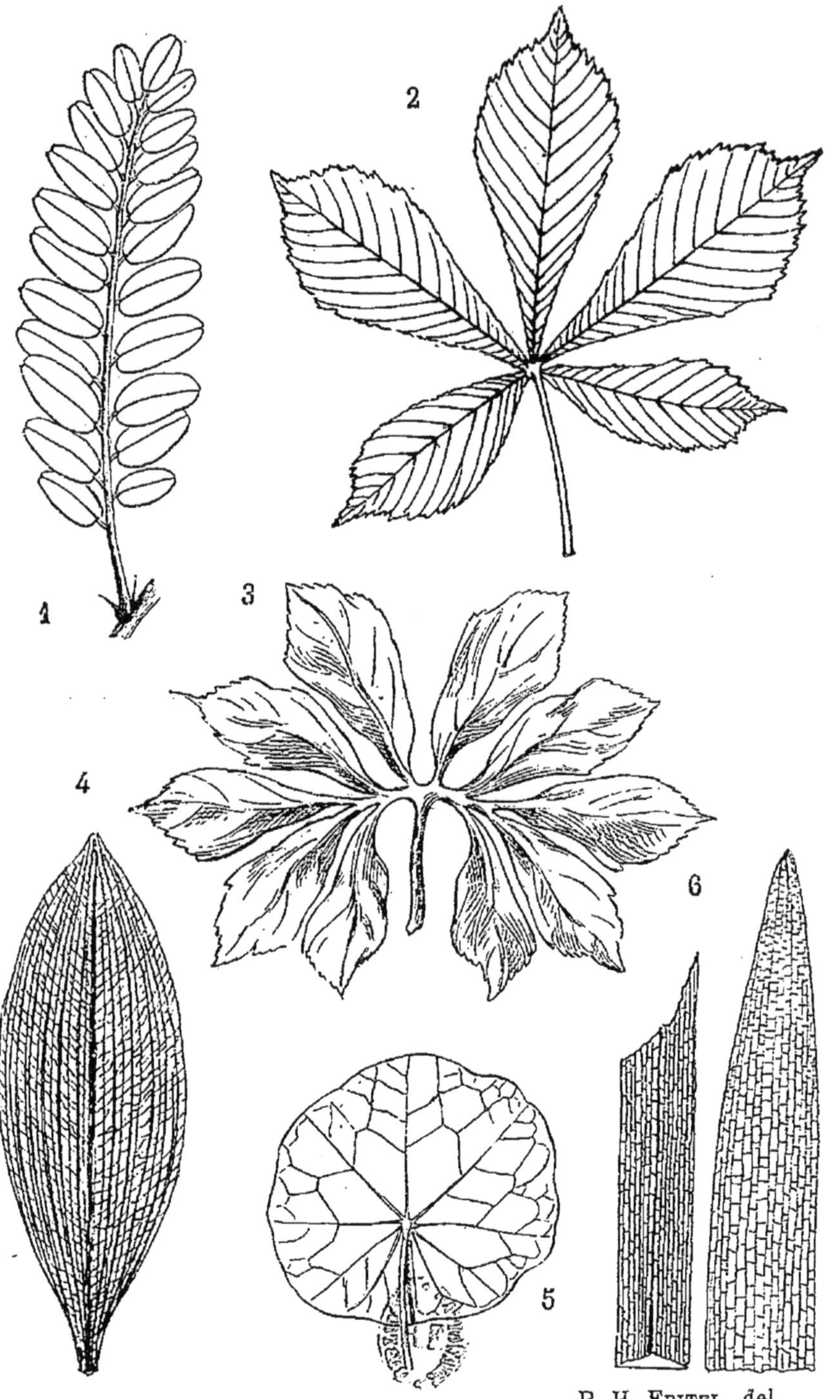

P.-H. Fritel del.

31 Octobre 49

www.ingramcontent.com/pod-product-compliance
Ingram Content Group UK Ltd.
Pitfield, Milton Keynes, MK11 3LW, UK
UKHW012147240726
13966UKWH00001B/190

9 782012 926905